计算机基础教育系列教材·程序设计类

C/C++程序设计：
计算思维的运用与训练

主　编　齐苏敏
副主编　公冶小燕　姜海涛　王　抒
　　　　齐邦强　　叶传秀

北京理工大学出版社
BEIJING INSTITUTE OF TECHNOLOGY PRESS

内 容 提 要

本书以计算思维的运用与训练为目标，以程序设计实训为手段，介绍运用 C/C++ 语言分析问题和解决问题的方法与技巧。本书内容分为 C 语言篇与 C++ 语言篇，由简入难，有助于读者实现从面向过程程序设计到面向对象程序设计的顺利过渡。

C 语言篇：按 C 语言的知识点设计面向过程程序设计与模块化设计的学习与训练，从结构化程序的基本要素、逻辑思维、重复思维、过程封装、数据封装、批量数据处理、数据的间接访问等方面解析结构化程序设计的过程，并在实训中介绍其思维方法与编程技巧。C++ 语言篇：按 C++ 语言的知识点设计面向对象程序设计的学习与训练，从 C++ 语言的面向对象思维、数据与过程的封装、对象运算、代码重用等方面分析面向对象程序的组成，并在实训中介绍其思维方法及软件开发过程。

本书可作为高等院校本专科"C/C++ 程序设计"课程的教学用书，也可以作为 C/C++ 程序设计的自学用书。

版权专有　侵权必究

图书在版编目（CIP）数据

C/C++ 程序设计：计算思维的运用与训练/齐苏敏主编 . —北京：北京理工大学出版社，2019.8（2023.5 重印）

ISBN 978-7-5682-7389-3

Ⅰ. ①C… Ⅱ. ①齐… Ⅲ. ①C 语言 – 程序设计 – 高等学校 – 教材 Ⅳ. ①TP312.8

中国版本图书馆 CIP 数据核字（2019）第 176433 号

出版发行 /	北京理工大学出版社有限责任公司
社　　址 /	北京市海淀区中关村南大街 5 号
邮　　编 /	100081
电　　话 /	（010）68914775（总编室）
	（010）82562903（教材售后服务热线）
	（010）68944723（其他图书服务热线）
网　　址 /	http：//www.bitpress.com.cn
经　　销 /	全国各地新华书店
印　　刷 /	北京虎彩文化传播有限公司
开　　本 /	787 毫米 × 1092 毫米　1/16
印　　张 /	19.25
字　　数 /	450 千字
版　　次 /	2019 年 8 月第 1 版　2023 年 5 月第 3 次印刷
定　　价 /	48.50 元

责任编辑 / 梁铜华
文案编辑 / 曾　仙
责任校对 / 周瑞红
责任印制 / 李志强

图书出现印装质量问题，请拨打售后服务热线，本社负责调换

前　言

党的二十大报告指出"实施科教兴国战略，强化现代化建设人才支撑。"在加快建设教育强国、科技强国和制造强国背景下，提升学生创新实践能力对于国家人才培养尤为重要。程序设计是计算机相关专业的重要基础课程，是一门具有较强实践性的课程。但是，目前大多程序设计教材仍然过分强调计算机语言的语法，而没有从计算思维的角度讲解人运用程序设计语言利用计算机解决问题的方法与技巧。

本书侧重于计算思维的运用与训练，设置了大量示例、实训实例与实训练习以供高职院校学生反复练习，培养学生运用C/C++语言分析问题和解决问题的能力。对应课程"C/C++程序设计"可以全面采用实验教学为主的教学模式，与蓝桥云课或计蒜客等实践平台结合可使教学效果更佳。教学平台可以实现在线作业布置及监督，并可以定期在线考试等等，增强学生的自信心，激发学生的学习兴趣。不同的专业、不同的学习群体可以调整学习计划与授课方式。本书的主要特点如下：

（1）培育计算思维，注重创新思想

本书共有12章，其中C语言篇共8章，C++语言篇共4章。C语言篇着重学习面向过程程序设计的逻辑思维、重复思维、数据封装方式、过程封装方式、数据间接访问方式、以及数据存储方法。C++语言篇着重学习其对C语言的扩充内容与面向对象的程序设计思想，解析类的封装性、继承性与多态性。

（2）精选编程示例，强调实践育人

本书以编程示例引出知识点，使读者理解为什么出现相关知识点，然后讲解如何运用相关知识点，最后以实训实例讲解利用什么样的计算思维分析问题和解决问题。每一章提供了丰富的实训实例分析与解决问题的过程，并在每个实训案例后附相关实训练习。

（3）由易到难，由浅入深，层层推进

本书由简入难，使读者熟练掌握 C 语言，并逐步转向 C++ 语言的学习，实现从面向过程编程到面向对象编程的顺利过渡。C 和 C++ 的连续学习旨在使读者高效、快速地掌握 C/C++ 语言，训练运用两种语言分析问题、解决问题的能力，为后继的专业课程学习打好坚实的基础，同时为学习更深层次的软件开发与更新的信息技术留出充足的时间。

本书的编写和出版感谢所在教学团队各位老师的支持，第 1、2 由王抒老师编写，第 3、4 章由姜海涛老师编写，第 5、7 章由公冶小燕老师编写，第 6 章由叶传秀老师编写，第 8、9、10、11、12 章由齐苏敏老师编写，齐邦强老师和齐苏敏老师负责全书的通稿与校正工作。此外，本书的编写得到了山东省教学改革项目和曲阜师范大学教材建设基金的支持，是程序设计课程教学改革的重要内容。

由于编者水平有限，书中难免有疏漏不当之处，恳请读者批评指正，并直接与编者联系，不胜感激。编者的 Email 地址为：qfqsm@126.com。

编　者

2023 年 5 月

目录 CONTENTS

上篇 C语言篇

第1章 计算思维与C语言概述 ········· (3)
1.1 计算思维与程序设计语言 ········· (3)
  1.1.1 二进制思维与程序设计语言的分类 ········· (3)
  1.1.2 计算思维与程序设计 ········· (5)
  1.1.3 计算思维在C语言程序设计中的应用 ········· (5)
1.2 C程序的基本结构 ········· (5)
  1.2.1 注释 ········· (6)
  1.2.2 预处理 ········· (6)
  1.2.3 主程序 ········· (6)
1.3 C程序的编译 ········· (7)
  1.3.1 UNIX操作系统的CC编译器 ········· (8)
  1.3.2 Linux操作系统的GCC编译器 ········· (8)
  1.3.3 Windows操作系统的集成开发环境 ········· (8)

第2章 C语言程序的基本元素与顺序结构程序设计 ········· (10)
2.1 C语言程序的基本元素 ········· (10)
  2.1.1 变量和常量及数据类型 ········· (10)
  2.1.2 表达式 ········· (13)
  2.1.3 数据的输入与输出 ········· (15)
2.2 顺序结构程序设计 ········· (18)
  2.2.1 语句 ········· (18)
  2.2.2 构造程序 ········· (19)
  2.2.3 编程风格 ········· (20)
2.3 实训与实训指导 ········· (20)

实训1　字母大小写的转换 ……………………………………………………………… (20)
　　实训2　两数相除 …………………………………………………………………………… (21)
　　实训3　交换两个数的值 …………………………………………………………………… (23)
　　实训4　输出随机数 ………………………………………………………………………… (24)

第3章　逻辑运算与选择结构程序设计 …………………………………………………… (26)

3.1　选择结构程序的构成 …………………………………………………………………… (26)
　　3.1.1　关系运算符与关系表达式 ………………………………………………………… (27)
　　3.1.2　逻辑运算符与逻辑表达式 ………………………………………………………… (28)
　　3.1.3　if…else 选择结构 ………………………………………………………………… (28)
　　3.1.4　条件运算符和条件表达式 ………………………………………………………… (30)
　　3.1.5　switch…case 选择结构 …………………………………………………………… (31)

3.2　实训与实训指导 ………………………………………………………………………… (33)
　　实训1　判断奇数/偶数 …………………………………………………………………… (33)
　　实训2　根据利润计算应发放的奖金 …………………………………………………… (35)
　　实训3　判断闰年 …………………………………………………………………………… (38)
　　实训4　利用海伦公式计算三角形面积 ………………………………………………… (40)

第4章　重复运算与循环结构程序设计 …………………………………………………… (42)

4.1　三种循环语句 …………………………………………………………………………… (42)
　　4.1.1　while 语句 …………………………………………………………………………… (43)
　　4.1.2　do…while 语句 ……………………………………………………………………… (43)
　　4.1.3　for 语句 ……………………………………………………………………………… (44)
　　4.1.4　使用 break 语句退出循环 ………………………………………………………… (46)
　　4.1.5　使用 continue 语句跳过循环体语句 …………………………………………… (47)

4.2　批量数据处理——数组 ………………………………………………………………… (48)
　　4.2.1　一维数组 ……………………………………………………………………………… (48)
　　4.2.2　字符串与字符数组 ………………………………………………………………… (50)
　　4.2.3　二维数组 ……………………………………………………………………………… (53)

4.3　实训与实训指导 ………………………………………………………………………… (56)
　　实训1　数制转换 …………………………………………………………………………… (56)
　　实训2　输出乘法表 ………………………………………………………………………… (57)
　　实训3　兑换硬币 …………………………………………………………………………… (59)
　　实训4　冒泡排序 …………………………………………………………………………… (60)

第5章　过程封装——函数 …………………………………………………………………… (62)

5.1　函数的定义和调用 ……………………………………………………………………… (62)
　　5.1.1　函数的定义 …………………………………………………………………………… (63)
　　5.1.2　函数的返回 …………………………………………………………………………… (64)

5.1.3　函数的调用 ……………………………………………………………………（65）
　　5.1.4　函数调用过程 …………………………………………………………………（66）
　　5.1.5　函数参数的值传递 ……………………………………………………………（67）
　　5.1.6　函数的声明 ……………………………………………………………………（70）
　5.2　局部变量和全局变量 …………………………………………………………………（73）
　　5.2.1　代码块 …………………………………………………………………………（73）
　　5.2.2　局部变量 ………………………………………………………………………（74）
　　5.2.3　全局变量 ………………………………………………………………………（76）
　　5.2.4　作用域规则 ……………………………………………………………………（78）
　5.3　变量的存储类型 ………………………………………………………………………（80）
　　5.3.1　auto 变量 ………………………………………………………………………（80）
　　5.3.2　register 变量 …………………………………………………………………（80）
　　5.3.3　static 变量 ……………………………………………………………………（81）
　　5.3.4　extern 变量 ……………………………………………………………………（84）
　5.4　实训与实训指导 ………………………………………………………………………（86）
　　实训 1　直角三角形 …………………………………………………………………（86）
　　实训 2　一元二次方程的根 …………………………………………………………（88）
　　实训 3　完美数 ………………………………………………………………………（89）
　　实训 4　玫瑰花数 ……………………………………………………………………（91）

第6章　数据的间接访问——指针 ………………………………………………………（95）

　6.1　指针的基本概念 ………………………………………………………………………（95）
　　6.1.1　指针与地址 ……………………………………………………………………（95）
　　6.1.2　指针变量的定义 ………………………………………………………………（96）
　　6.1.3　指针变量的初始化与赋值 ……………………………………………………（96）
　　6.1.4　指针变量的访问 ………………………………………………………………（97）
　6.2　指针与数组 ……………………………………………………………………………（98）
　　6.2.1　用指针操作数组 ………………………………………………………………（98）
　　6.2.2　动态内存分配 …………………………………………………………………（99）
　　6.2.3　数组作为函数参数 ……………………………………………………………（101）
　6.3　指针数组和指向指针的指针 …………………………………………………………（103）
　　6.3.1　指针数组 ………………………………………………………………………（103）
　　6.3.2　指向指针的指针 ………………………………………………………………（105）
　6.4　指针作为函数的形参 …………………………………………………………………（106）
　6.5　函数指针和指针函数 …………………………………………………………………（108）
　　6.5.1　函数指针 ………………………………………………………………………（108）
　　6.5.2　函数指针作为函数参数——回调函数 ………………………………………（111）
　　6.5.3　指针函数 ………………………………………………………………………（112）
　6.6　实训与实训指导 ………………………………………………………………………（115）

实训1　将整型数转换为字符串 …………………………………………………… (115)
实训2　日期转换函数 ……………………………………………………………… (116)
实训3　字符串排序 ………………………………………………………………… (118)
实训4　函数指针应用 ……………………………………………………………… (120)

第7章　函数的自我调用——递归 ………………………………………………… (122)

7.1　递归 ……………………………………………………………………………… (122)
7.1.1　递归的思想 ……………………………………………………………… (123)
7.1.2　递归的递推 ……………………………………………………………… (123)
7.1.3　递归的回归 ……………………………………………………………… (124)
7.1.4　递归的条件 ……………………………………………………………… (125)
7.1.5　递归的实现 ……………………………………………………………… (125)
7.2　迭代与递归 ……………………………………………………………………… (126)
7.2.1　递归实现 ………………………………………………………………… (126)
7.2.2　迭代实现 ………………………………………………………………… (127)
7.2.3　递归与迭代的关系 ……………………………………………………… (128)
7.3　实训与实训指导 ………………………………………………………………… (129)
实训1　走台阶 …………………………………………………………………… (129)
实训2　换汽水 …………………………………………………………………… (130)
实训3　排列数 …………………………………………………………………… (132)
实训4　汉诺塔 …………………………………………………………………… (134)

第8章　数据封装——用户自定义数据类型 ……………………………………… (136)

8.1　结构体的定义与使用 …………………………………………………………… (136)
8.1.1　定义结构体类型和结构体变量 ………………………………………… (137)
8.1.2　初始化结构体变量 ……………………………………………………… (139)
8.1.3　访问结构体成员 ………………………………………………………… (140)
8.1.4　结构体作为函数参数或返回值 ………………………………………… (141)
8.2　结构体实训与实训指导 ………………………………………………………… (144)
实训1　计算三维空间中两点之间的距离 …………………………………… (144)
实训2　利用结构体数组存储一元多项式并输出 …………………………… (145)
实训3　创建简单链表 ………………………………………………………… (147)
实训4　使用链表存储一元多项式并输出 …………………………………… (148)
8.3　使用FILE结构体类型的文件操作 …………………………………………… (152)
8.3.1　文件的打开与关闭 ……………………………………………………… (152)
8.3.2　文本文件的读写 ………………………………………………………… (154)
8.3.3　二进制文件的读写 ……………………………………………………… (157)
8.3.4　文件的格式化输入与输出 ……………………………………………… (159)
8.4　共用体 …………………………………………………………………………… (161)

8.4.1 共用体类型及其变量的定义 …………………………………………（161）
8.4.2 共用体的使用 ……………………………………………………（163）
8.5 枚举类型 …………………………………………………………………（166）
8.5.1 枚举及其变量的定义 ……………………………………………（167）
8.5.2 枚举的使用 ………………………………………………………（168）

下篇　C++语言篇

第9章　面向对象思维与C++语言概述 …………………………………（173）

9.1 面向对象思维 ……………………………………………………………（173）
9.1.1 C语言的面向过程思维 …………………………………………（173）
9.1.2 C++语言的面向对象思维 ………………………………………（174）
9.1.3 面向对象的基本概念 ……………………………………………（174）
9.2 C++语言对C语言的扩充 ………………………………………………（175）
9.2.1 C++常变量 ………………………………………………………（176）
9.2.2 C++的基本输入输出 ……………………………………………（176）
9.2.3 C++修饰符类型 …………………………………………………（178）
9.2.4 C++字符串 ………………………………………………………（179）
9.2.5 C++引用 …………………………………………………………（182）
9.2.6 C++重载函数 ……………………………………………………（184）
9.2.7 C++函数模板 ……………………………………………………（185）
9.2.8 C++动态内存 ……………………………………………………（186）
9.2.9 C++异常处理 ……………………………………………………（187）
9.3 C++程序的编译 …………………………………………………………（189）
9.4 实训与实训指导 …………………………………………………………（189）
实训1　旋转魔方阵 ……………………………………………………（189）
实训2　删除重复字符 …………………………………………………（192）
实训3　字符串全排列 …………………………………………………（195）
实训4　求两组整数的异或集 …………………………………………（196）

第10章　数据与过程的封装——类及其实训 ……………………………（199）

10.1 定义类与对象 ……………………………………………………………（199）
10.1.1 定义类 ……………………………………………………………（200）
10.1.2 声明对象 …………………………………………………………（203）
10.1.3 操作对象 …………………………………………………………（203）
10.1.4 对象的内存分配与this指针 ……………………………………（204）
10.2 对象的构造与析构 ………………………………………………………（205）
10.2.1 构造函数 …………………………………………………………（206）

10.2.2 复制构造函数 ……………………………………………………… (208)
　　10.2.3 析构函数 …………………………………………………………… (208)
10.3 const 与数据保护 …………………………………………………………… (211)
　　10.3.1 常数据成员 ………………………………………………………… (211)
　　10.3.2 常成员函数 ………………………………………………………… (212)
　　10.3.3 常对象 ……………………………………………………………… (213)
　　10.3.4 对象的常引用 ……………………………………………………… (213)
10.4 类的静态成员与数据共享 …………………………………………………… (214)
　　10.4.1 静态数据成员 ……………………………………………………… (215)
　　10.4.2 静态成员函数 ……………………………………………………… (215)
　　10.4.3 静态常量成员 ……………………………………………………… (217)
10.5 类的对象成员——类的组合 ………………………………………………… (217)
　　10.5.1 声明类的对象成员 ………………………………………………… (218)
　　10.5.2 在成员函数中使用类的对象成员 ………………………………… (219)
10.6 友元 ……………………………………………………………………………… (220)
　　10.6.1 友元函数 …………………………………………………………… (220)
　　10.6.2 友元类 ……………………………………………………………… (221)
10.7 实训与实训指导 ……………………………………………………………… (222)
　　实训 1　分数类 …………………………………………………………… (222)
　　实训 2　时钟类 …………………………………………………………… (224)
　　实训 3　随机数类 ………………………………………………………… (226)
　　实训 4　约瑟夫环类 ……………………………………………………… (228)

第 11 章　对象运算——运算符重载及其实训 …………………………… (233)

11.1 运算符重载的方法 …………………………………………………………… (233)
　　11.1.1 运算符重载函数作为友元函数 …………………………………… (234)
　　11.1.2 运算符重载函数作为成员函数 …………………………………… (235)
　　11.1.3 运算符重载的限制 ………………………………………………… (237)
11.2 特殊运算符的重载 …………………………………………………………… (237)
　　11.2.1 输入/输出运算符重载 ……………………………………………… (238)
　　11.2.2 赋值运算符重载 …………………………………………………… (240)
　　11.2.3 函数调用运算符重载 ……………………………………………… (241)
　　11.2.4 下标运算符重载 …………………………………………………… (242)
11.3 自定义类型与基本类型之间的转换 ………………………………………… (243)
　　11.3.1 基本类型到自定义类型的转换 …………………………………… (243)
　　11.3.2 自定义类型到基本类型的转换 …………………………………… (244)
11.4 实训与实训指导 ……………………………………………………………… (245)
　　实训 1　二维数组类 ……………………………………………………… (245)
　　实训 2　布尔类 …………………………………………………………… (246)

实训3　随机类运算符重载 …………………………………………………………（251）
　　实训4　一元多项式类 ……………………………………………………………（252）

第12章　代码重用——类的继承、多态与模板 …………………………………（258）

12.1　类的继承与派生 …………………………………………………………（258）
　　12.1.1　基类的定义 ……………………………………………………………（259）
　　12.1.2　派生类的定义与继承方式 ……………………………………………（260）
　　12.1.3　派生类的构造函数和析构函数 ………………………………………（261）
　　12.1.4　重定义基类的成员函数 ………………………………………………（261）
　　12.1.5　派生类的定义 …………………………………………………………（262）
　　12.1.6　类的多层派生 …………………………………………………………（264）

12.2　多重继承 …………………………………………………………………（266）
　　12.2.1　多重继承的声明 ………………………………………………………（269）
　　12.2.2　多重继承派生类对象的定义 …………………………………………（270）
　　12.2.3　虚基类 …………………………………………………………………（271）

12.3　多态性与虚函数 …………………………………………………………（272）
　　12.3.1　派生类对象向基类对象的转换 ………………………………………（273）
　　12.3.2　虚函数 …………………………………………………………………（274）
　　12.3.3　纯虚函数 ………………………………………………………………（277）
　　12.3.4　抽象类 …………………………………………………………………（277）

12.4　类模板和泛型编程 ………………………………………………………（278）
　　12.4.1　类模板的定义 …………………………………………………………（279）
　　12.4.2　类模板的实例化 ………………………………………………………（281）
　　12.4.3　类模板的友元 …………………………………………………………（282）

12.5　实训与实训指导 …………………………………………………………（284）
　　实训1　泛化的链表类 …………………………………………………………（284）
　　实训2　图书馆系统中的读者类 ………………………………………………（286）
　　实训3　读者库 …………………………………………………………………（290）

附录 …………………………………………………………………………………（292）

参考文献 ……………………………………………………………………………（295）

上篇　C语言篇

第 1 章

计算思维与 C 语言概述

随着计算机技术的迅猛发展，计算机应用从早期的数学计算发展到各种媒体信息的处理，现已渗透到了人们工作、生活的各个角落，计算思维也被认为是与理论思维、实验思维并列的第三种思维模式。

1.1 计算思维与程序设计语言

计算机系统由硬件和软件组成。硬件是计算机的"躯体"，而软件是计算机的"灵魂"，计算机系统的运行需要软件的驱动，而缺少了硬件的计算机系统是不能独立存在的，硬件和软件相辅相成，二者缺一不可。软件的开发需要程序的设计与编写，程序是为完成某一特定任务而定义的一组指令的序列。要想计算机完成一项新任务，就需要设计与编写程序，让计算机自动执行。

卡内基·梅隆大学前计算机系主任、微软公司前副总裁周以真（Jeannette M. Wing）教授指出："计算思维是运用计算（机）科学的基础概念去求解问题、设计系统和理解人类行为的一系列思维活动的统称。"计算思维建立在计算过程的能力和限制之上，由人或机器执行。

1.1.1 二进制思维与程序设计语言的分类

计算机系统采用二进制来表示数值型信息。二进制的每一位基值只有 0 和 1，因易于电子器件实现而应用于计算机系统。也就是说，计算机系统是 0 和 1 的世界，使用 0 和 1 表示数值，也表示逻辑（0 为假，1 为真），从而实现自动化。0 和 1，以及逻辑运算代表的二进制思维是计算思维的基础。

因此,人类世界中的信息只有表示为 0 和 1 的组合,才能进入计算机系统。早期的程序员就使用二进制来编写程序让计算机执行,从而完成某种任务。这种二进制语言称为机器语言。机器语言是机器指令的集合。机器指令就是计算机能够直接识别并执行的指令。计算机的机器指令是一个二进制编码。例如,应用 8086 CPU 完成计算 s = 768 + 12288 − 1280 的三条机器指令如下:

10110000000000000000000011
00000101000000000110000
0010110100000000000000101

假如将指令误写成以下形式,运算将错误。

10110000000000000000000011
00000101000000000011000
0010110100000000000000101

不难看出,用机器语言编写程序是非常困难的。无论是记住这些二进制编码,还是找出其中的一些错误,都非常麻烦。

早期的程序员们很快就发现了使用机器语言带来的麻烦,于是,汇编语言产生了。汇编语言是汇编指令的集合。汇编指令采用了类似人类所使用的自然语言的语法来表示这些指令,从而便于程序员阅读和记忆。例如,将寄存器 BX 的内容传送到寄存器 AX 的机器指令是"1000100111011000",而对应的汇编指令则为"MOV AX,BX"。很明显,后者更便于程序员阅读和记忆。由于计算机只能识别机器指令,因此需要将采用汇编语言编写的程序翻译成计算机能够识别的指令序列,这一工作由专门程序来完成。

汇编指令与机器指令基本上一一对应,它的执行与机器语言一样受硬件底层平台的限制。更重要的是,用多条指令实现一个程序的编写过于烦琐。于是,高级语言产生了!高级语言是对汇编语言的进一步抽象,它更接近于人类使用的自然语言,同时又不依赖于计算机硬件,编出的程序能在不同体系结构的计算机上执行。例如,求两个数的最大值的 C 语言代码如下所示:

```
if(a > b)
    max = a;
else
    max = b;
```

可见,高级语言更接近于人类的自然语言描述。但由于计算机只能识别机器语言,因此用高级语言编写的程序也需要经过专门的编译器程序翻译成机器指令,才能在计算机上执行。

综上所述,程序员发现使用更接近于自然语言的高级语言更容易实现计算机软件的设计与开发,只需运用计算思维来解决问题,而无须考虑计算机硬件平台的要求与限制。

1.1.2　计算思维与程序设计

以计算机学科为代表的计算思维又称构造思维，其以设计和构造为特征，最本质的内容是抽象与自动化。抽象与自动化反映了计算的根本问题，即什么能被有效地自动进行。程序是让计算机自动执行的指令序列，数据、指令和程序是计算思维最基本的内容，程序设计与构造是一种计算思维。

程序设计语言和计算思维相辅相成，语言是思维的体现，思维是语言的载体。对于程序设计课程来说，学生应掌握的编程能力是计算思维和技能化知识的综合体，实践操作是对计算思维能力结果的一种验证。

1.1.3　计算思维在 C 语言程序设计中的应用

C 语言是一种面向过程的程序设计语言，是目前世界上普遍流行、使用非常广泛的高级程序设计语言之一，由美国贝尔实验室的 Dennis M. Ritchie 设计。当前最新的 C 语言标准为 C11，在它之前的 C 语言标准为 C99。鉴于 C 语言对底层硬件操作方面的优势，C 语言广泛应用于操作系统（如 Windows、Linux、UNIX 等操作系统）、工业控制等软件的开发。另外，C 语言具有绘图能力强、可移植性好的特点，并具备很强的数据处理能力，因此也适用于二维、三维图形动画软件的开发。

计算思维是模型与算法相结合的思维过程，是抽象与自动化实现的过程。在 C 语言程序设计中，先把待解决的问题抽象成与其相应的模型，然后确定算法，编写程序求解问题，最后由机器自动执行。一个 C 语言程序的设计与构造，首先将简单的语句组合成复杂的结构化语句，进而抽象为函数，最后将多个函数组合为复杂的程序。函数机制有利于实现穷举法、递推法、递归法、回溯法、迭代法、分治法、贪心法和动态规划法等典型算法，同时使程序更简短而清晰，有利于维护，并提高代码的重用性，从而提高程序开发的效率。

1.2　C 程序的基本结构

先来看一个最小的 C 程序——hello.c，以此来了解 C 程序的基本结构。该程序能在屏幕上输出以下内容：

Hello,World!

代码清单：

```
/* 文件名:hello.c
   功能:输出"Hello,World!" */      ├─注释
#include <stdio.h>                 ├─预处理命令
```

```
int main()
{
    /*调用格式化输出函数*/
    printf("Hello,World!\n");
    return 0;
}
```
———主程序

可以看出，一个 C 程序由注释、预处理命令和主程序组成，主程序由一组函数组成。每个程序至少有一个函数，即主函数 main。

1.2.1 注释

在 hello.c 代码清单的第一部分，包含在"/*"和"*/"之间的内容属于注释。注释既可以单独占一行，也可以和程序中的其他代码在同一行。注释可以占多行，称为块注释。在现在的编译系统中，注释也可以从"//"开始到本行结束，称为行注释。

注释是程序员用自然语言向其他程序员传递该程序的有关信息，不是真正执行的语句，不影响程序的执行。注释一般分为序言性注释和功能性注释：

（1）序言性注释通常在程序的开始，用于说明程序的名称、功能、设计思想、版本、设计者等信息。

（2）功能性注释通常在程序代码内部，用于说明关键数据、语句、控制结构的含义和作用。

注释能够提高程序的可读性，便于程序的维护，为程序适当增加一些注释是一种良好的程序设计习惯。

1.2.2 预处理

hello.c 代码清单的第二部分是预处理命令。C 语言的编译分为预处理和编译，先执行预处理，再执行编译。预处理命令均以"#"符号开始，且每条预处理命令独占一行。

常用的预处理命令是库包含。"#include < stdio.h >"用于告诉编译器，本程序要将一个"stdio.h"文件的内容包含。"stdio.h"（stdio 即 standard input output 的缩写）是 C 语言标准输入/输出函数库中定义的一个头文件，包含了标准函数库中定义的输入/输出函数的说明信息。函数 printf 是标准函数库 stdio 的输出函数，要想使用函数 printf，就必须在预编译阶段包含此库函数的头文件 stdio.h。

1.2.3 主程序

程序 hello.c 的最后一部分是主程序，是算法的描述。C 语言程序是由一个主函数 main 和若干子函数组成的。

函数可以分为两部分——函数首部和函数体。函数的概念来自数学。表 1-1 所示为 C 语言函数与数学函数的对比。在数学函数 $f(x) = x^2 + x + 1$ 中，f 称为函数名，x 称为函数的自变量，$f(x)$ 的定义给出了通过自变量计算函数值的方法。C 语言函数定义与数学函数类似，函数首部 int main() 等同于数学函数中等号的左边部分，函数体等同于数学函数中等号的右边部分。函数首部（函数头）中的 int 表示函数的执行结果是一个整数，main 是函数名，() 中是函数的参数，相当于数学函数中的自变量。在本例中，函数没有参数，() 中的内容为空。

表 1-1 C 语言函数与数学函数的对比

C 语言函数	数学函数

int main()　————————函数首部
{
　　printf("Hello,World!\n");　]——函数体
　　return 0;
}
	$f(x) = x^2 + x + 1$
	　　│　│　　│
	　　函自　　函数定义
	　　数变
	　　　量

main 函数是 C 语言程序中的一个特殊函数，每个程序有且仅有 main 函数，它代表程序运行时的入口。程序运行时，首先找到 main 函数，然后依次执行 main 函数中包含的每条语句，直到 main 函数结束。

除了 main 函数外，程序中使用的函数可以分为两类：一类是我们为了实现某项功能而自己编写的函数，通常称为"自定义函数"；另一类是由编译器提供的函数库中的函数，通常称为"库函数"。上述程序中所使用的 printf 函数就是一个库函数。

函数体是实现如何从自变量得到函数值的过程，即算法的描述。C 语言函数的定义部分被放在一对大括号中，可以包含一系列语句，这些语句给出了函数执行的操作。在 C 语言程序中，分号是语句结束的唯一标志；一条语句既可以独占一行，也可以占用多行；多条语句可以放在同一行。程序 hello.c 包含以下两条语句：

（1）printf("Hello,World!\n");

函数 printf 用于格式化输出到屏幕，在头文件 stdio.h 中声明。

（2）return 0;

return 语句用于表示退出程序，0 是函数的值。

上述程序中的 int、include、void、return 是 C 语言的保留字，保留字又称为关键字。每种程序设计语言都规定了自己的一套保留字。保留字是具有特殊含义和功能的词汇，不能被用作其他用途。C 语言有 30 多个保留字，全部使用小写形式。后续章节将逐步介绍 C 语言的其他保留字。

1.3 C 程序的编译

使用任何文本编辑器都可以创建一个扩展名为 .c 的 C 程序文件，但要把 C 程序文件转换为机器可以执行的程序，则需要以下 3 个步骤：

（1）预处理。程序首先被送给预处理器。预处理器执行以#开头的命令，其功能类似编辑器，它既可以向程序添加内容，也可以对程序进行修改。

（2）编译。修改后的程序可以进入编译器。编译器将程序翻译成机器指令（即目标代码）。

（3）连接。连接器把编译器产生的目标代码和所需的其他附加代码整合，产生完全可执行的程序。这些附加代码包括程序中用到的库函数。

上述工作烦琐而复杂，幸运的是，这些工作由现有的系统程序自动实现，无须用户完成，这类系统程序一般称为编译器。现有的 C 语言编译器多种多样，接下来将简单介绍常用的几种。

1.3.1 UNIX 操作系统的 CC 编译器

在 UNIX 操作系统中，用于编译和连接的程序称为 CC 编译器。为了编译和连接程序 hello.c，需要在终端或命令行窗口中输入下述命令：

％cc hello.c

说明：

字符%为 UNIX 操作系统的提示符，无须输入。

在使用 CC 编译器时，系统会自动进行连接操作。在编译和连接程序后，CC 编译器会把可执行程序放到默认名为 a.out 的文件中。

在 UNIX 系统中，执行如下命令可以把程序 hello.c 生成的执行文件命名为 hello：

％cc -o hello hello.c

其中，-o 选项允许为可执行程序的文件选择名字。

1.3.2 Linux 操作系统的 GCC 编译器

在 Linux 操作系统中，GCC（GNU Compiler Collection）编译器是最流行的 C 程序编译器之一，这种编译器的使用与 UNIX 操作系统中的 CC 编译器相似。例如，在 Linux 操作系统中，执行如下命令可以把程序 hello.c 生成的执行文件命名为 hello：

％gcc -o hello hello.c

现在的 GCC 编译器能够编译 Ada、C、C++、Fortran、Java 和 Objective-C 等多种语言。GCC 编译器不仅是开源的、免费的，还能为多种不同的 CPU 生成代码，所以 GCC 编译器广泛应用于商业软件开发。

1.3.3 Windows 操作系统的集成开发环境

在 Windows 操作系统中，常用的编译系统为集成开发环境（Integrated Development Environment，IDE），即一个软件包，集编辑、编译、连接、执行、调试于一体。在该环境中，既可以编辑.c 文件，也可以编译.c 文件为可执行文件。当编译器发现程序有错时，它会在编辑器中把包含出错代码的行突出显示。Windows 操作系统的常用集成开发环境有：

1. Visual C++6.0

Visual C++6.0（简称 Visual C++、MSVC、VC++ 或 VC）是 Microsoft 公司推出的以 C++语言为基础的 Windows 开发环境程序，是面向对象的可视化集成编译系统。C++语言全面兼容了 C 语言，此环境包含了 C 语言的编译环境。由于 Visual C++ 6.0 是于 1998 年发布的老产品，因此与 Windows 操作系统的新版本存在一定的兼容性问题，而且程序的编辑环境不够友好。

2. Dev–C++

Dev–C++ 是一个在 Windows 操作系统下的 C/C++ 程序的集成开发环境。它使用 MinGW32/GCC 编译器，遵循 C/C++ 标准。其开发环境包括多页面窗口、工程编辑器以及调试器等，在工程编辑器中集合了编辑器、编译器、连接程序和执行程序，提供高亮度语法显示，以减少编辑错误，且有完善的调试功能，能够适合初学者与编程高手的不同需求。

3. Code∷Blocks

Code∷Blocks 是一个开放源码的全功能的跨平台 C/C++ 集成开发环境，由纯粹的 C++语言开发完成，使用了著名的图形界面库 wxWidgets。Code∷Blocks 不仅支持语法彩色醒目显示、代码完成、工程管理，还支持项目构建、调试，非常适合初学者调试程序。Code∷Blocks 既可以应用于 Windows 操作系统，也可以应用于 Linux 操作系统。

由于 Code∷Blocks 集成开发环境的开放性，因此现在国内外的很多软件大赛都采用它。本书的编程与讨论均基于此。

第 2 章

C 语言程序的基本元素与顺序结构程序设计

程序设计是指把待解决的问题抽象成与其相对应的模型，然后确定算法并编写程序求解问题，最后由机器自动执行的计算思维过程。本章通过一个简单示例的计算思维过程来介绍构成 C 语言程序的基本元素：变量、常量、数据类型、表达式等。

C 语言程序的结构有 3 种：顺序结构、选择结构和循环结构。顺序结构是最基本、最简单的程序结构。在顺序结构内，各语句按照其出现的先后次序依次执行。

2.1　C 语言程序的基本元素

结构化程序的逻辑顺序是先定义（或声明）变量，再输入数据、处理数据，最后输出数据。本节以一个简单示例为基点，介绍构成结构化程序的基本元素。

【例 2-1】用 C 语言求解圆的面积。

【分析】由数学知识可知，求解圆的面积可用以下面积公式建模：

$$S = \pi R^2 \tag{2-1}$$

其中，S、π、R 分别表示面积、圆周率、半径。

算法的伪代码如下：

(1) 输入半径 R；（输入数据）

(2) 使用式 (2-1) 计算圆的面积 S；（处理数据）

(3) 输出面积 S。（输出数据）

2.1.1　变量和常量及数据类型

在式 (2-1) 中，有 3 个数据需要用 C 语言表达：面积 S、圆周率 π、半径 R。在这些数据中，有些会出现变化，有些则保持不变，在 C 语言中将其分别称为变量与常量。

为了方便地实现对内存中数据的存取，计算机以字节为单位对每个存储单元进行统一编号。这些编号被形象地称为"内存地址"。计算机只要知道数据所在存储单元的地址，就可以很快地定位到数据存放的位置。内存的逻辑结构如图 2-1 所示。内存以字节作为基本的存储单元，图中的每个方格表示 1 字节。

由于 1 字节能存放的数据有限，有的数据可能需要多字节，因此只记住数据的起始地址是不够的，还需要记住存放数据占用了多少字节。C 语言通过将数据进行分类来实现不同类型的数据占用不同大小的存储空间。同一种类型的数据在内存中存放时所占的字节数相同。因此，只要知道数据存放的起始地址和数据的类型，就可以非常方便地对数据进行存取。

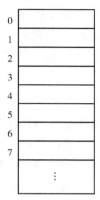

图 2-1 内存结构示意

1. 数据类型

数据类型指的是用于声明不同类型的变量（或函数）的一个广泛的系统。在 C 语言中，每个变量都有特定的类型，变量的类型决定了存储变量需要占用的空间，以及如何解释存储的位模式。表 2-1 列出了 C 语言中常用的几种基本数据类型。

表 2-1 几种基本数据类型

类型	描述
char	通常占 1 字节（8 位）
int	对机器而言，整数的最自然的大小。一般占 2 或 4 字节
float	单精度型浮点值。格式：1 位符号，8 位指数，23 位小数
double	双精度型浮点值。格式：1 位符号，11 位指数，52 位小数
void	表示类型的缺失

说明：

关于标准整数类型的存储大小和值范围，详见附录 1。关于标准浮点类型的存储大小、值范围和精度，详见附录 2。

在例 2-1 中，面积 S、半径 R 在数学中为实数，因此在程序中将 S、R 设置为 float 型变量，系统将为两个变量各分配 4 字节的存储空间，取值范围为 $1.2 \times 10^{-38} \sim 3.4 \times 10^{38}$。

2. 常量

常量是固定值，在程序执行期间不会改变。常量可以是任何基本数据类型，如整数常量、浮点常量、字符常量等。如果程序需要频繁使用某个固定不变的数据，还可以使用定义常量，将其定义为某个符号。

1）整数常量

整数常量可以是十进制、八进制或十六进制的常量，由前缀指定基数（如 0x 或 0X 表示十六进制，0 表示八进制）。若不带前缀，则默认表示十进制。

2) 浮点常量

浮点常量由整数部分、小数点、小数部分和指数部分组成，可以使用小数形式或指数形式来表示浮点常量。当使用小数形式表示时，必须包含整数部分、小数部分，或同时包含两者。当使用指数形式表示时，必须包含小数点、指数，或同时包含两者。带符号的指数是由 e 或 E 引入的。

3) 字符常量

字符常量被括在单引号中。例如，'x' 可以存储在 char 类型的简单变量中。字符常量可以是一个普通的字符（如 'x'）、一个转义序列（如 '\t'），或一个通用的字符（如 '\u02C0'）。在 C 语言中，有一些前面有反斜杠的特定字符，它们具有特殊的含义，用于表示换行符（\n）、制表符（\t）等。附录3列出了常用的转义字符。通用字符集是由 ISO（International Organization for Standardization，国际标准化组织）制定的 ISO 10646（或称 ISO/IEC 10646）标准所定义的字符编码方式，采用4字节编码。

4) 字符串常量

字符串常量是用一对双引号括起来的零个或多个字符组成的字符序列，如" " 和" I am a string"。双引号不是字符串的一部分，它只用于限定字符串。字符转义序列同样可以用在字符串中，如" Hello world! \n"。

5) 常量的定义

如果程序频繁使用某个常量，那么可以将其定义为一个符号。在例 2-1 中，圆周率是固定不变的量，需要多次使用，可以将其定义为符号 PI。

在 C 语言中，常量定义称为宏替换，即用一个指定的标识符来代表一个替换序列。定义常量的方式是使用#define 预处理器。例如，圆周率的定义如下：

```
#define PI 3.1415926
```

定义后，在程序中就可以使用 PI 来代替 3.1415926。如果需要更高精度的圆周率，则只需修改常量定义。

3. 变量

变量是指在程序运行时其值可以改变的量。变量的名称（即变量名）由字母、数字和下划线字符组成。它必须以字母或下划线开头，且区分大写字母和小写字母。变量的功能就是存储数据。操作系统为变量分配存储空间，其空间存储的数据是可变的。对变量的操作均是对变量所表示的存储空间的操作。

1) 变量的定义（或声明）

变量的定义是指，指定一个数据类型，并包含该类型的一个（或多个）变量的列表。定义变量的格式如下：

```
类型标识符 变量名;
```

在例 2-1 中，对变量 S 和 R 的定义如下：

```
float S,R;
```

该语句说明,系统为两个变量各分配了 4 字节的存储空间,其空间存放单精度浮点值的数据,其名称分别为 S 和 R。

2) 变量的初始化

变量被定义后,其存储空间的数值是不确定的。要想保证程序能够正确运行,则在使用变量前应对其进行赋值。赋值的方式有以下两种:

(1) 在变量定义的同时给它指定初始值。
(2) 在变量使用前进行赋值。

第一种赋值方式又称为变量的初始化,其一般形式如下:

类型标识符 变量名1 = 初值1,变量名2 = 初值2,…;

在例 2-1 中,对变量 S 和 R 定义如下:

float S = 0,R = 5.0;

如果初值的类型和变量的类型不一致,编译器就会采用赋值运算的规则自动进行类型转换。例如,在语句"float S = 0"中,系统将整数 0 转换为浮点型。

2.1.2 表达式

C 语言的一个主要特征就是它更多地强调表达式而不是语句。表达式是一个表示如何计算的公式。表达式由变量、常量与运算符组成。

1. 运算符

C 语言运算符有赋值运算符、算术运算符、逗号运算符、关系运算符、逻辑运算符、位运算符等。接下来,以赋值运算符、算术运算符和逗号运算符为例,说明运算符的运算规则。

1) 赋值运算符

赋值运算符可分为简单赋值运算符和复合赋值运算符。

简单赋值运算符用"="表示,它是一个二元运算符。例如,表达式"a = 1 + 2"(假定这里的 a 为 int 型变量)的作用是计算表达式"1 + 2"的值,然后将该值赋值给变量 a,即将该值存入变量 a 的存储空间。此时,变量 a 的值为 3。赋值运算符的左操作数称为左值,右操作数是一个表达式。左值是引用内存中一个命名的存储单元的表达式。变量就是目前所知的左值。

复合赋值运算符有: +=、-+、*=、/=、%=、<<=、>>=、&=、^=、|=。它们可以在变量原有值的基础上改变变量的值。例如:

a += 1 等价于 a = a + 1
b -= c + 1 等价于 b = b - (c + 1)
i *= j/k 等价于 i = i * (j/k)

2) 算术运算符

表 2-2 列出了 C 语言常用的算术运算符及其功能描述。只有一个操作数的运算符称为

一元运算符或单目运算符，有两个操作数的运算符称为二元运算符或双目运算符，有三个操作数的运算符称为三元运算符或三目运算符，依次类推。例如，正号运算符（+）、负号运算符（-）、自增运算符（++）、自减运算符（--）为一元运算符，而运算符+、-、*、/、%为二元运算符。

表2-2 算术运算符

运算符	描述	实例（A=10，B=20）
+	把两个操作数相加	A+B 将得到 30
-	从第1个操作数中减去第2个操作数	A-B 将得到 -10
*	把两个操作数相乘	A*B 将得到 200
/	分子除以分母	B/A 将得到 2
%	取模运算符，整除后的余数	B%A 将得到 0
+	正号运算符	+A 将得到 10
-	负号运算符	-B 将得到 -20
++	自增运算符，整数值增加1	A++，++A 将得到 11
--	自减运算符，整数值减少1	A--，--A 将得到 9

自增、自减运算符是一元运算符，既可以作为前缀运算符，也可以作为后缀运算符。例如，++a、--a 使用前缀运算符，a++、a-- 使用后缀运算符。这两种形式都可以使变量的值加1或减1。它们的区别是：前缀自增、自减运算先使变量的值加1或减1，然后在表达式中引用变量的值；后缀自增、自减运算先在表达式中引用变量的值，然后使变量的值加1或减1。例如：

（1）假设 a=1，执行 b=++a 后，a 的值为2，而且表达式 ++a 的值也为2，变量 b 被赋值为2。

（2）假设 a=1，执行 b=a++ 后，a 的值为2，而表达式 a++ 的值为1，变量 b 被赋值为1。

3）逗号运算符

C语言提供的逗号运算符用于连接两个表达式。逗号运算符用符号","表示。形如"左表达式,右表达式"的式子称为"逗号表达式"。由逗号运算符连接的两个表达式从左向右依次计算。先计算左表达式的值，并且丢弃该值，再计算右表达式的值。逗号表达式的值和类型均取于右表达式的值和类型。例如，表达式"1+2,3+4"的值为7。

2. 运算符的优先级和结合性

在数学中，算术运算执行"先进行乘除运算，后进行加减运算"的基本准则。而在C语言中，运算符的计算规则细化为运算符的优先级与结合性。

C语言中的运算符优先级共分15级，1级最高，15级最低。前述运算符的优先级和结合方向如表2-3所示，C语言所有运算符的优先级和结合性可参考附录4。当表达式中含有多个优先级相同的运算符时，运算符的结合性开始起作用。如果运算符是从左向右结合的，则称这种运算符是左结合的。如果运算符是从右向左结合的，则称这种运算符是右结合的。

二元算术运算符都是左结合的，一元算术运算符都是右结合的。后缀自增、自减运算符的结合方向是自左向右；前缀自增、自减运算符的结合方向是自右向左。逗号运算符是左结合的。

表 2-3 运算符的优先级和结合性

运算符	优先级	结合性
++（后缀自增）、--（后缀自减）	1 级	左结合
++（前缀自增）、--（前缀自减）	2 级	右结合
+（正号）、-（负号）	2 级	右结合
*（乘）、/（除）、%（模运算）	3 级	左结合
+（加）、-（减）	4 级	左结合
=（赋值运算符）	14 级	右结合
,（逗号）	15 级	左结合

3. 表达式语句

表达式是运算的组合，是一种运算组合式。在例 2-1 中，面积的 C 语言表达式为 "S = PI * R * R"。该表达式为赋值表达式，实现将右边算法表达式的值存入变量 S 的存储单元。

在 C 语言中，任何表达式都可以通过增加分号而成为一条语句。例如：

i ++;

执行该语句，将使变量 i 的值加 1。

又如：

j = ++i;

执行该语句，将使变量 i 的值加 1，然后取出变量 i 加 1 后的值，赋值给变量 j。

2.1.3 数据的输入与输出

数据的输入/输出是一个程序必须要考虑的问题。在 C 语言中，数据的输入/输出工作由相应的库函数来实现。C 语言要求在调用函数前对被调用的函数进行声明，调用库函数也应如此，这可以通过包含相应的头文件（head file）来完成。C 语言的标准函数库被分为 15 部分，每一部分由一个头文件来描述，头文件中包含了数据类型的定义、宏定义和相关函数的声明。本章介绍的四个函数都在 stdio.h 头文件中进行描述。因此，在程序开头包含 stdio.h 文件即可。方法如下：

#include <stdio.h>

或

#include "stdio.h"

1. 字符输出——putchar 函数

putchar 函数可以向标准输出设备（通常指显示器）输出一个字符。调用方法：

putchar(ch);   /* 参数 ch 表示要输出的字符 */

例如：

putchar('A');
putchar(65);
putchar('\n');
char ch ='a';   putchar(ch);

2. 字符输入——getchar 函数

getchar 函数从标准输入设备（通常指键盘）读取一个字符。调用方法：

char ch;
ch = getchar();

调用该函数时，不需要实际参数，该函数的返回值为读取的字符，如果读取出错，则返回值为 EOF(−1)。

3. 格式化输出——printf 函数

printf 函数输出格式字符串的内容，并在格式字符串的指定位置插入所要输出的数据。调用方法：

printf(格式字符串,表达式1,表达式2,…)

例如，在例 2-1 中，可将面积简单地格式化输出：

printf("the area is %f\n",S)

printf 函数是一个多参数函数。第 1 个参数是格式字符串，它说明数据的输出格式和最后的输出效果，是必须有的参数，"the area is %f\n"为格式字符串；从第 2 个参数开始的其他参数给出要输出的数据，每个输出数据可由一个表达式给出。

格式字符串包含两种内容。一种是普通字符（包括字符转义序列），如"the area is %f\n"中的"the area is"和转义字符"\n"（表示换行）是普通字符，这些内容直接输出。另一种内容是格式说明符，如"the area is %f\n"中的"%f"，每个格式说明符指定一种输出数据的格式。格式说明符起到占位符的作用，不被输出，而是由相应的输出数据来替换它。

格式说明符的格式：

%[标志字符][最小宽度][精度][长度修饰符] 转换说明符

(1) 格式说明符必须以字符"%"开始，以一个转换说明符结束。常用的转换说明符包括 d、i、o、x、u、c、s、f、e、g。

设已知 int_A = 1，int_B = -1，char_C = 's'，string_D = "Hello"，float_F = 4.0f，double_E = 31415.926，printf 函数的格式输出如表 2-4 所示。

表 2-4 printf 函数的格式输出

格式符	说明	实例	输出
d, i	输出带符号的十进制整数	printf("%d,%i",int_A,int_B)	1, -1
o	输出八进制无符号整数	printf("%o",int_B)	37777777777
x（X）	输出十六进制无符号整数	printf("%x",int_B)	ffffffff
u	输出十进制无符号整数	printf("%u",int_B)	4294967295
c	输出一个字符	printf("%c",char_C)	s
s	输出字符串	printf("%s",string_D)	Hello
f	输出小数形式的实数，默认 6 位小数	printf("%6.2f,%f",float_F,float_F)	␣␣4.00, 4.000000
e（E）	输出指数形式的实数，数字部分默认 6 位小数	printf("%e",double_E)	3.14159e+003
g（G）	输出 f 或 e 格式中输出宽度较短的一种，不输出无意义的 0	printf("%g",float_f)	4

（2）标志字符可以是一个或多个以下字符的组合：-、+、#、0。这部分内容是可选的。
- 标志 -：指示转换后的结果在输出域中左对齐（默认右对齐）。
- 标志 +：指示有符号数转换后的结果带正号或负号。
- 标志 #：指示对于转换说明符 o，转换结果将增加前缀 0；对于转换说明符 x 或 X，转换结果将增加前缀 0x 或 0X。
- 标志 0：指示对于转换说明符 d、i、o、u、x（X）、e（E）、f、g（G），前导零将用于填充域宽而不填充空格字符。若标志 0 和标志 - 同时出现，则标志 0 不起作用。

（3）最小宽度的形式为 m，m 代表一个十进制整数。这部分内容是可选的。
（4）精度的形式为 .n，其中 n 代表一个十进制整数。这部分内容是可选的。
（5）长度修饰符是以下字符中的一个：l、L。这部分内容是可选的。
- 修饰符 l：用于输出 long int 或 unsigned long int 类型的数据，它可用在转换说明符的 d、i、o、u、x 或 X 前面。
- 修饰符 L：用于输出 long double 类型的数据，它可用在转换说明符 f、e（E）、g（G）的前面。

4. 格式化输入——scanf 函数

scanf 函数按照格式字符串所描述的输入模式，从用户输入的内容当中获得需要的数据，然后将这些数据存入相应的变量。调用方法为：

scanf(格式字符串,地址1,地址2,…)

其中,第 1 个参数是一个字符串,它指定 scanf 函数可以接收的输入数据的格式。从第 2 个参数开始的后续参数给出了用于存放输入数据的存储空间的地址。

为了得到变量的地址,需要使用地址运算符"&",该运算符是一元运算符。&a、&b 的含义是得到变量 a、b 的存储空间的地址,这样才符合 scanf 函数对参数的要求。

设 int_A = 1, int_B = -1, char_C = 's', string_D = "Hello", float_F = 4.0f, double_E = 31415.926, scanf 函数的格式输出如表 2-5 所示。

表 2-5 scanf 函数的格式输出

格式符	说明	实例
d, i	输入带符号的十进制整数	scanf("%d,%i",&int_A,&int_B)
o	输入八进制无符号整数	scanf("%o",&int_B)
x (X)	输入十六进制无符号整数	scanf("%x",&int_B)
u	输入十进制无符号整数	scanf("%u",&int_B)
c	输入一个字符	scanf("%c",&char_C)
s	输入字符串	scanf("%s",&string_D)
f	输入实数,可用小数形式或指数形式输入	scanf("%f,%lf",&float_F,&double_E)
e (E), g (G)	与 f 作用相同	scanf("%e,%g",&float_F,&double_E)

在例 2-1 中,半径 R,面积 S 为实数,语句 "scanf("R=%f",&R)" 实现接收输入的半径,语句 "printf("S=%f",S)" 实现向屏幕输出圆的面积。

2.2　顺序结构程序设计

在顺序结构程序中,没有选择语句和循环语句,程序的语句依次执行。顺序结构程序的结构简单、层次分明,逻辑顺序清楚、明晰。

由第 1 章的程序 hello.c 可知,一个 C 程序由注释、预处理命令和主程序组成。主程序由数据输入、数据处理和数据输出三个步骤构成,由一组函数完成。每个程序至少包含一个函数,即主函数 main,而每个函数由一系列语句组成。

2.2.1　语句

C 语言中的语句是程序在执行时向计算机发出的指令,语句给出了计算机要执行的操作。预处理命令、变量定义等内容不算作语句。语句出现在函数体内,一个函数的执行过程就是依次执行函数体内语句的过程,这些语句用于实现函数的功能。

在 C 程序中,分号是语句结束符,也就是说,每条语句必须以分号结束。它表明一个逻辑实体的结束。C 语言的基本语句包括声明语句、空语句、复合语句、控制语句、表达式语句、函数调用语句等基本语句。空语句是只有一个分号的语句。复合语句是用一对 { }

包含的若干条语句。控制语句是能完成一定程序流程控制功能的语句。在表达式后面增加分号构成表达式语句。函数调用语句既可以调用自定义函数（简称"函数"），也可以调用标准函数（库函数）。本章不涉及控制语句。

在例 2-1 中，声明语句如下：

float S = 0,R = 0;

表达式语句如下：

S = PI * R * R;

函数调用语句如下：

scanf("%f",&R);
printf("S = %f",S);

2.2.2 构造程序

C 程序主要包括预处理器指令、函数、变量、语句、注释等等。本节构造的程序不包含自定义函数部分。例 2-1 的程序如下：

```
/*程序 Exp2 -1.c:求圆的面积*/
#include <stdio.h>              //预处理
#define PI 3.1415926            //预处理
int main()                      //主函数
{
    float S = 0,R = 0;          //变量的定义与初始化
    scanf("%f",&R);             //输入数据
    S = PI * R * R;             //处理数据,此处对输入数据不进行判断
    printf("S = %f",S);         //输出数据
    return 0;                   //退出程序
}
```

例 2-1 可以应用带参数的宏替换来完成，其一般形式如下：

#define 标识符(形式参数列表) 替换序列

其中，形式参数列表可以包含若干个参数（参数之间用逗号分隔），每个参数均为一个标识符。这些参数可以在替换序列中出现多次。

例 2-1 应用带参数的宏替换的程序如下：

```
/*程序 Exp2 -2.c:求圆的面积*/
#include <stdio.h>              //包含头文件
#define PI 3.1415926            //不带参数的宏定义
#define S(R) PI * R * R         //带参数的宏定义
int main()                      //主函数
{
    float S = 0,R = 0;          //变量的定义与初始化
```

```
    scanf("%f",&R);              //输入数据
    printf("S = %f",S(R));       //调用宏定义输出数据,此时S(R)被 PI*R*R替换
    return 0;                    //退出程序
}
```

【练习】 编程实现求圆的周长与球的体积。

2.2.3 编程风格

每个开发者都有自己的编程风格,有的代码写得漂亮,结构清晰,易读易理解;有的代码写得散乱,易读性不强,让人如读天书;有的代码写得错误频出,调试排错耗时太久。初学者应该遵循以下四条规则,形成好的编程风格。

(1) 变量名、函数名等要做到见名知意。
(2) 在定义变量后要对其初始化,也就是要赋初值。
(3) 代码段格式整齐,有缩进。
(4) 单行语句不要过长。

2.3 实训与实训指导

实训1 字母大小写的转换

编写程序,将一个大写字母转换成对应的小写字母。

1. 实训分析

首先,了解字符编码与数据类型转换的相关知识。然后,书写伪代码。最后,使用 C 语言编写程序。

1) 字符编码

字母、数字、标点符号等各种字符必须按特定的规则转换为二进制编码才能存入计算机。在计算机系统中,大部分采用 ASCII(American Standard Code for Information Interchange,美国标准信息交换代码)字符编码标准。每个字符的编码存储在一个字节(8 位二进制位)中,规定字节的最高位为 0,余下的 7 位给出字符的编码,这样就可以给出 128(即 2^7)个编码,用于表示 128 个不同的字符。在表 2-6 中列出了部分 ASCII 编码值及其对应的字符。

表 2-6 ASCII 编码表(部分)

编码值	字符	编码值	字符
0~31	控制符	58~64	符号
32	空格	65~90	大写字母 A~Z
33~47	常用符号	91~96	符号
48~57	数字 0~9	97~122	小写字母 a~z

2) 字符型与整型的转换

字符变量中存放的是字符的 ASCII 码值。例如，若某字符变量当前存放的数据为字符 'a'，那么在内存中存放的是 97（'a'的 ASCII 码值）。

字符型值向整型值转换时，unsigned char 类型值将被作为无符号整数进行处理。char 类型值既可以作为有符号整数也可以作为无符号整数进行处理，多数计算机系统将其作为有符号整数进行处理的。

整型值向字符型值转换时，若要转换的值在字符型的可表示范围内，则其值不变；否则，将得到一个无意义的值。

运用字符的语法知识，算法的伪代码如下：

（1）输入字符 C；
（2）将字符 C 的 ASCII 码值变为对应的小写字母 ASCII 码值；
（3）输出字符 c。

程序的代码如下：

```
/*【程序2-1】字母大小写的转换*/
#include<stdio.h>
void main()
{
    char ch1,ch2;                              //声明字符变量
    printf("Input a capital letter:");         //调用标准输出函数显示提示信息
    ch1 = getchar();                           //输入大写字符
    /*转变为小写字母,即相应ASCII码值增加32,本程序不对小写字符的范围进行判断*/
    ch2 = ch1 + 32;
    printf("ASCII of %c is %d\n",ch1,ch1);     //输出字符及对应ASCII码值
    printf("ASCII of %c is %d",ch2,ch2);       //输出字符及对应ASCII码值
}
```

2. 实训练习

（1）将一个小写字母转换成对应的大写字母。
（2）输入一个字符，输出对应的 ASCII 码值。
（3）下列程序的执行结果是什么？为什么？

```
void main()
{
    int c =10;
    printf("c = %c\n",c);
}
```

实训 2 两数相除

编写程序实现两个整数相除，如果有余数，则输出余数。

1. 实训分析

首先，了解使用算术运算符的注意事项及数据类型之间的转换。然后，书写伪代码。最后，使用 C 语言编写程序。

1）使用算术运算符的注意事项

（1）运算符"%"表示模运算（mod）或取余运算（rem）。表达式"a%b"的值是 a 除以 b 所得的余数。例如，10%2 的值为 0，10%3 的值为 1。

（2）运算符"%"要求两个操作数必须是整数，其他运算符允许操作数可以是整数或实数。

（3）当操作数均为整型时，运算符"/"的计算结果也是整型（在 C 语言中，算术运算结果的类型和操作数的类型相同），结果是通过舍去小数部分来得到。所以，1/2 的结果是 0 而不是 0.5，要想结果为 0.5，可以使用 1.0/2 或 1/2.0 或 1.0/2.0。

（4）避免运算符"/"和运算符"%"的第 2 个操作数为 0。

（5）对于运算符"/"和运算符"%"，若两个操作数均为正数，则计算结果比较容易确定；若操作数中含有负数，则计算结果由程序的运行环境决定。

2）数据类型的隐式转换

C 语言允许在表达式中混合多种类型的数据进行运算，此时需要进行一般算术转换。转换的基本策略是将较小的数据类型转换成相同或较大的数据类型。

通常，算术转换需要先进行整型提升，表达式中的 char、short、int、unsigned int 类型的数据如果在 int 型的取值范围内，就转换成 int 型，否则转换成 unsigned int 型。整型提升后的结果和原值相等。然后，按以下规则进行转换：

（1）若一个操作数是 long double 类型，则另一个操作数将转换为 long double 类型。

（2）若一个操作数是 double 类型，则另一个操作数将转换为 double 类型。

（3）若一个操作数是 float 类型，则另一个操作数将转换为 float 类型。

（4）若一个操作数是 unsigned long int 类型，则另一个操作数将转换为 unsigned long int 类型。

（5）若一个操作数是 long int 类型，则另一个操作数将转换为 long int 类型。

（6）若一个操作数是 unsigned int 类型，则另一个操作数将转换为 unsigned int 类型。

赋值运算类型转换的基本原则：将赋值运算符右边表达式的值转换成赋值运算符左边变量的类型。

3）强制类型转换运算符

为了便于程序设计人员更灵活地控制类型转换，C 语言提供了强制类型转换运算符。

强制转换表达式类型的格式：

（类型名）表达式

强制类型转换运算符的作用是将表达式的值转换成指定类型的值。例如，(int)12.3 的结果是整数 12，此结果通过将 12.3 转换成整型值而得到。

强制类型转换运算符是一元运算符，其优先级为 2 级。例如，表达式"(float)1/2"等价于"((float)1)/2"，先将整数 1 转换成浮点数，然后将进行浮点数的除法运算，结果是 0.5。

运用上述语法知识，算法的伪代码如下：

(1) 输入被除数 dividend，除数 divisor；
(2) 运用运算符 "/" 求商 quotient，运用运算符 "%" 求余数 remainder；
(3) 输出结果。

程序的代码如下：

```c
/*【程序2-2】两数相除*/
#include <stdio.h>
int main()
{
    int dividend,divisor,quotient,remainder;
    printf("输入被除数:");
    scanf("%d",&dividend);
    printf("输入除数:");
    scanf("%d",&divisor);
    quotient=dividend/divisor;              //计算商
    remainder=dividend%divisor;             //计算余数
    printf("商=%d\n",quotient);
    printf("余数=%d",remainder);
    return 0;
}
```

2. 实训练习

(1) 如果要输出两个整数相除的实数结果，应该如何改写？
(2) 使用 C 语言编写实现如下功能的程序：
输入 3 位数的整数 m，按逆序输出 m 的 3 位数。例如，输入 "456"，输出 "654"。

实训 3　交换两个数的值

编写程序读取两个实数，然后交换变量的值并输出。

1. 实训分析

交换两个变量的数值相当于交换两个水杯中的饮料，需要第三个杯子作为临时容器。首先，将第 1 个杯子的饮料倒入第 3 个杯子。然后，将第 2 个杯子的饮料倒入第 1 个杯子。最后，将第 3 个杯子的饮料倒入第 2 个杯子。

算法的伪代码如下：
(1) 输入两个数据给变量 firstNumber、secondNumber；
(2) 交换变量 firstNumber、secondNumber 的值；
(3) 输出交换后变量 firstNumber、secondNumber 的值。

程序的代码如下：

```c
/*【程序2-3】:交换两个数的值*/
#include <stdio.h>
int main()
```

```c
    {
        double firstNumber,secondNumber,temporaryVariable;
        printf("输入第1个数字:");
        scanf("%lf",&firstNumber);
        printf("输入第2个数字:");
        scanf("%lf",&secondNumber);
        //将第1个数的值赋值给 temporaryVariable
        temporaryVariable = firstNumber;
        //将第2个数的值赋值给 firstNumber
        firstNumber = secondNumber;
        //将 temporaryVariable 赋值给 secondNumber
        secondNumber = temporaryVariable;
        printf("\n交换后,firstNumber =%.2lf\n",firstNumber);
        printf("交换后,secondNumber =%.2lf",secondNumber);
        return 0;
    }
```

2. 实训练习

计算 int、float、double、char、long int、long double 字节大小。

提示：使用 sizeof 操作符计算 int、float、double 和 char 四种变量的字节大小。sizeof 是 C 语言的一种一元运算符，以字节形式给出了其操作数的存储大小。例如，sizeof(a) 的值为变量 a 的存储字节大小，sizeof(int) 的值为数据类型 int 的存储字节大小。

实训 4 输出随机数

编写程序输出 0~1 的随机数。

1. 实训分析

现在的 C 编译器都提供一个基于 ANSI 标准的伪随机数发生器函数用于生成随机数，它们就是 rand 和 srand 函数，其定义在头文件 stdlib.h 中。这两个函数的工作过程如下：

（1）为 srand 函数提供一个种子，它是一个 unsigned int 类型，其取值范围为 0~65 535，通常可以利用 time(NULL) 函数的返回值作为种子。time(NULL) 函数返回自纪元 Epoch (1970-01-01 00:00:00 UTC) 起经过的时间，以秒为单位。

（2）调用 rand 函数，它会根据提供给 srand 函数的种子值返回一个随机数（0~32 767）。

（3）根据需要，多次调用 rand 函数，从而不间断地得到新的随机数。

调用上述伪随机数发生器函数，可以产生 0~1 的随机数。

算法的伪代码如下：

（1）使用函数 time(NULL) 为函数 srand 提供种子，随机数初始化；

（2）利用函数 rand 产生 0~32 767 之间的随机数，并将其转换为 0~1 的数；

（3）输出随机数。

程序的代码如下：

```c
/*【程序2-4】:输出随机数*/
#include <stdlib.h>
#include <stdio.h>
#include <time.h>                              //将当前时钟作为种子
int main(void)
{
    srand((unsigned)time(NULL));               //初始化随机数
    printf("%5.2f\n",rand()/32768.0);          //输出 0~1 的随机数
    return 0;
}
```

2. 实训练习

编写程序，输出 1~100 的随机数。

第3章 逻辑运算与选择结构程序设计

逻辑思维（logic thinking），又称抽象思维（abstract thinking），是确定的，而不是模棱两可的思维；是前后一贯的，而不是自相矛盾的思维；是有条理、有根据的思维。人类使用逻辑思维，运用概念、判断、推理等思维类型来反映事物的本质与规律。

计算机通过逻辑判断实现自动化，所有运算被转换为逻辑运算而被计算机执行。C 语言将任何非零和非空的值认为逻辑真（TRUE），将零或 NULL 认为逻辑假（FALSE），进而实现逻辑判断和逻辑运算。

选择结构（selection structure）也称为判断结构或者分支结构，要求程序员指定一个或多个要评估或测试的条件，以及条件为逻辑真时要执行的语句（必需的）和条件为逻辑假时要执行的语句（可选的）。

3.1 选择结构程序的构成

本节以一个简单示例为基点，阐述选择结构程序的构成。

【例 3-1】输入三个实数，找出其中的最大实数并输出。

【分析】设三个实数为 n1、n2、n3，那么：

（1）如果 n1≥n2 且 n1≥n3，则 n1 为最大实数；
（2）如果 n2≥n1 且 n2≥n3，则 n2 为最大实数；
（3）如果 n3≥n1 且 n3≥n2，则 n3 为最大实数。

在此例中，需要使用选择结构从三组语句中选择一组去执行。C 语言提供了 if…else 语句和 switch…case 语句来描述选择结构。在使用选择结构时，要给出用于分支选择的判断条件。选择结构用逻辑表达式作为判断条件，通过计算逻辑表达式的值来得出判断结果。逻辑表达式是用逻辑运算符将逻辑量或关系表达式连接起来而形成的式子，其值是一个逻辑值，即"真"或"假"。

算法的伪代码如下：
（1）输入三个浮点型数据 n1、n2、n3；
（2）判断 n1、n2、n3 满足条件：
如果 n1≥n2 且 n1≥n3，则 max = n1；
如果 n2≥n1 且 n2≥n3，则 max = n2；
如果 n3≥n1 且 n3≥n2，则 max = n3；
（3）输出 max 的值。

3.1.1 关系运算符与关系表达式

关系运算符用于判断两个数据之间的某个关系是否成立。关系运算的结果是逻辑值：成立（真）或不成立（假）。C 语言提供了六种关系运算符，如表 3 – 1 所示。

表 3 – 1 六种关系运算符

运算符	描述	实例
<	小于	3 < 5，结果为真
<=	小于等于	5 <= 3，结果为假
>	大于	3 > 5，结果为假
>=	大于等于	3 <= 5，结果为真
==	等于	3 == 5，结果为假
! =	不等于	3! = 5，结果为真

关系运算符均是二元运算符，一个关系运算符的两个操作数类型要一致，如果类型不一致，系统将自动进行类型转换。例如：

'A' == 65,运算结果为真
'0' == 0,运算结果为假

关系运算符的优先级低于算术运算符。例如：

a > b + c 等价于 a > (b + c)

关系运算符的优先级高于赋值运算符。例如：

a = b > c 等价于 a = (b > c)

>、>=、<、<= 的优先级相同，== 和！= 的优先级相同。前 4 个运算符的优先级要高于后两个运算符。例如：

a == b > c 等价于 a == (b > c)

关系运算符的结合方向均为自左向右结合。

关系表达式是指利用关系运算符将两个表达式连接起来形成的式子。关系运算的结果为逻辑值，由于 C 语言中没有逻辑类型，因此当运算结果为真时，用整数 1 表示，当运算结果为假时，用整数 0 表示。关系表达式的值也是一个逻辑值，即 1 或 0。

3.1.2 逻辑运算符与逻辑表达式

在程序设计时，我们可能需要根据若干个条件来决定如何进行操作。例如，必须满足若干个条件中的所有条件，或者满足若干个条件中的某一个（或几个）条件时，才可进行某种操作的情况。这时，就需要使用逻辑运算符来表达这些条件之间的关系。在 C 语言中，有三种逻辑运算符——与、或、非：

- 与：表示符号为"&&"，含义是"并且"，表示两个条件必须同时满足的语义。
- 逻辑或：表示符号为"‖"，含义是"或者"，表示两个条件只要有一个满足即可的语义。
- 逻辑非：表示符号为"!"，含义是"否定"，表示条件不满足的语义。

这三种逻辑运算符的优先级从高到低依次为：非（2 级）、与（11 级）、或（12 级），详见附录 4。"非"运算自右向左结合，"与"运算和"或"运算自左向右结合。

逻辑表达式是指利用逻辑运算符将逻辑量或关系表达式连接起来形成的式子，逻辑表达式的值是一个逻辑值，即"真"或"假"，在 C 语言中分别用整数 1 或 0 表示。

在 C 语言中，任何表达式（包括变量、常量以及由运算符连接的表达式）都可以参与逻辑运算。也就是说任何一个表达式都可以作为一个逻辑值来使用，规则是：如果该表达式的值等于 0，则作为逻辑假值参与逻辑运算；如果该表达式的值等于非 0 值，则作为逻辑真值参与逻辑运算。

例 3 – 1 的判断条件可以用以下逻辑表达式表示：

(1) 判断条件 n1≥n2 并且 n1≥n3 表示为 n1 >= n2&&n1 >= n3；

(2) 判断条件 n2≥n1 并且 n2≥n3 表示为 n2 >= n1&&n2 >= n3；

(3) 判断条件 n3≥n1 并且 n3≥n2 表示为 n3 >= n1&&n3 >= n2。

思考：下面的表达式计算后，变量 m、n 的值将如何变化？

int a = 1,b = 2,c = 3,d = 4,m = 1,n = 1;
printf("%d",(m = a > b)&&(n = c > d));

3.1.3 if…else 选择结构

if…else 选择结构，可以用如图 3 – 1 所示的流程图表示其执行过程。

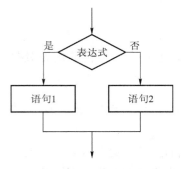

图 3 – 1 if 语句的流程图

if…else 选择结构包括 if 语句、if…else 语句、嵌套 if 语句等。

(1) if 语句，是指不带 else 的 if 语句。语法格式：

if(表达式) 语句

执行过程：先计算表达式的值，如果表达式的值为真（即表达式的值不为零），就执行语句；否则，程序将继续执行 if 语句后的其他语句。

(2) if…else 语句，是指带 else 的 if 语句。语法格式：

if(表达式) 语句 1
else 语句 2

执行过程：计算表达式的值，如果括号内的表达式的值为真（即表达式的值不为零），就执行语句1；否则，执行语句2。语句1和语句2只能有一个能被执行。

（3）嵌套if语句，是指在if语句内部和else子句内部嵌套其他if语句。

常用的if嵌套语句是if…else…if语句。一般格式如下：

```
if(表达式1)
        语句1
else if(表达式2)
        语句2
        ⋮
else if(表达式n)
        语句n
else
        语句n+1
```

执行过程：计算表达式1的值，如果表达式1的值为真，则执行语句1；否则，计算表达式2的值，如果表达式2的值为真，则执行语句2；依次类推，计算表达式n的值，如果表达式n的值为真，则执行语句n；否则，执行语句n+1。

两级if语句嵌套的一般格式如下：

```
if(表达式1)
    if(表达式2)
        语句1
    else
        语句2
else
    if(表达式3)
        语句3
    else
        语句4
```

这种两层if语句嵌套的执行过程如下：
①如果表达式1的值为真，并且表达式2的值为真，则执行语句1；
②如果表达式1的值为真，并且表达式2的值为假，则执行语句2；
③如果表达式1的值为假，并且表达式3的值为真，则执行语句3；
④如果表达式1的值为假，并且表达式3的值为假，则执行语句4。

例3-1 应用if语句的程序如下：

```c
/*程序Exp3-1.c:判断三个数中的最大数*/
#include<stdio.h>
int main()
{
    double n1,n2,n3;
    double max;
```

```
        printf("请输入三个数,以空格分隔:");
        scanf("%lf %lf %lf",&n1,&n2,&n3);
        /*使用if语句判断*/
        if(n1 >=n2 && n1 >=n3)
            max = n1;
        else if(n2 >=n1 && n2 >=n3)
            max = n2;
        else if(n3 >=n1 && n3 >=n2)
            max = n3;
        printf("%.2f是最大数。",max);
        return 0;
}
```

3.1.4 条件运算符和条件表达式

if语句可以实现根据条件表达式的值在两项操作中选择一项来执行,C语言还提供了一个条件运算符,可以根据条件在两个备选值中选择一个。

条件运算符由符号"?"和符号":"组成。条件运算符是一个三元运算符,要求有3个操作数。条件表达式的一般形式如下:

表达式1?表达式2:表达式3

条件表达式的求值过程:计算表达式1的值,如果表达式1的值不为零(即值为真),则计算表达式2的值,并将该值作为整个条件表达式的值;如果表达式1的值为零(即值为假),则计算表达式3的值,并将该值作为整个条件表达式的值。

条件运算符的优先级高于赋值运算符,低于所有其他运算符。其结合方向为自右向左。例如:

x>0? 1:x<0? -1:0 等价于 x>0? 1:(x<0? -1:0)

例3-1 应用条件运算符和条件表达式的程序如下:

```
/*程序 Exp3-2 判断三个数中的最大数*/
#include<stdio.h>
int main()
{
    double n1,n2,n3;
    double max;
    printf("请输入三个数,以空格分隔:");
    scanf("%lf %lf %lf",&n1,&n2,&n3);
    /*使用条件运算符和条件表达式判断*/
    max = n1 >n2 ? n1:n2;
    max = max >n3 ? max:n3;
    printf("%.2f是最大数。",max);
    return 0;
}
```

【练习】输入三个整数 x、y、z，把这三个数由小到大输出。

3.1.5　switch…case 选择结构

C 语言提供了描述多个处理分支的语句——switch…case 语句，可以根据一个表达式的值来决定选择哪一个分支。

语法格式：

```
switch(表达式)
{
    case E1:
        语句序列 1；
    case E2:
        语句序列 2；
        ⋮
    case En:
        语句序列 n；
    [default:
        语句序列;]
}
```

switch 关键字后的括号内的表达式，称为控制表达式，该表达式必须为整型或字符型（C 语言将字符当作整数来处理），不能是实型或字符串。

case 关键字后面的表达式 E1、E2、…、En 必须是常量表达式。在每个分支标号后面可以包含一组语句，不需要使用大括号将每组语句括起来。每组语句的最后一条语句通常是 break 语句，break 语句的作用是使程序跳出 switch 语句，继续执行 switch 语句后面的其他语句。

如果每组语句的最后一条语句是 break 语句，那么 switch 语句的执行过程如下：计算控制表达式的值，将该值与常量表达式 E1、E2、…、En 的值依次进行比较；如果控制表达式的值等于 E1 的值，则执行语句序列 1；如果控制表达式的值等于 E2 的值，则执行语句序列 2；依次类推，如果控制表达式的值不等于 E1 ~ En 中的任何一个值，则执行 default：分支标号后的语句序列（如果省略了 default：分支标号，则不执行任何语句）。

switch…case 语句的执行流程如图 3 – 2 所示。

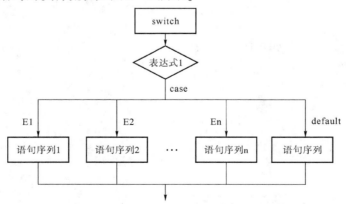

图 3 – 2　switch…case 语句的执行流程

【例 3-2】 输入 1~7 中的一个数值，然后输出该数值对应一星期中的哪天。

程序的代码如下：

```c
/*程序 Exp3-2.c:输出1~7对应一星期中的哪天*/
#include<stdio.h>
int main()
{
    int day;
    printf("please input a digit(1~7):");
    scanf("%d",&day);
    switch(day)
    {
        case 1:printf("Monday\n");break;
        case 2:printf("Tuesday\n");break;
        case 3:printf("Wednesday\n");break;
        case 4:printf("Thursday\n");break;
        case 5:printf("Friday\n");break;
        case 6:printf("Saturday\n");break;
        case 7:printf("Sunday\n");break;
        default:printf("data error\n");
    }
    return 0;
}
```

如果在 switch…case 语句中，每个 case 关键字后面的语句序列没有 break 语句，那么整个 switch…case 语句的执行顺序会发生变化。当执行完一个处理分支内的语句后，如果没有 break 语句，程序将直接进入下一个处理分支，然后执行下一个分支内的语句。

例如，运行下面的程序后，若输入 1~5 的数值，程序将输出 "Workday"；若输入数值 6 或 7，程序将输出 "Holiday"。

```c
#include<stdio.h>
void main()
{
    int day;
    printf("please input a digit(1~7):");
    scanf("%d",&day);
    switch(day)
    {
        case 1:
        case 2:
        case 3:
        case 4:
        case 5:
```

```
                printf("Workday\n");
                break;
        case 6:
        case 7:
                printf("Holiday\n");
                break;
        default:
                printf("data error\n");
        }
}
```

【练习】

(1) 如果例 3-2 的程序删除 break 语句,那么程序的执行结果是什么?

(2) 编写程序,输入学生的百分制成绩,输出该学生的成绩等级:大于等于 90 分为 A;80~89 分为 B;70~79 分为 C;60~69 分为 D;60 分以下为 E。

3.2 实训与实训指导

实训 1 判断奇数/偶数

编写程序,判断用户输入的整数是奇数还是偶数。

1. 实训分析

1) 应用逻辑运算求解

根据定义,能被 2 整除的数为偶数;否则为奇数。也就是说,如果一个数除以 2 的余数为 0,则该数为偶数;否则该数为奇数。在 C 语言中,使用算术运算符"%"即可完成求余运算。

根据这个原理,算法的伪代码如下:

(1) 输入数据,存入变量 number;

(2) 判断输出:

  如果 number%2 等于 0,则输出 number 为偶数;

  否则,输出 number 为奇数。

程序的代码如下:

```
/*【程序 3-1-1】:判断奇数/偶数 */
#include<stdio.h>
int main()
{
    int number;
```

```
        printf("请输入一个整数:");
        scanf("%d",&number);
        /* 判断这个数除以 2 的余数 */
        if(number % 2 ==0)
                printf("%d 是偶数。",number);
        else
                printf("%d 是奇数。",number);
        return 0;
}
```

2) 应用位运算求解

位运算符作用于位，并逐位执行操作。表 3 – 2 列出了按位与、按位或、按位异或、按位取反、按位左移、按位右移等六种位运算符，并给出了运算规则。设 A = 0011 1100，B = 0000 1101，表 3 – 2 所示的实例给出了运算结果。

表 3 – 2 位运算符

运算符	名称	运算规则	实例
&	按位与运算符	按二进制位进行"与"运算： 0&0 = 0；0&1 = 0； 1&0 = 0；1&1 = 1	A = 0011 1100 B = 0000 1101 A&B = 0000 1100
|	按位或运算符	按二进制位进行"或"运算： 0|0 = 0；0|1 = 1； 1|0 = 1；1|1 = 1	A = 0011 1100 B = 0000 1101 A|B = 0011 1101
^	异或运算符	按二进制位进行"异或"运算： 0^0 = 0；0^1 = 1； 1^0 = 1；1^1 = 0	A = 0011 1100 B = 0000 1101 A^B = 0011 0001
~	取反运算符	按二进制位进行"取反"运算： ~1 = 0；~0 = 1	A = 0011 1100 ~ A = 1100 0011
<<	左移运算符	将一个运算对象的各二进制位全部左移若干位（左边的二进制位丢弃，右边补 0）	A = 0011 1100 A << 2 = 1111 0000
>>	右移运算符	将一个数的各二进制位全部右移若干位（正数左补 0，负数左补 1，右边丢弃）	A = 0011 1100 A >> 2 = 0000 1111

在本例中，需要判断整数的奇偶性，而整数在计算机中以二进制数存储，奇数的最后一位必是 1，偶数的最后一位必为 0。因此，利用位运算求整数的最后一位即可解决问题。

原理：取出整数最后一位值，将其与二进制 1（即十进制 1）按位与运算。若结果为 1，则说明原整数最后一位为 1；若结果为 0，则说明原整数最后一位为 0。

依据这个原理，编写程序的代码如下：

```
/*【程序3-1-2】:判断奇数/偶数*/
#include<stdio.h>
int main()
{
    int number;
    printf("请输入一个整数:");
    scanf("%d",&number);
    /*若这个数的最后一位是1,则为奇数*/
    if(number&1)                          //与二进制1(即十进制1)作位与运算
        printf("%d是奇数。",number);
    else
        printf("%d是偶数。",number);
    return 0;
}
```

2. 实训练习

(1) 判断字母：输入一个字符,判断该字符是否为一个字母。
(2) 判断元音/辅音：判断输入的字母是元音还是辅音。

实训2　根据利润计算应发放的奖金

编写程序,输入当月利润r,求应发放的奖金总数:
(1) 利润r低于10万元时,可提成10%。
(2) 利润r高于或等于10万元,低于20万元时,低于或等于10万元的部分按10%提成,高于10万元的部分,可提成7.5%。
(3) 利润r在20万元到40万元之间时,高于20万元的部分,可提成5%。
(4) 利润r在40万元到60万元之间时,高于40万元的部分,可提成3%。
(6) 利润r在60万元到100万元之间时,高于60万元的部分,可提成1.5%。
(7) 利润r高于100万元时,超过100万元的部分按1%提成。

1. 实训分析

1) 应用if…else选择结构求解

设利润为r,奖金为b,则:
如果r<100000,那么b=r*0.1;
如果100000≤r<200000,那么b=100000*0.1+(r-100000)*0.075;
如果200000≤r<400000,那么b=100000*0.1+100000*0.075+(r-200000)*0.05;
如果400000≤r<600000,那么b=100000*0.1+100000*0.075+200000*0.05+(r-400000)*0.03;
如果600000≤r<1000000,那么b=100000*0.1+100000*0.075+200000*0.05+200000*0.03+(r-600000)*0.015;

如果 r≥1000000，那么 b = 100000 * 0.1 + 100000 * 0.075 + 200000 * 0.05 + 200000 * 0.03 + 400000 * 0.15 + (r - 1000000) * 0.01。

可以看出，后面的算式越来越长，而且重复计算增多，因此可以定义多个重复计算的量。定义如下：

b1 = 100000 * 0.1；
b2 = b1 + 100000 * 0.075；
b3 = b2 + 200000 * 0.05；
b4 = b3 + 200000 * 0.03；
b5 = b4 + 400000 * 0.015；

则有：

$$b = \begin{cases} r * 0.1, & r < 100000 \\ b1 + (r - 100000) * 0.075, & 100000 \leq r < 200000 \\ b2 + (r - 200000) * 0.05, & 200000 \leq r < 400000 \\ b3 + (r - 400000) * 0.03, & 400000 \leq r < 600000 \\ b4 + (r - 600000) * 0.015, & 600000 \leq r < 1000000 \\ b5 + (r - 1000000) * 0.01, & r \geq 1000000 \end{cases} \quad (3-1)$$

根据上述分析，算法的伪代码如下：

(1) 输入利润，存入变量 r；
(2) 计算中间计算量：

b1 = 100000 * 0.1；
b2 = b1 + 100000 * 0.075；
b3 = b2 + 200000 * 0.05；
b4 = b3 + 200000 * 0.03；
b5 = b4 + 400000 * 0.015。

(3) 根据利润，利用 if…else…if 语句结构和式 (3-1) 计算奖金：

如果 r < 100000，则奖金 b = r * 0.1；
否则，如果 r < 200000，则奖金 b = b1 + (r - 100000) * 0.075；
否则，如果 r < 400000，则奖金 b = b2 + (r - 200000) * 0.05；
否则，如果 r < 1000000，则奖金 b = b3 + (r - 400000) * 0.03；
否则，如果 r > 1000000，则奖金 b = b4 + (r - 600000) * 0.015；
否则，奖励 b = b5 + (r - 1000000) * 0.01。

(4) 输出奖金 b。

程序的代码如下：

```c
/*【程序3-2-1】:根据利润计算应发放的奖金*/
#include<stdio.h>
int main()
{
    double r,b;
    double b1,b2,b3,b4,b5;
    b1 = 100000 * 0.1;
```

```
        b2 = b1 + 100000 * 0.075;
        b3 = b2 + 200000 * 0.05;
        b4 = b3 + 200000 * 0.03;
        b5 = b4 + 400000 * 0.015;
        printf("你的净利润是:");
        scanf("%lf",&r);
        if(r < 100000)
        b = r * 0.1;
        else if(r < 200000)
        b = b1 + (r - 100000) * 0.075;
        else if(r < 400000)
        b = b2 + (r - 200000) * 0.05;
        else if(r < 600000)
        b = b3 + (r - 400000) * 0.03;
        else if(r < 1000000)
        b = b4 + (r - 600000) * 0.015;
        else
        b = b5 + (r - 1000000) * 0.01;
        printf("你的提成是:%lf\n",b);
        return 0;
}
```

2）应用 switch…case 选择结构求解

由于 switch 语句的分支标号中只能使用具有确定值的常量表达式，而不能表示一个数据的取值范围，因此在执行 switch 语句前，要进行一个特殊处理，将净利润的不同取值范围对应到不同的整数值。

令 grade = r/100000，表示净利润的等级。则有：

$$b = \begin{cases} r * 0.1, & grade = 0 \\ b1 + (r - 100000) * 0.075, & grade = 1 \\ b2 + (r - 200000) * 0.05, & grade = 2,3 \\ b3 + (r - 400000) * 0.03, & grade = 4,5 \\ b4 + (r - 600000) * 0.015, & grade = 6,7,8,9 \\ b5 + (r - 1000000) * 0.01, & 其他 \end{cases}$$

使用 switch…case 语句的程序代码如下：

```
/*【程序 3-2-2】:根据利润计算应发放的奖金*/
#include <stdio.h>
int main()
{
    double r,b;
    double b1,b2,b3,b4,b5;
    int grade;/*存储净利润的等级*/
```

```
        b1 = 100000 * 0.1;
        b2 = b1 + 100000 * 0.075;
        b3 = b2 + 200000 * 0.05;
        b4 = b3 + 200000 * 0.03;
        b5 = b4 + 400000 * 0.015;
        printf("你的净利润是:");
        scanf("%lf",&r);
        grade = r/100000;/*系统将计算出的double型数据转换为int型数据*/
        switch(grade)
        {
            case 0:b = r * 0.1;break;
            case 1:b = b1 + (r - 100000) * 0.075;break;
            /*空语句表示此时不执行任何动作,没有break语句表示此时不跳出switch语句,与下
一条case语句执行相同的动作*/
            case 2:
            case 3:b = b2 + (r - 200000) * 0.05;break;
            case 4:
            case 5:b = b3 + (r - 400000) * 0.03;break;
            case 6:
            case 7:
            case 8:
            case 9:b = b4 + (r - 600000) * 0.015;break;
            default:b = b5 + (r - 1000000) * 0.01;
        }
        printf("你的提成是:%lf\n",b);
        return 0;
}
```

2. 实训练习

（1）输入1~7的一个数值，然后输出该数值对应工作日或休息日。

（2）实现简单的计算器。输入操作符（+，-，*，/）和两个操作数，然后输出两个操作数运算的结果。

实训3 判断闰年

编写程序，从键盘输入年份，判断该年份是否为闰年。

1. 实训分析

由闰年的规定，可得到闰年的计算方法：如果输入年份为非整百年，那么能被4整除的年份为闰年，如2004年是闰年，2001年不是闰年；如果输入年份为整百年，那么能被400整除的年份是闰年，如2000年是闰年，1900年不是闰年。

算法的伪代码如下：

(1) 输入年份 year；
(2) 判断 year 是否为闰年：
    (2.1) 如果 year%100 等于 0，
           如果 year%400 等于 0，则输出 y；否则，输出 n；
    (2.2) 否则，
           如果 year%4 等于 0，则输出 y；否则，输出 n。

程序的代码如下：

```c
/*【程序3-3-1】:判断闰年*/
#include<stdio.h>
int main()
{
    int year;
    printf("输入年份:");
    scanf("%d",&year);
    /*先处理整百年,再处理非整百年*/
    if(year%100==0)   /*先找出整百年*/
    {
        if(year%400==0)/*找出400年的倍数*/
        {
            printf("y\n");
        }
        else/*剩下就是整百年,但不是400年的倍数*/
        {
            printf("n\n");
        }
    }
    else /*剩下的是非整百年的年份*/
    {
        if(year%4==0)
        {
            printf("y\n");
        }
        else
        {
            printf("n\n");
        }
    }
    return 0;
}
```

上述的闰年计算方法比较烦琐，可直接改为能被 400 整除的年份和能被 4 整除但不能被 100 整除的年份都为闰年。如果 year 表示年份，且表达式"(year%4==0 && year%100!=0) || year%400==0"为真，则 year 为闰年。

程序的代码如下：

```
/*【程序3-3-2】:判断闰年*/
#include<stdio.h>
int main()
{
    int year;
    printf("输入年份:");
    scanf("%d",&year);
    /*(四年一闰,百年不闰)||四百年又闰*/
    if((year%4==0&&year%100!=0)||year%400==0)
    {
        printf("y\n");
    }
    else
    {
        printf("n\n");
    }
    return 0;
}
```

2. 实训练习

编写一个程序，从键盘接收年、月、日，计算该天是本年的第几天。

实训4　利用海伦公式计算三角形面积

若已知三角形三条边的长度分别为 a、b、c（假设三条边的长度单位一致，在本题中忽略其单位），则可利用公式 $S=\sqrt{s(s-a)(s-b)(s-c)}$ 求三角形的面积，其中，$s=\dfrac{a+b+c}{2}$。编程实现从控制台读入以整数表示的三条边的长度，然后利用上述公式计算面积并输出，结果小数点后保留3位有效数字。

1. 实训分析

根据海伦公式，已知三条边，就可以轻松求出三角形的面积。但在使用海伦公式之前，应该判断输入的三条边是否构成三角形。为了完成平方根的计算，程序需要调用数学函数 sqrt 求得一个数的平方根值，因此程序需要包含头文件 math.h。按照题目要求，需要输出的结果小数点后保留三位有效数字，因此需要设置 printf 函数的输出格式。

算法的伪代码如下：

（1）输入三条整型边长 a、b、c；

（2）判断三条边是否构成三角形。如果其中两边之和小于等于第三条边，则程序结束；

（3）计算半周长 s，然后利用海伦公式求三角形面积 S。

（4）按格式要求输出面积 S 的值。

程序的代码如下：

```c
/*【程序3-4】:计算三角形面积*/
#include<stdio.h>
#include<math.h>     /*数学函数库*/
int main()
{
    int a,b,c;
    double s;/*半周长变量*/
    double S;/*面积变量*/
    scanf("%d%d%d",&a,&b,&c);
    /*判断三条边是否构成三角形*/
    if(a+b<=c||a+c<=b||b+c<=a)return 0;
    /*求得半周长。注意:此处要除以2.0,实现int型到double型的自动转换*/
    s=(a+b+c)/2.0;
    /*根据公式求取面积,调用平方根函数sqrt*/
    S=sqrt(s*(s-a)*(s-b)*(s-c));
    printf("%.3f",S);
    return 0;
}
```

2. 实训练习

三角数是满足 $T_m = \dfrac{m(m+1)}{2}$ （$m = 1, 2, 3, \cdots$）的数，如 $1, 3, 6, 10, 15, \cdots$，输入一个三角数，编写程序求下一个相邻的三角数 T_{m+1}。

第 4 章

重复运算与循环结构程序设计

　　计算机运算的最大特点是不断重复执行相似的运算来获得最终的计算结果。循环结构（loop structure）是对一组语句重复执行若干次的语法结构。其特点是：在给定条件成立时，反复执行一组语句，直到条件不成立为止。给定的条件称为循环条件，反复执行的一组语句称为循环体。循环结构可以处理的数据量大大增加，为了处理大批量的同类数据，程序设计语言提供了一种称为数组的组合数据类型。

4.1　三种循环语句

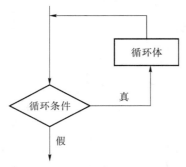

图 4-1　循环语句流程图

　　循环语句允许程序在循环条件成立时，反复执行循环体，循环语句的流程图如图 4-1 所示。C 语言提供了 while 语句、do…while 语句、for 语句等三种语句描述循环结构。本节以一个简单示例为基点，阐述应用这三种循环语句的程序设计过程。

　　【例 4-1】求自然数 1~n 的累加和。

　　【分析】求 1~n 的累加和的一个基本方法是反复进行 n 次加法运算。尽管对于每次加法运算，参与运算的数据不同，但执行的都是相同的操作。因此，可以使用循环结构来解决这个问题，其中要重复执行的操作是加法运算，循环体执行一次，便将累加和加上一个整数。在此，定义变量 sum 用于存储累加和，其初值为 0，利用 sum += i 来完成求和（i 依次取 1,2,…,n）。i 被称为循环变量。

　　算法的伪代码如下：

　　（1）输入一个自然数 n；

　　（2）将 i 的初值置为 1，sum 的初值为 0；

(2.1) 执行 sum+=i，i 增 1；
(2.2) 当 i>n 时，转向 (3)；否则，重复执行 (2.1)；
(3) 输出 sum 的值，即 1~n 的累加和。

4.1.1　while 语句

while 语句是最基本的循环语句。语法格式：

while(表达式)语句

其中，小括号中的表达式用于描述循环条件，小括号后面的语句为循环体。表达式两边必须要加有小括号。当循环体内需要包含一条以上的语句时，应用大括号括起来，构成复合语句（复合语句是一个程序块，在语法上可以被看成一条语句）。

while 语句的执行过程如下：
(1) 计算表达式的值，如果其值不为 0（即真值），就转向 (2)；否则，转向 (3)。
(2) 执行循环体，然后转向 (1)。
(3) 循环过程停止，程序转移到 while 语句后面的语句。

例 4-1　应用 while 语句的程序代码如下：

```c
/*程序 Exp4-1.c:整数 1~n 的累加和*/
#include<stdio.h>
int main()
{
    int n,i=1,sum=0;/*定义并初始化变量*/
    printf("输入一个正整数:");
    scanf("%d",&n);
    while(i<=n)/*循环条件*/
    {
        sum+=i;/*累加*/
        i++;/*改变循环变量*/
    }
    printf("sum=%d\n",sum);
    return 0;
}
```

4.1.2　do…while 语句

do…while 语句和 while 语句非常相似，它们在本质上是相同的，仅有的区别是 do…while 语句是在执行完循环体之后再判断循环条件是否成立。do…while 语句的语法格式如下：

do
语句
while(表达式);

和 while 语句一样,表达式用于描述循环条件,语句可以是一条语句或一个复合语句。

⚠ **注意:**

小括号后面的分号是必需的。

do…while 语句的执行过程如下:

(1) 执行循环体。

(2) 计算表达式的值,如果表达式的值不为 0(即值为真),则转向(1)。

(3) 循环过程终止,程序转移到 do…while 语句后面的语句。

例 4-1 应用 do…while 语句的程序代码如下:

```c
/*程序 Exp4-1-1.c:整数 1~n 的累加和*/
#include<stdio.h>
int main()
{
    int n,i=1,sum=0;/*定义并初始化变量*/
    printf("输入一个正整数:");
    scanf("%d",&n);
    do
    {
        sum+=i;/*累加*/
        i++;   /*改变循环变量*/
    }while(i<=n);/*循环条件*/
    printf("sum=%d\n",sum);
    return 0;
}
```

4.1.3 for 语句

for 语句是一种形式灵活、功能强大的循环语句,它适合应用在使用循环变量控制循环次数的循环结构中,同时也可以应用在其他类型的循环结构中。for 语句的语法格式如下:

for(表达式 1;表达式 2;表达式 3)语句

其中,表达式 1 和表达式 2 后面的分号是必需的,这里的分号是分隔符,表达式 3 后面没有分号。

for 语句的执行过程如下:

(1)计算表达式 1 的值。

(2)计算表达式 2 的值,如果该值不为 0(即值为真),则转向(3);否则,终止循环过程,程序转移到 for 语句后面的语句。

(3)执行循环体,计算表达式 3 的值,然后转向(2)。

例 4-1 应用 for 语句的程序代码如下:

```c
/*程序 Exp4-1-2.c:整数 1~n 的累加和*/
#include<stdio.h>
int main()
```

```
{
    /*定义并初始化变量*/
    int n,i,sum = 0;
    printf("输入一个正整数:");
    scanf("%d",&n);
    for(i = 1;i <= n;i ++)   /*初始化变量,设置循环条件*/
        sum += i;/*累加*/
    printf("sum = %d\n",sum);
    return 0;
}
```

for 语句的使用非常灵活,通常 for 语句使用三个表达式控制循环,但 C 语言允许省略任意或全部表达式。

(1) 如果省略表达式 1,那么需要在 for 语句之前完成变量的初始化。例如:

```
i = 1;
for(;i <= n;i ++)
    sum += i;
```

(2) 如果省略表达式 3,那么需要在循环体中包含使循环条件最终变为假的操作。例如:

```
for(i = 1;i <= n;)
{
    sum += i;
    i ++;
}
```

(3) 如果同时省略表达式 1 和表达式 3,此时的 for 语句和 while 语句完全相同。例如:

```
i = 1;
for(;i <= n;)
{
    sum += i;
    i ++;
}
```

(4) 如果省略表达式 2,那么表达式 2 的值默认为真,此时循环条件始终成立,于是需要通过其他方式使 for 语句终止,如使用 break 语句。

在 for 语句的表达式 1 或表达式 3 中,通常使用逗号表达式对多个变量进行初始化或同时使多个变量自增/自减。例如:

```
for(sum = 0,i = 1;i <= n;i ++)
    sum += i;
```

【练习】

(1) 键盘输入整数 n,输出 n! 的值。

提示：求1~n的累加积的基本方法是进行n次乘法运算。定义变量total用于存积，其初值为1，利用total *= i来完成求积运算（i依次取1,2,…,n）。

(2) 求 1+2!+3!+…+20! 的和。

(3) 判断数字为几位数：输入数字，判断该数字是几位数，并按照从低位到高位的顺序输出每一位的数值。如果输入的数字为负数，则将其转换为正数。

4.1.4 使用break语句退出循环

使用break语句可以使程序控制从switch语句中转移出来。break语句还可以用在while、do…while、for语句中，使程序控制从循环中转移出来，从而使循环立即终止。

【例4-2】判断正整数n是否为素数。

【分析】素数是只能被1和自身整除的数。为了判断n是否为素数，可以利用一个循环，让n依次除以2到n-1之间的所有整数。一旦发现n可以被某个整数整除，就立即跳出循环，而不需要继续进行后续检查。循环结束后，可以通过if语句来判断循环是提前结束还是正常结束。如果提前结束，则n不是素数；否则，n是素数。

定义循环变量为i，则伪代码如下：

(1) 将i的初值置为2。

(2) 如果i<n，则重复执行：

  (2.1) 如果n%i==0，则判断n不是素数，跳出循环；

  (2.2) 否则，i++；

(3) 如果i<n（提前结束），则输出n不是素数的结果；否则，输出n是素数的结果。

程序的代码如下：

```c
/*程序Exp4-2.c:判断素数*/
#include <stdio.h>
int main()
{
    int n,i;
    printf("输入一个正整数:");
    scanf("%d",&n);
    /*i的取值范围可以缩小为1~√n,请思考原因*/
    for(i=2;i<n;i++)
        if(n % i ==0)break;
    if(i<n)
        printf("%d is not a prime number \n",n);
    else
        printf("%d is a prime number \n",n);
    return 0;
}
```

【练习】
(1) 输出任意两个自然数之间的素数。
(2) 求一个整数的所有因数。

4.1.5 使用 continue 语句跳过循环体语句

continue 语句也可以出现在 while、do…while、for 语句的循环体中，用于控制循环的执行过程。但 continue 语句和 break 语句的作用有所不同，break 语句使程序控制跳出循环（转移到循环语句后面的语句），而 continue 语句则是跳过循环体内的若干语句，提前结束一次循环体的执行，但不会终止循环。另外，continue 语句只能用于循环。

【例 4-3】 找出所有小于 100，能被 3 整除且个位数是 6 的整数。

【分析】 通过 j = i * 10 + 6（i 依次取 0、1、…、9）来构造所有小于 100 且个位为 6 的整数，然后分别判断这些整数能否被 3 整除。

算法的伪代码如下：
(1) i = 0；j = i * 10 + 6；
(2) 如果 i < 10，就重复执行：
　　(2.1) 如果 j%3! = 0，则不输出 j 的值，跳过；
　　(2.2) 否则，输出 j 的值；

程序的代码如下：

```c
/*程序 Exp4-3.c:求被 3 整除且个位数是 6 的整数*/
#include<stdio.h>
int main()
{
    int i,j;
    for(i=0;i<=9;i++)
    {
        j=i*10+6;
        if(j % 3!=0)continue;
        printf("%d\n",j);
    }
    return 0;
}
```

【练习】
输出互不相同、无重复数字且百位为非零的三位数。

提示：可填在百位的数字为 1~9，十位、个位的数字都是 0~9。先组成所有的排列，再删除不满足条件的排列。使用 continue 语句的代码清单如下：

```c
#include<stdio.h>
int main()
{
```

```
        int i,j,k;
        int count = 0;
        printf("\n");
        //以下为三重循环
        for(i =1;i <10;i ++)
        {
            for(j =0;j <10;j ++)
            {
                for(k =0;k <10;k ++)
                {
                    if(i ==k || i ==j || j ==k)continue;//若i、j、k中两个相同,则跳过
                    printf("%d:%d,%d,%d\n", ++count,i,j,k);
                }
            }
        }
        return 0;
    }
```

思考：若程序不使用 continue 语句实现，该怎样修改？

4.2 批量数据处理——数组

在数据处理过程中，我们经常需要处理大批量同类数据。例如，处理学生成绩信息时，如果需要计算所有学生的平均分，就必须存储所有学生的成绩，将导致数据量大幅增加，而且这些数据的类型是相同的。在 C 语言中，可以通过数组来解决这类处理大批量同类数据的问题。数组分为一维数组、二维数组及多维数组，一般需要使用循环语句进行访问。

4.2.1 一维数组

本节以一个简单示例为基点，阐述使用数组的必要性，以及循环语句访问一维数组的过程。

【例 4-4】超市每天都要统计收银员的收款情况。编写一个程序，通过键盘输入每位收银员当天的收款额，然后输出其中的最大值。

【分析】假设超市有 4 位收银员，于是可以定义 4 个变量来表示收银员的收款额。然而，如果超市有 100 位收银员，难道需要定义 100 个变量来表示其收款额吗？那变量就太多了。C 语言中提供了数组来存储一组类型相同并且数量一定的数据。每个数据称为数组的一个元素。在本例中，如果超市最多不会超过 100 位收银员，则可以定义含有 100 个元素的数组。

1. 一维数组的定义

数组必须先声明再使用，声明数组的类型、名称和数组长度。在 C 语言中，一维数组的定义形式如下：

类型名 数组名[常量表达式]；

例如，在例 4-4 中，可用 "float money[100]" 定义一个名字叫 money 的数组，这个数组含有 100 个元素，且每一个元素的类型都是 float 型。

2. 一维数组的元素引用

定义数组后，就可以通过数组名和下标来逐个引用其中的元素。语法格式：

数组名[下标表达式]

其中，[ ] 称为下标运算符，下标表达式的值应为整数，其范围从 0 到数组长度减 1。例如，上面定义的数组 money，它的第 1 个元素是 money[0]，第 2 个元素是 money[1]、第 3 个元素是 money[2]、……、第 100 个元素是 money[99]。

对于任意表达式，只要其值符合下标值的要求，就可用于引用数组元素，如 money[5||i]、money[i*3] 都是合法的引用形式。

3. 一维数组的初始化

一维数组的初始化是指在定义数组的时候指定数组元素的初始值。例如，定义了这样的一个字符数组 hi：

```
char hi[5] = {'h','e','l','l','o'};
```

通过一对大括号里面的初值列表分别给数组中的每一个元素指定初值。char 是数组元素的类型，hi 为数组名，5 为数组的长度，此数组被初始化存储了 5 个字符。数据元素由数组名和下标组成，有 hi[0]、hi[1]、hi[2]、hi[3]、hi[4] 共 5 个元素，引用 hi[5] 会出错，因为超出了数组的长度。数组 hi 的内存存储如图 4-2 所示。可以看到，数组 hi 中一共有 5 个元素，每一个元素的类型都是 char，它们是首尾相邻存放在存储空间中的。

数组的初始化也可以只给一部分元素指定初值。例如：

```
int x[10] = {0,1,2,3,4};
```

这会使数组的前 5 个元素分别得到初值 0、1、2、3、4，而后面的 5 个元素的初值被系统自动设置为 0。如果写成

```
float money[100] = {0};
```

则使数组的每一个元素都得到初值 0。

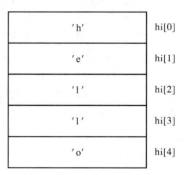

图 4-2 数组存储方式

⚠ **注意：**

如果没有对数组进行初始化，则数组中各元素的值是不确定的。

如果在初值列表中给每一个元素都指定了初值,那么数组定义中的常量表达式可以省略。例如:

```
int a[] = {2,4,6,7,8};
```

等价于

```
int a[5] = {2,4,6,7,8};
```

例4-3 使用一维数组的程序代码如下:

```
/*程序Exp4-4.c:统计收银员的收款情况*/
#include <stdio.h>
int main()
{
    float money[100];   /*定义了由100个浮点数组成的数组*/
    float max;          /*存放最大值*/
    int num;            /*存放收银员的人数*/
    int i;              /*循环变量*/
    /*从键盘获取收银员的人数*/
    printf("请输入收银员的人数:");
    scanf("%d",&num);
    /*从键盘获取每位收银员的收款额*/
    printf("请分别输入收银员的收款额:");
    for(i=0;i<num;i++)
        scanf("%f",&money[i]);
    /*找出最大值*/
    max=0.0f;
    for(i=0;i<num;i++)
    {
        if(money[i]>max)
            max=money[i];
    }
    printf("%.2f\n",max);/*输出最大值*/
    return 0;
}
```

【练习】

查找整型数组中的最小值与次小值。从键盘上输入n个整型数据,存入数组,然后输出其最小值与次小值。

4.2.2 字符串与字符数组

字符串是一种重要的数据类型,有零个或多个字符组成的有限串。但是,C语言中并没有显示的字符串类型，它有两种风格的字符串：字符串常量、字符数组。字符串常量是用一对双引号括起来的字符序列，如"hello world"就是一个字符串。C语言中的字符串实际上是按照字符数组来处理的。例如，字符串常量"hello world"的存储空间是12字节，在存储空间中将依次存放字符串中的每个字符，以及一个额外的字符——空字符。空字符称为"字符串结束标记"，用来表示一个字符串的结束，空字符可以用字符转义序列'\0'来表示，如图4-3所示。

| h | e | l | l | o | | w | o | r | l | d | '\0' |

图4-3 字符串的存储表示

定义字符数组时，可以用字符串为其赋初值。例如：

```
char string[] = "hello world";
```

string 数组一共由12个元素组成——可见的11个元素以及字符串结束标记'\0'。

【例4-5】从键盘输入一个字符串，计算字符串长度。

【分析】当从键盘输入一个字符串时，C语言将字符串常量存入一个字符数组，因此遍历数组直至字符'\0'，则可统计字符串的长度。

字符串的输入与输出一般通过两类库函数实现：

(1) 通过库函数 scanf 和 printf 的格式说明符%s 提供字符串的输入与输出功能。

(2) 通过 puts 函数和 gets 函数直接输入和输出字符串。

例4-5使用第一类库函数实现输入和输出的程序代码如下：

```
/*程序 Exp4-5-1.c:计算字符串长度*/
#include<stdio.h>
int main()
{
    char s[1000];            //字符数组
    int i,len = 0;           //循环变量,长度变量初值为0
    printf("输入字符串:\n");
    scanf("%s",s);
    for(i=0;s[i]!='\0';i++)len++;
    printf("字符串长度:%d\n",len);
    return 0;
}
```

运行结果：

```
输入字符串:
Hello world↵
字符串长度:
5
```

例4-5使用 puts 函数和 gets 函数实现输入输出的程序如下：

```
/*程序 Exp4-5-2.c:计算字符串长度*/
#include<stdio.h>
int main()
{
    char s[1000];
    int i,len=0;
    puts("输入字符串:\n");
    gets(s);
    for(i=0;s[i]!='\0';i++)len++;
    puts("字符串长度:\n");
    printf("%d",len);
    return 0;
}
```

运行结果：

输入字符串:
Hello world↙
字符串长度:
11

思考：应用两类库函数计算同一个字符串，字符串的长度不同，为什么？

⚠ **注意：**

gets(s) 函数与 scanf("%s",&s) 相似，但不完全相同。在使用 scanf("%s",&s) 函数输入字符串时，如果输入了空格、制表符 Tab、回车等字符时，系统会认为字符串结束，空格后的字符将作为下一个输入项处理，但 gets 函数将接收输入的整个字符串，直到遇到换行为止。

C 语言标准库 <string.h> 中定义了大量操作字符串的函数，常用函数有：

（1） strcpy(s1,s2)：复制字符串 s2 到字符串 s1。
（2） strcat(s1,s2)：连接字符串 s2 到字符串 s1 的末尾。
（3） strlen(s1)：返回字符串 s1 的长度。
（4） strcmp(s1,s2)：如果 s1=s2，则返回值等于 0；如果 s1<s2，则返回值小于 0；如果 s1>s2，则返回值大于 0。

例 4-5 调用字符串操作函数实现字符串操作的程序代码如下：

```
/*程序 Exp4-5-3.c:计算字符串长度*/
#include<stdio.h>
#include<string.h>
int main()
{
    char s[1000];
    int i,len=0;
    puts("输入字符串:\n");
```

```
    gets(s);
    puts("字符串长度:\n");
    printf("%d",strlen(s));
    return 0;
}
```

运行结果:

输入字符串:
Hello world↵
字符串长度:
11

【练习】

(1) 从键盘输入两个字符串,将这两个字符相连,并输出。

提示:若两个字符串为 s1、s2,则函数 strcat(s1,s2) 连接字符串 s2 到字符串 s1 的末尾,函数值为两个字符串连接后的结果,调用函数后 s1 为两个字符串连接的结果。

(2) 从键盘输入一个字符串和一个字符,查找字符在字符串中的起始位置(索引值从 0 开始)。

(3) 从键盘输入一个字符串,删除字符串中的除字母外的字符。

4.2.3 二维数组

如果将一排桌子、一行树等事物对应一维数组,那么在 C 语言中,在现实中常常见到的由若干行、若干列组成的方队就对应二维数组,魔方就对应三维数组,另外还有很多事物可能会对应四维、五维等更多维的数组。在 C 语言中,把一维以上的数组统称为多维数组。

本节以一个简单示例为基点,阐述使用二维数组的必要性,以及循环语句访问二维数组的过程。很多二维数组的概念可以推广到其他多维数组。

【例 4-6】从键盘输入两个矩阵,计算这两个矩阵之和并输出。

【分析】将两个矩阵分别存入两个二维数组,并将这两个二维数组的对应元素相加,存入第三个二维数组。

1. 二维数组的定义

定义二维数组的一般形式如下:

类型名 数组名[常量表达式1][常量表达式2]

其中,常量表达式 1 给出了数组第一维的长度(即数组的行数),常量表达式 2 给出了数组第二维的长度(即数组的列数)。

定义多维数组的一般形式如下:

类型名 数组名[常量表达式1][常量表达式2]…[常量表达式n]

例如,"double a[3][4]"定义了一个 3 行 4 列的由 double 型元素组成的二维数组 a,数组 a 中包含 12 个元素,这 12 个元素按逻辑顺序排列成 3 行 4 列;"int x[5][6][7]"定义了一个由 int 型的元素组成的三维数组,该数组的三维长度分别为 5、6 和 7。

2. 二维数组元素的引用

引用二维数组元素的一般形式如下:

数组名[下标表达式1][下标表达式2]

其中,下标表达式1、下标表达式2分别给出了要访问元素的行号、列号,如 a[2][0]、a[5-x][8+y]等。

二维数组每一维下标的范围与一维数组一样,都是从 0 开始的。例如,对于二维数组 a[3][4],它的下标表达式 1 的取值范围为 0~2,下标表达式 2 的取值范围为 0~3,12 个元素分别是:

a[0][0]　a[0][1]　a[0][2]　a[0][3]
a[1][0]　a[1][1]　a[1][2]　a[1][3]
a[2][0]　a[2][1]　a[2][2]　a[2][3]

3. 二维数组的初始化

二维数组可以在定义时进行初始化。例如:

int a[3][4] = {{0,0,0,0},{1,1,1,1},{2,2,2,2}};

通过将初值列表中的初值用大括号分成几个部分,可以按行对二维数组进行初始化。初始化后数组 a 各元素的值为 $\begin{bmatrix} 0 & 0 & 0 & 0 \\ 1 & 1 & 1 & 1 \\ 2 & 2 & 2 & 2 \end{bmatrix}$。

二维数组也可以按如下方式进行初始化:

int a[3][4] = {0,0,0,0,1,1,1,1,2,2,2,2};

二维数组还可以只对部分元素赋初值。例如:

int a[3][4] = {{1},{2},{3}};

这样,除了每行首列元素的值分别被赋 1、2、3 之外,其余元素的初值都为 0,如下:

$\begin{bmatrix} 1 & 0 & 0 & 0 \\ 2 & 0 & 0 & 0 \\ 3 & 0 & 0 & 0 \end{bmatrix}$

如果在初值列表中给每一个元素都指定了初值,那么二维数组定义里面的常量表达式 1(即第一维的长度)可以省略,但常量表达式 2(即第二维的长度)必须指定。

例如:

int a[][4] = {1,2,3,4,5,6,7,8,9,10,11,12};

等价于

int a[3][4] = {1,2,3,4,5,6,7,8,9,10,11,12};

在例 4-6 中,可将两个二维数组定义为固定长度的二维数组(如定义数组A[100][100]、

B[100][100]),矩阵的行数和列数不一定为100,但必须小于或等于100,否则矩阵元素不能存入数组。

例4-6 应用二维数组的程序代码如下:

```c
/* Exp4-6.c;矩阵相加 */
#include <stdio.h>
int main(){
    int r,c,a[100][100],b[100][100],sum[100][100],i,j;
    printf("输入行数(1 ~ 100):");
    scanf("%d",&r);
    printf("输入列数(1 ~ 100):");
    scanf("%d",&c);
    printf("\n输入第一维数组的元素:\n");
    for(i=0;i<r;++i)
        for(j=0;j<c;++j)
        {
            printf("输入元素 a%d%d:",i+1,j+1);
            scanf("%d",&a[i][j]);
        }
    printf("输入第二维数组的元素:\n");
    for(i=0;i<r;++i)
        for(j=0;j<c;++j)
        {
            printf("输入元素 a%d%d:",i+1,j+1);
            scanf("%d",&b[i][j]);
        }
    /*相加*/
    for(i=0;i<r;++i)
        for(j=0;j<c;++j)
        {
            sum[i][j]=a[i][j]+b[i][j];
        }
    /*显示结果*/
    printf("\n二维数组相加的结果:\n\n");
    for(i=0;i<r;++i)
        for(j=0;j<c;++j)
        {
            printf("%d",sum[i][j]);
            if(j==c-1)
            {
                printf("\n\n");
            }
        }
```

```
    return 0;
}
```

【练习】

（1）从键盘输入一个矩阵，将其行和列的元素互换并输出。

（2）从键盘输入一个正整数 n（n∈[1,10]），表示进行乘法运算的两个整型方阵的阶。然后，输入两个整型方阵 A 和 B，计算 A*B 后，将结果输出到屏幕。

4.3　实训与实训指导

实训 1　数制转换

编写一个程序，实现将十进制整数 N（N > 0）转换成 d（2≤d≤16）进制数。要求：从键盘接收一个正整数 N 和进制 d，输出 N 的 d 进制表示。

1. 实训分析

十进制数 N 和其他 d 进制数的转换是计算机实现计算的基本问题，其解决方法很多，其中一个简单算法基于以下原理：

$$N = (N/d) * d + N\%d$$

其中，"/"是整除运算，"%"是求余运算。

例如，$(2018)_{10} = (3742)_8 = (7E2)_{16}$。其运算过程如下：

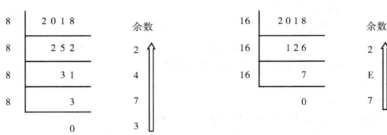

数制转换是重复将 N/d 整除取余，从低位到高位产生 d 进制的各个数位，然后从高位到低位进行输出。因此，将余数从低到高存入数组，然后倒序输出。因此，可将循环变量设为整数 N，循环变量变化的步长为 N/d，即循环变量 N = N/d，循环条件是 N 不等于零。

在十进制数转化为二进制、八进制数时，由于此时的基本数码均没有超过 10，所以都可以用数值表示。但是，当十进制数转化为十六进制数时，由于十六进制数的基本数码有 A、B、C、D、E、F，因此不能用数字存储，只能用字符存储。综合考虑二进制、八进制和十六进制的基本数码，可以把共有的基本数码存在一个字符数组 num 中。语句如下：

```
char num[] = "0123456789ABCDEF";
```

从中可发现,某数码对应的下标处刚好是该数码对应的字符。例如,下标 10 处存储了基本数码 A,下标 15 处存储了基本数码 F。

算法的伪代码如下:

(1) 初始化基本数字字符数组 num,声明存放余数的整型数组 mod;
(2) while (N 不等于零) 执行下列情形:
  (2.1) 将 N%d 存入数组 mod;
  (2.2) 更新 N 的值,即 N = N/d;
(3) 倒序取出余数数组 mod 的元素值,并输出基本数码字符数组相应下标处的字符。

程序的代码如下:

```c
/*【程序 4-1】:数制转换*/
#include <stdio.h>
int main()
{
    char num[] = "0123456789ABCDEF"; /*基本数字字符数组*/
    int mod[100];    /*余数整型数组*/
    int N,d,i = 0;
    scanf("%d%d",&N,&d);
    while(N ! = 0)
    {
        mod[i ++ ] = N%d;
        N = N/d;
    }
    while(i >0)printf("%c",num[mod[ --i]]);
    return 0;
}
```

2. 实训练习

(1) 判断一个数是否为回文数。设 n 是任意自然数。若将 n 的各位数字反向排列所得自然数 n1 与 n 相等,则称 n 为一个回文数。例如,若 n = 1234321,则称 n 为回文数。

提示:此题与实训 1 相似,n 对 10 重复求余可以获得 n 的各位数,将各位的数字倒置计算,可得到反向自然数 n1,若 n1 = n,则 n 为回文数。

(2) 求水仙花数。在三位整数中,有一些这样的数,它们的个位数的三次方加上十位数的三次方再加上百位数的三次方等于该数本身,这样的数称为水仙花数。例如,$153 = 1^3 + 5^3 + 3^3$。现在要求编写程序,找出所有水仙花数。

提示:首先,确定其循环变量为三位整数 n,取值范围为 100~999;然后,判断 n 是否为水仙花数。若 n 的个位数为 a、十位数为 b、百位数为 c,且 $a^3 + b^3 + c^3 = n$ 成立,则 n 为水仙花数。

实训 2 输出乘法表

按照如下所示样式,输出乘法表。

```
1*1=1
2*1=2   2*2=4
3*1=3   3*2=6    3*3=9
4*1=4   4*2=8    4*3=12   4*4=16
5*1=5   5*2=10   5*3=15   5*4=20   5*5=25
6*1=6   6*2=12   6*3=18   6*4=24   6*5=30   6*6=36
7*1=7   7*2=14   7*3=21   7*4=28   7*5=35   7*6=42   7*7=49
8*1=8   8*2=16   8*3=24   8*4=32   8*5=40   8*6=48   8*7=56   8*8=64
9*1=9   9*2=18   9*3=27   9*4=36   9*5=45   9*6=54   9*7=63   9*8=72   9*9=81
```

1. 实训分析

乘法表由形如 i*j=k（k 表示乘积）的等式组成，共分成9行，第1行有1个等式，第2行有2个等式，……，第9行有9个等式。确定循环变量为 i 和 j，其中 i 表示等式中的第一个乘数，也表示了乘法表的行号，其取值范围是1～9；j 表示等式中的第2个乘数，也表示了乘法表中的列号，其取值范围是1～i。

算法的伪代码如下：

(1) 循环输出每一行的等式（1≤i≤9）；

  (1.1) 按格式循环输出每一列的等式 i*j=k（1≤j≤i，k 表示乘积）。

程序的代码如下：

```c
/*【程序4-2】:输出乘法表*/
#include<stdio.h>
int main()
{
    int i,j;
    for(i=1;i<=9;i++)
    {
        for(j=1;j<=i;j++)
            printf("%d*%d=%-3d",i,j,i*j);/*左对齐输出乘积,宽度为3*/
        printf("\n");
    }
    return 0;
}
```

2. 实训练习

计算 s = m + mm + mmm + … + mm…m，其中 m 是一个在1到9之间的数字，最后一项由 n 个 m 构成，m、n 均由键盘输入。例如，m = 3，n = 5，则 s = 3 + 33 + 333 + 3333 + 33333。

提示：这是典型的多项式求和问题，我们需要依次计算出每一项的值，然后将它们相加。如果多项式中各项的值按规律变化，后一项的值可以利用前一项的值得到，那么可以简化整个计算过程。

实训 3　兑换硬币

编写程序实现下述功能：
将 1 元钱兑换成 1 分、2 分、5 分的硬币，且每种面值的硬币都不得少于一枚，列出所有兑换方法。

1. 实训分析

此类问题通常采用枚举法来解决，即列出所有可能的解，然后逐一验证，从而找出正确的解，这种方法也称为暴力搜索法。在此，假设兑换方案中的 5 分硬币数为 i 枚，2 分硬币数为 j 枚，那么可以得到 1 分硬币数为 $100-5*i-2*j$ 枚。为了列出所有可能的解（同时还要考虑程序执行的效率），循环变量为 i、j，i 的取值范围是 1～19，j 的取值范围是 1～49。任意给定一组 i、j 的值，即可计算出 1 分硬币数，然后利用 $100-5*i-2*j>0$ 来判断是否为正确的解。

算法的伪代码如下：
（1）初始化计数器 count 为零；
（2）遍历 i 的取值 1≤i<20
　　（2.1）遍历 j 的取值 1≤j<50，计算 $k=100-5*i-2*j$，若 k>0，则输出 i、j、k 的值，count ++；

程序的代码如下：

```c
/*【程序 4-3】:兑换硬币*/
#include<stdio.h>
int main()
{
    int i,j,k,count = 0;
    for(i = 1;i < 20;i ++)
        for(j = 1;j < 50;j ++)
        {
            k = 100 - 5 * i - 2 * j;
            if(k > 0)
            {
                count ++;
                printf("\n第%d种兑换方法:(%d,%d,%d)",count,i,j,k);
            }
        }
    return 0;
}
```

2. 实训练习

输入三位数 N，求两位数 AB（个位数字为 B，十位数字为 A，且有 0<A<B<9），使

下述等式成立：

$$AB * BA = N$$

其中，BA 是把 AB 中个、十位数字交换所得的两位数。接收控制台输入的三位整数 N，求解 A、B，并输出。如果没有解，则输出"No Answer"。

提示：首先确定循环变量 A、B，A 的取值范围为 0~7，B 满足 A<B<9，则 B 的取值范围为（A+1）~8。若 AB * BA = N，则输出。若遍历后没有找到符合要求的 A、B，则输出"No Answer"。

实训 4　冒泡排序

编写一个程序，从键盘上接收 n 个整数，要求采用冒泡法从大到小降序排序。

1. 实训分析

从第 1 个数开始，先比较第 1 个和第 2 个数，如果第 1 个数比第 2 个数小，就把两者交换，否则保持不变。然后比较第 2 个数和第 3 个数，第 3 个数和第 4 个数……直至第 n-1 个数和第 n 个数。这样，经过 n-1 次比较和若干次交换之后，最小的数被逐步移动到了它应该在的位置，即第 n 个位置。这一步骤称为第 1 趟排序。

同样道理，进行第 2 趟排序：依然从第 1 个数开始，先比较第 1 个数和第 2 个数，然后比较第 2 个数和第 3 个数，但是这次只需要进行到第 n-2 个数和第 n-1 数的比较就可以了，因为第 n 个数已经是最小的了，不需要再参与比较。所以第 2 趟排序进行 n-2 次比较，最终的结果是第 2 小的数被逐步移动到了它应该在的位置，即第 n-1 个位置。

依次类推，可以进行以下排序操作：

第 3 趟排序：进行 n-3 次比较，第 3 小的数被放到第 n-2 个位置。

……

第 i 趟排序：进行 n-i 次比较，第 i 小的数被放到第 n-(i-1) 个位置。

……

第 n-1 趟排序：进行 n-(n-1) 次（也就是 1 次）比较，第 n-1 小的数（也就是第 2 大的数）被放到第 n-[(n-1)-1] 个（也就是第 2 个）位置。同时，最大的数被放到第 1 个位置。

这样，经过 n-1 趟排序之后，n 个数的排序就完成了。

首先，将 n 个数表示在具有 n 个元素的数组 a 中。然后，设定循环变量 i 表示排序的趟数，则取值范围为 1~(n-1)；另一循环变量 j 表示一趟中需要比较的一对元素 a[j] 和 a[j+1]，则取值范围为 0~(n-i+1)。

算法的伪代码如下：

(1) 输入待排序元素的个数 n，输入 n 个数，存入数组 a；

(2) 循环每趟排序（1≤i<n）；

　　(2.1) 循环比较相邻元素（0≤j<(n-i)），若 a[j] < a[j+1]，则 a[j] 与 a[j+1] 交换。

(3) 将排好序的数组 a 中的元素输出。

程序的代码如下：

```c
/*【程序4-4】：冒泡排序*/
#include <stdio.h>
#define N 100
int main()
{
    int a[N];              /*定义指针a*/
    float temp;
    int n;                 /*待排序元素个数*/
    int i,j;
    /*从键盘获取元素个数*/
    printf("请输入待排序元素的个数:");
    scanf("%d",&n);
    /*从键盘获取待排序元素*/
    printf("请输入待排序的元素:");
    for(i=0;i<n;i++)
        scanf("%d",&a[i]);
    /*冒泡排序*/
    for(i=1;i<n;i++)
        for(j=0;j<n-i;j++)
            if(a[j]<a[j+1])
            {
                temp=a[j];
                a[j]=a[j+1];
                a[j+1]=temp;
            }
    /*输出排好序的元素*/
    for(i=0;i<n;i++)
        printf("%d ",a[i]);
    return 0;
}
```

2. 实训练习

编写一个程序，从键盘接收一个字符串，采用其他排序算法（如插入排序、选择排序等），按照字符顺序从小到大进行排序。

第 5 章

过程封装——函数

根据模块化程序设计的原则，通常将一个较大的程序分为若干个模块来实现。每个模块实现一个比较简单的功能。函数（function）就是将一组完成某一特定功能的语句封装起来的小模块。当程序需要执行这项功能时，不需要重复写这段程序，只要调用该函数即可。函数是 C 程序的基本模块，是构成结构化程序的基本单元。一个 C 程序由一个主函数或一个主函数和若干个非主函数组成。

前面章节中的程序是由一个函数（main 函数）组成的程序，这个 main 函数就是主函数，它是一个具有特定名称的函数，是程序执行的入口。在主函数中还使用了 C 系统提供的大量标准函数，如 printf、scanf 等。本章主要讨论非主函数，非主函数通常也称为用户自定义函数，或者简称自定义函数。自定义函数在一次定义后，可以反复使用。如果一个程序段在程序不同处多次出现，就可以把这段程序提取出来，构建一个函数，以便调用。这样做，不但能简化程序的结构，而且能提高程序设计的质量和效率。

函数之间是调用关系，也就是指一个函数（主调函数）暂时中断自己函数的运行，转去执行另一个函数（被调函数）的过程。被调函数执行完毕以后，返回主调函数中断处继续执行，这就是返回过程。因此，函数的一次调用必定伴随着一次返回过程，有多少次调用，就一定有多少次返回。在调用和返回的过程中，主调函数和被调函数之间发生信息的交换。

5.1 函数的定义和调用

本节以一个简单示例为基点，阐述应用函数的程序设计过程。

【例 5-1】已知坐标系中三个点的坐标分别是 A、B 和 C，判断这三个点连接的三条边能否组成一个三角形。如果可以组成一个三角形，就输出该三角形的面积；否则，输出"NO"。

【分析】根据三个点判断能否组成三角形，需要先计算三个点之间组成三条边的长度 a、b、c，然后根据三条边的判断法则判断是否可以组成三角形，进而决定是否根据海伦公式来计算三角形的面积 s。

算法的伪代码如下：

(1) 依次输入 A、B、C 三个点的坐标；
(2) 根据点来计算三条边 a、b、c 的长度；
(3) 根据三条边的判断法则，判断其是否可以组成三角形；
(4) 如果判断结果是假，则表示不可以组成三角形，就输出"NO"，并结束程序；如果判断结果是真，则根据海伦公式计算该三角形的面积，然后输出面积，并结束程序。

5.1.1 函数的定义

函数由函数名、参数和函数体组成。函数名是用户为函数的命名，用于区别其他函数，函数名的命名规则和变量的命名规则是一样的。函数的参数用来接收传递给它的数据。函数体是函数完成某些功能的一组语句。

函数定义的一般形式如下：

```
数据类型 函数名(形式参数列表)
{
    函数体
}
```

其中，数据类型是函数返回值的类型。函数可以有返回值，也可以没有返回值。如果忽略函数返回值类型，则返回值类型为 int 型。如果函数没有返回值，则将类型定义为 void，称为 void 类型函数。

形式参数（简称"形参"）列表由逗号隔开的变量名构成，依次说明了每个形参的类型和名称。函数可以有多个形参，也可以没有形参。多个形参之间用逗号分隔。即使没有形参，这一对括号也不能省略。无参数函数的参数也可以写成 void。

函数的函数体可以包含变量的定义和执行语句，它给出了函数功能实现的细节，它既可以是一条语句，也可以是若干条语句的组合。此外，函数体也可以空，即没有任何语句。空函数可以出现在程序开发过程中，表示程序中将包含这个函数，只是还没有对它进行详细设计，随后将编写它的函数体。

分析例 5-1 所需函数的定义，假设三个点的坐标分别是 $A(x_1,y_1)$、$B(x_2,y_2)$、$C(x_3,y_3)$，如图 5-1 所示。

已知坐标轴上任意两点坐标 $A(x_1,y_1)$、$B(x_2,y_2)$，求 c（即边 AB 的长度），距离公式表示为 $c = \sqrt{(x_2-x_1)^2 + (y_2-y_1)^2}$，求解边 BC、边 AC 的长度时，采用的公式相同，所以可以把求解边长的需求用一个函数实现，该函数需要两个点的坐标，并对两个点的坐标数据加工处理，最终输出两个点之间的距离。函数的定义过程如下：

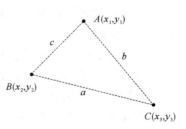

图 5-1 三角形的组成

(1) 函数名。假设函数名为 distance。

(2) 数据类型。这里先没有返回值，即数据类型是 void。
(3) 形式参数。该函数需要两个点的坐标，即 4 个实数数据。
(4) 函数体。根据距离公式求解距离。
(5) 输出两点之间的距离。

例 5-1 求两点之间的距离函数程序代码如下：

```
/* 函数名 distance,功能:求两点之间的距离 */
void distance(float x1,float y1,float x2,float y2)
{
    float dis = sqrtf((x2-x1)*(x2-x1)+(y2-y1)*(y2-y1));
    printf ("%f", dis);
}
```

⚠ 注意：

(1) 对比开平方函数 sqrt、函数 sqrtf 与函数 sqrtl 的区别和使用。

(2) 在书写函数时，建议先写完函数的基本组成，然后填补详细的内容，即先写一个空函数，再具体写形参列表和函数体。

5.1.2 函数的返回

C 语言设有返回语句 return。return 语句会结束被调用函数的执行，使程序返回主调函数去执行，同时向调用者返回计算结果（函数返回值）。

返回语句一般有以下两种形式：

```
return;
return(表达式);
```

第一种形式，返回语句只起返回主调函数的作用，没有返回值。第二种形式，返回语句的功能有两项：其一，返回主调函数；其二，将表达式给定的返回值送给主调函数。这里的表达式有时是常量或变量，有时是复杂的表达式，表达式的括号也可以省略。

返回值表达式的类型必须和该函数的数据类型一致。对于没有返回值的函数，如果函数的数据类型指定为 void，则 return 语句不能带有表达式，或者直接不写 return 语句。一个函数中可以没有 return 语句，这种函数运行到函数体的最后一条语句后，会自动返回调用它的函数。

一个函数还可以有一个以上的 return 语句，程序执行到哪一条 return 语句，则那条 return 语句就起作用。

回顾例 5-1 可知，判断是否可以组成三角形时，需要先计算三条边的距离，所以需要保存求得的三角形边长。设置 distance 函数具有返回值，并且返回值就是通过两点坐标计算得到的距离，且该数值是 float 型。

改写 5.1.1 节中的 distance 函数如下：

```
/* 函数名 distance,功能:求两点之间的距离 */
float distance(float x1,float y1,float x2,float y2)
{
```

```
        float dis = sqrtf((x2 - x1) * (x2 - x1) + (y2 - y1) * (y2 - y1));
        return dis;
}
```

由 return 的第二种形式可知，该函数的函数体也可以写成一句，即

```
return sqrtf((x2 - x1) * (x2 - x1) + (y2 - y1) * (y2 - y1));
```

说明：

在后面的程序中，将调用此处的函数 distance。

通过函数 distance，可以得到三条边的长度。根据三条边之间的关系，判断其是否可以组成三角形，可将此写成一个函数，这里不妨取函数名为 isTriangle。由数学知识可知，需要判断的数据是三条边的边长，所以该函数的形参列表中是三个数据类型为 float 的边长。根据任意两边之和大于第三边的判断定理，判断的条件就是：该三角形中的三条边满足判定定理时，表示可以组成三角形；否则，无法组成三角形。判断的结果为是三角形和不是三角形两种，这样的逻辑值在程序中用布尔变量表示，由于 C 语言中没有布尔变量，所以在通常情况下用 0 表示逻辑假，1 表示逻辑真。

综上分析，函数 isTriangle 需要三个形参，三条边的数据均是 float 型；函数有返回值，且数据是 int 型。所以，定义函数 isTriangle 如下：

```
/* 函数 isTriangle:判断三条边,能否组成三角形 */
int isTriangle(float a,float b,float c)
{
    if(a + b > c && a + c > b && b + c > a)
        return 1;
    else
        return 0;
}
```

同样，根据三角形的三条边长求其面积也可以写成一个函数，这里不妨取函数名为 area。由海伦公式可知，需要的数据是三条边长，所以函数 area 的形参列表中有三个形参，数据类型都是 float；对于数据的处理就是求解海伦公式的实现；例 5-1 要求在求得面积后输出，所以函数 area 可以没有返回值，也可以把得到的结果返回。所以，定义函数 area 如下：

```
/* 函数 area:根据三条边求三角形的面积 */
void area(float a,float b,float c)
{
    float p = (a + b + c)/2.0;
    float s = sqrtf(p * (p - a) * (p - b) * (p - c));
    printf("%f\n",s);
}
```

5.1.3 函数的调用

当一个函数需要使用某个函数的功能时，就可以调用该函数，并给出实参（如果是带

参数的函数），如果没有参数，则实参列表空置。调用函数的格式如下：

函数名(实参列表)

说明：

（1）实参可以是变量、常量或任何正确的表达式，各参数间用逗号分开。

（2）实参与形参要一一对应地进行数据传递。也就是说，实参的个数与顺序必须和形参的个数与顺序相同，实参的数据类型必须和对应的形参数据类型相同，否则将自动进行类型转换将实参转换为形参的类型。也可以在调用函数时，使用强制类型转换来使实参的类型与形参一致。

（3）调用没有形参的函数时，不需要提供实参，小括号内可以为空，但小括号是必须要有的。

（4）实参的作用就是把参数的具体数值传递给被调用的函数，这样就实现了函数间的数据交换。

函数调用可以出现在以下两种情况：

（1）无返回值的函数（即过程）通常以语句的形式出现，一般用于 void 类型的函数。例如，函数 area 如下：

```
area(BC,AC,AB);
```

其中，BC、AC、AB 是 float 型的变量，是调用函数 area 的实参。

（2）有返回值的函数（即非 void 类型的函数）通常作为表达式的一部分，通过调用函数的表达式来接收被调函数返回的数据，该数据在大多数情况下会参与后续的数据处理，且是后续数据处理的重要数据。例如，函数 distance 如下：

```
BC=distance(xB,yB,xC,yC);
```

其中，xB、yB、xC、yC 是已经赋值的 float 型变量，是调用函数 distance 的实参。

5.1.4 函数调用过程

如果函数 A 调用了函数 B，那么函数 A 称为主调函数，函数 B 称为被调函数。当调用函数发生时，系统依次执行如下过程：

（1）主调函数 A 计算每个实参的参数值。

（2）用实参初始化对应的形参。

（3）执行被调函数 B 的函数体的每一条语句，直到遇到 return 语句或函数体结束符。

（4）计算 return 后面表达式的值，将其作为函数的返回值。

（5）回到主调函数，在函数调用的位置用函数的返回值代替。

例如，main 函数执行调用语句：

```
BC=distance(xB,yB,xC,yC);
```

函数调用时，系统首先计算实参 xB、yB、xC、yC 的值；然后将其传递给形参 x1、y1、x2、y2，执行函数体，并计算两点之间的距离；最后，返回 main 函数，将函数的返回值赋值给变量 BC。

5.1.5 函数参数的值传递

值传递是指主调函数把实参的值复制给形参。在 C 语言中，形参实际上是指定类型的变量，而实参可以是变量、常量或由运算符连接的表达式。实参是用来提供实际数据的，而形参将接收数据。这种调用方式一般称为值调用。

在函数被调用时，编译系统会为形参变量分配内存，并将实参的值存入对应形参的内存单元。当函数返回时，编译系统会回收形参分配的内存空间。

例 5-1 的函数采用的都是值传递。为了减少形参个数，简化表达，本节先分析两个整数交换的示例。

【例 5-2】采用值传递的方式，设计两个实数的交换函数 swap。

【分析】在第 2 章实训 3 中，介绍过两个数的交换，这里只需要把交换过程的相关语句，组成一个函数 swap 即可。

程序的代码如下：

```
/*程序 Exp5-2.c:两个数交换问题(值传递)*/
#include <stdio.h>
void swap(double x,double y)    /*定义函数*/
{
    printf("swap 中交换前:x = %2lf,y = %2lf\n",x,y);
    double z;
    z = x;
    x = y;
    y = z;
    printf("swap 中交换后:x = %2lf,y = %2lf\n",x,y);
}
int main()
{
    double a,b;
    a = 3,b = 4;
    printf("调用 swap 前:a = %2lf,b = %2lf\n",a,b);
    swap(a,b);        /*调用函数*/
    printf("调用 swap 后:a = %2lf,b = %2lf\n",a,b);
    return 0;
}
```

运行结果：

```
调用 swap 前:a = 3.00,b = 4.00
swap 中交换前:x = 3.00,y = 4.00
swap 中交换后:x = 4.00,y = 3.00
调用 swap 后:a = 3.00,b = 4.00
```

分析程序运行的结果可以发现,在函数 swap 中交换以后,数据确实发生了变化,但在主函数中调用函数 swap 后,变量 a 和变量 b 中的数值依然和调用函数 swap 前是一样的。也就是说,函数 swap 并没有真正实现数据的交换,导致出现这种情况的原因就是这个函数的参数传递是一种值传递。

下面详细分析函数调用过程中实参和形参的变化。

实参变量 a、b 的值被复制传递给被调用函数的形参变量 x、y,于是在被调用函数 swap 中,变量 x 的值是 3.00,变量 y 的值是 4.00。所以,函数 swap 第 1 条 printf 语句的结果是 "swap 中交换前:x = 3.00,y = 4.00"。在函数 swap 实现功能的过程中,临时变量 z 被赋予变量 x 中的数值,则变量 z 存储的数据是 3.00;变量 x 被赋予变量 y 中的数值,则变量 x 存储的是数据 4.00;变量 y 又被赋予变量 z 的数值,则变量 y 存储的是数据 3.00。于是,在执行 3 条语句后,x = 4.00,y = 3.00,z = 3.00,所以,函数 swap 第 2 条 printf 语句的结果是 "swap 中交换后:x = 4.00,y = 3.00"。当函数 swap 执行完,回到主函数时,对实参变量 a、b 的值没有影响,所以主函数中的两条 printf 语句得到的结果是一样的。

以上过程可以描述为如下过程:

(1) main 函数定义变量 a、b,并初始化,如图 5-2 所示。

(2) main 函数调用函数 swap,实参 a、b 将值传递给形参 x、y,如图 5-3 所示。

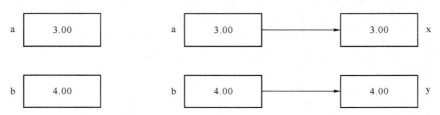

图 5-2 变量 a、b 初始化　　图 5-3 函数参数传递

(3) swap 函数交换 x、y 的值,如图 5-4 所示。

(4) 返回 main 函数,输出 a、b 的值,a、b 的值没有改变,如图 5-5 所示。

图 5-4 交换变量 x、y 的数值　　图 5-5 返回 main 函数,变量 a、b 的数值

这种处理方式可以有效地提高函数的独立性,函数之间只能通过参数和返回值进行数据交换,使函数之间的关系比较简单,不会产生副作用。但有时也会带来一些麻烦,假如我们确实希望通过 swap 函数改变 main 函数中变量 a、b 的值,采用该程序是无法实现的。

但是,例 5-1 所需要的三个函数 distance、area 和 isTriangle 都不需要改变实参的值,只需返回值,那么,三个函数的调用都可以实现函数的功能。

接下来,分析例 5-1 的代码实现。

通过图 5-6 所示的该程序流程图,可以看清楚程序的结构。

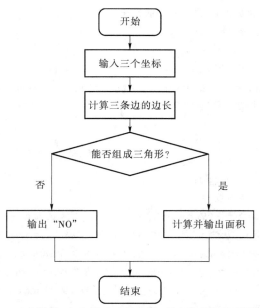

图 5-6 判断三个点的连边能否组成三角形问题的流程图

根据流程图分析，可以知道对于处理框"计算三边的边长"只需三次调用距离函数 distance 即可；对于处理框"能否组成三角形?"，调用函数 isTriangle 即可；对于处理框"计算并输出面积"，可根据函数 isTriangle 的返回值来决定是否计算该三角形的面积：如果函数 isTriangle 的返回值是 0，表示不可以组成三角形，则输出"NO"；如果函数 isTriangle 的返回值是 1，表示可以组成三角形，则需要调用函数 area 来实现计算三角形面积的功能，然后输出该三角形的面积。按照这样的顺序，将各函数在主函数中调用后，便可以解决例 5-1 的问题。

程序的代码如下：

```
/*程序 Exp5-1-1.c:三个点连接的三条边能否组成三角形*/
#include<stdio.h>
#include<math.h>
/*函数 distance:根据两点的坐标,求两点间的距离*/
float distance(float x1,float y1,float x2,float y2)
{
    float dis = sqrtf((x2-x1)*(x2-x1)+(y2-y1)*(y2-y1));
    return dis;
}
/*函数 isTriangle:根据三条边的边长,判断能否组成三角形*/
int isTriangle(float a,float b,float c)
{
    if(a+b>c && a+c>b && b+c>a)
        return 1;
    else
        return 0;
}
```

```c
/* 函数 area:根据三条边的边长,求三角形的面积 */
void area(float a,float b,float c)
{
    float p = (a+b+c)/2.0;
    float s = sqrtf(p*(p-a)*(p-b)*(p-c));
    printf("该三角形的面积是:%f\n",s);
}
int main()
{
    float xA,yA,xB,yB,xC,yC;
    printf("输入三个点的坐标:\n");
    scanf("%f%f%f%f%f%f",&xA,&yA,&xB,&yB,&xC,&yC);
    float BC = distance(xB,yB,xC,yC);/*调用函数 distance,求边 BC 的长度*/
    float AC = distance(xA,yA,xC,yC);/*调用函数 distance,求边 AC 的长度*/
    float AB = distance(xA,yA,xB,yB);/*调用函数 distance,求边 AB 的长度*/
    int result = isTriangle(BC,AC,AB);/*调用函数 isTriangle,判断能够组成三角形*/
    if(result == 0)
        printf("NO\n");
    else
        area(BC,AC,AB);/*当可以组成三角形时,求其面积*/
    return 0;
}
```

运行结果:

```
输入三个点的坐标:
0.0 0.0↙
3.0 0.0↙
0.0 4.0↙
该三角形的面积是:6.000000
```

5.1.6 函数的声明

前面章节的程序总是把被调函数的定义放在 main 函数前,也就是放在函数调用出现之前。实际上,C 程序中的函数是没有固定顺序的,可以将被调函数的定义放在函数调用之后。这时,C 语言要求在函数调用前对被调函数进行声明。

函数声明可以帮助编译器进行更全面、更严格的语法检查,避免一些程序错误。编译器在扫描程序时,首先遇到函数调用。此时,它并没有获得有关被调函数的信息,所以无法全面检查函数调用是否正确。例如,调用的函数是否存在,是否提供了足够数量的实参,实参的类型是否和形参一致,是否正确使用了函数返回值等;另外,无法自动进行类型转换来将实参的类型转换为形参的类型。这样编译器只能假设函数调用是正确的,而程序运行时可能会出现错误。

函数声明的格式:

数据类型　函数名(形式参数列表);

函数声明也称为函数原型,从功能上理解,其实函数声明就是一种函数说明语句,就像变量说明语句一样。

函数声明一般写在程序的开头或者放在头文件中。其中,形参列表可以按函数的定义顺序,依次写数据类型和形参变量名;也可以只写数据类型,不写参数变量名,因为编译器只需要知道形参的个数和类型,对形参的名字并不关心。

例如,函数 distance 的函数声明可以如下表示:

```
float distance(float x1,float y1,float x2,float y2);
```

或

```
float distance(float,float,float,float);
```

可以看出,函数声明类似于函数定义的首部,区别是在后面要带有一个分号。

使用函数声明来实现例 5 – 1 功能的程序代码如下:

```
/*程序 Exp5 -1 -2.c:三个点连接的三条边能否组成三角形*/
#include < stdio.h >
#include < math.h >
float distance(float x1,float y1,float x2,float y2);/*函数 distance 声明*/
int isTriangle(float a,float b,float c);   /*函数 isTriangle 声明*/
void area(float,float,float);  /*函数 area 声明*/
int main()
{
    float xA,yA,xB,yB,xC,yC;
    printf("输入三个点的坐标:\n");
    scanf("% f% f% f% f% f% f",&xA,&yA,&xB,&yB,&xC,&yC);
    float BC = distance(xB,yB,xC,yC);/*调用函数 distance*/
    float AC = distance(xA,yA,xC,yC);
    float AB = distance(xA,yA,xB,yB);
    int result = isTriangle(BC,AC,AB);/*调用函数 isTriangle*/
    if(result == 0)
            printf("NO\n");
    else
            area(BC,AC,AB);/*先调用函数 area*/
    return 0;
}
/*定义函数 distance:根据两点的坐标,求两点间的距离*/
float distance(float x1,float y1,float x2,float y2)
{
    float dis = sqrtf((x2 -x1)*(x2 -x1) +(y2 -y1)*(y2 -y1));
    return dis;
}
```

```
/*定义函数 isTriangle:根据三条边的边长,判断能否组成三角形*/
int isTriangle(float a,float b,float c)
{
    if(a+b>c && a+c>b && b+c>a)
        return 1;
    else
        return 0;
}

/*定义函数 area:根据三条边的边长,求三角形的面积*/
void area(float a,float b,float c)
{
    float p=(a+b+c)/2.0;
    float s=sqrtf(p*(p-a)*(p-b)*(p-c));
    printf("该三角形的面积是:%f\n",s);
}
```

函数声明既可以放在函数体外,也可以放在函数体内。上述程序对函数 distance、isTriangle、area 的声明也可以放在 main 函数体内。

```
int main()
{
    float distance(float,float,float,float);    /*函数 distance 声明*/
    int isTriangle(float,floa,float);           /*函数 isTriangle 声明*/
    void area(float,float,float);               /*函数 area 声明*/
    ⋮
}
```

此时,函数声明仅对 main 函数有效,其他函数如需调用函数 distance、isTriangle、area,也要增加类似声明。

在什么情况下,需要使用函数声明呢？这与程序中各函数的书写顺序有关。在多个函数的程序中,如果函数在程序清单中出现的顺序遵守"先定义后引用"的原则,通常就不需要使用函数声明。例如,函数 distance、isTriangle、area、main 在程序 Exp5-1-1.c 中定义的顺序可以简写如下：

①定义函数 distance。
②定义函数 isTriangle。
③定义函数 area。
④定义函数 main。

在多个函数的程序中,如果各个函数定义的顺序上出现了"先引用后定义"的情况,也就是在定义一个函数时,它需要用到后边定义的函数时,则应该事先在程序开头写一条被引用函数的函数声明语句。例如,函数 distance、isTriangle、area、main 在程序 Exp5-1-2.c 中定义的顺序可以简写如下：

①定义函数 main。

②定义函数 distance。
③定义函数 isTriangle。
④定义函数 area。

在这种顺序下，函数 main 的定义中需要调用它后续定义的函数 distance、isTriangle、area，所以在程序的开头处需要对这三个函数的声明语句，在这种情况下，函数之间也是可以彼此调用的。例如，在函数 area 中可以调用函数 isTriangle。

【练习】

（1）定义一个函数 sum，求两个整型数的和，要求有返回值。

（2）定义一个函数 avg，求三个整型数的均值，要求有返回值。

（3）定义一个函数 div，求两个整型数据相除后的余数，要求有返回值。当除数是 0 时，返回 -1；否则，返回余数。

提示：若一个函数有一条或多条 return 语句，那么程序执行到哪一条 return 语句，则那条 return 语句就起作用。

（4）给定一个正整数 N，如果 N 是另一个正整数的平方，则 N 为平方数。定义一个函数，判断一个正整数 N 是否为平方数。

提示：

第 1 种方法：暴力搜索法，即从 1 开始遍历，既可以遍历到 sqrt(N)，也可以遍历到 N。判断 i 的平方是否等于 N。如果相等，则 N 是平方数；否则，N 不是平方数。

第 2 种方法：等差数列法，任何一个平方数都可以拆分成一个等差数列后求和。

5.2 局部变量和全局变量

在函数的应用中会发现有些变量仅在程序的某一部分有效，而在另一部分可能是无效的，在引用时会提示 "error: 'a' undeclared"（这里的 a 是某种类型的变量）。有的变量可能在整个程序文件中一直有效。一个变量在程序中的有效范围称为该变量的使用范围，也就是作用域。变量的定义位置决定变量的作用域，在不同位置定义的变量，它的作用域是不一样的。从作用域的角度而言，变量分为局部变量（local variable）和全局变量（global variable）。

5.2.1 代码块

用一对大括号将多条语句包含起来，就构成一个复合语句。形式如下：

{
    语句 1
    语句 2
    ⋮
}

C 语言允许在复合语句内包含变量的定义。形式如下：

```
{
    变量定义
    多条语句
}
```

下面是一个复合语句的实例：

```
if(x > y)
{
    int temp;
    temp = x;
    x = y;
    y = temp;
}
```

在语法上，可以将复合语句看作一条语句。例如，if 语句的语法格式如下：

if(表达式)　语句

语法格式要求在表达式后面带有一条语句，因此如果需要使用多条语句来完成操作，就必须将这些语句组织成一个复合语句，才能符合语法格式的要求。这种复合语句称为一个代码块，也叫语句块或者程序块。

函数的函数体就是一个代码块，在函数体内也可以含有内部代码块。

5.2.2　局部变量

在任何一个代码块内定义的变量叫作局部变量，也叫作内部变量。局部变量只能在定义它的代码块内使用，即局部变量的作用域仅限于定义它的代码块内：从定义的位置开始，到所在的代码结束。

默认情况下，局部变量具有以下两个特性：

（1）动态存储期限。变量的存储期限（也称为变量的生存期）指的是程序执行过程中变量存在的时间。函数的局部变量具有动态存储期限，调用该函数时，系统自动分配局部变量的存储空间，函数执行结束返回时，系统自动回收局部变量的存储空间。所以，局部变量只在函数执行期间是存在的，当再次调用该函数时，将重新为其分配存储空间。因此，在两次函数调用之间，局部变量不能保留原来的值。

（2）代码块作用域。变量的作用域（也称为变量的可见范围）指的是可以通过变量名直接访问变量的程序代码范围。局部变量的作用域仅限于函数体内，具体而言，是从变量的定义开始一直到函数体的结束，在其他函数中无法通过变量名直接访问该变量。既然局部变量的作用域无法扩展到其所属函数之外，那么就可以在其他函数中定义同名的变量。

main 函数中定义的变量也属于局部变量。

函数的形参也是局部变量。形参和一般局部变量的区别是：在调用函数时，将利用实参的值对形参进行初始化。

具体而言，在代码块（包括函数体）中定义的变量都属于局部变量。程序进入代码块时，为这些变量分配存储空间；在退出代码块时，回收这些变量的存储空间。代码块中的变量的作用域限定在定义该变量的代码块内。

【例5-3】从键盘上输入2个整型数据，先输入一个较小的整型数据，然后输入一个较大的整型数据。设计一个函数sum，该函数可以计算这两个整型数据之间所有整数的和（包括边界数据），最后返回求和的结果。在主函数中调用该函数，并输出。

【分析】函数sum要想得到两个整数之间的所有整数之和，就得遍历该区间内的每个整数，这个遍历的过程就需要一个辅助整型变量，该变量是函数sum内的局部变量。此外，还需要一个整型变量来存储求和的结果，这个变量是在函数sum中才需要的，所以也是局部变量。当然，函数sum还需要两个形参，这两个形参用于说明求和的边界，所以这两个形参也是局部变量。

程序的代码如下：

```c
/*程序Exp5-3.c:局部变量*/
#include<stdio.h>
int sum(int m,int n)
{
    int i,sum=0;
    /*m、n、i、sum都是局部变量,只能在函数sum内部使用*/
    for(i=m;i<=n;i++)
    {
        sum+=i;
    }
    return sum;
}
int main()
{
    int begin,end;
    printf("请依次输入求和的边界值:");
    scanf("%d%d",&begin,&end);
    int result=sum(begin,end);
    /*begin、end、result也是局部变量,只能在函数main内部使用*/
    printf("从%d到%d的和是%d\n",begin,end,result);
    return 0;
}
```

运行结果：

```
请依次输入求和的边界值:1 100↙
从1到100的和是5050
```

当然，在不同的函数中可以使用相同的变量名，它们表示不同的数据，分配不同的内存，互不干扰，也不会发生混淆。所以，函数sum可以用下面的代码实现：

```c
int sum(int begin,int end)
```

```
    {
        int i,result = 0;
        /*这里的 begin、end、result 都是局部变量,有自己的存储空间,
        和主函数中的无关,只能在函数 sum 内部使用*/
        for(i = begin;i <= end;i ++)
        {
            result += i;
        }
        return result;
}
```

5.2.3 全局变量

作用域从定义点开始直到程序文件结束的变量,称为全局变量,也称为外部变量。外部变量具有以下两个不同于局部变量的特性:

(1) 静态存储期限。在程序执行过程中,外部变量始终具有固定的存储空间,所以可以永久保留变量的值。

(2) 文件作用域。外部变量的作用域从变量的定义开始,直到程序文件的结束。所以,在外部变量定义之后的所有函数都可以通过变量名访问它。

由于外部变量可以被多个函数共享,因此多个函数可以利用外部变量进行数据交换。这是外部变量的一个主要用途。

【例 5 - 4】从键盘上输入 n 个整型数据,存放在数组中,然后找出该数组中的最大值和最小值。设计一个函数 find,实现同时找到最大值和最小值的功能,在主函数中调用该函数,并输出数组的最大值和最小值。

【分析】这里需要找到数组的最大值和最小值,并且把这两个数值返回主函数,由于一个函数中只能有一个起作用的 return 语句,所以直接用 return 语句返回结果是不可行的,此时可以采用全局变量来实现。

程序的代码如下:

```
/*程序 Exp5 - 4.c:全局变量*/
#include <stdio.h>
#define N 100
int data[N];               /*定义全局变量,存储输入数据*/
int max,min;               /*定义全局变量,分别存储最大值和最小值*/
int maxIndex,minIndex;     /*定义全局变量,分别存储最大值和最小值所在的位置*/
void find(int);
int main()
{
    int i,n;
    printf("请输入数据个数 n:");
```

```
        scanf("%d",&n);
        printf("请依次输入n个数据:");
        for(i=0;i<n;i++)
                scanf("%d",&data[i]);
        find(n);
        printf("\n数组最大值是第%d个数据,数值是%d。\n",maxIndex+1,max);
        printf("数组最小值是第%d个数据,数值是%d。\n",minIndex+1,min);
        return 0;
}
void find(int len)
{
        int i;    /*len、i是局部变量,仅在函数find中起作用*/
        max=data[0];    /*data、max是全局变量*/
        /*找到一个较大值时,同时更新最大值以及最大值对应的位置*/
        for(i=1;i<len;i++)
                if(max<data[i])
                {
                        max=data[i];
                        maxIndex=i;
                }
        min=data[0];/*min是全局变量*/
        /*找到一个较小值时,同时更新最小值以及最小值对应的位置*/
        for(i=1;i<len;i++)
                if(min>data[i])
                {
                        min=data[i];
                        minIndex=i;
                }
}
```

运行结果:

```
请输入数据个数n:6↵
请依次输入n个数据:89 43 14 8 94 38↵
数组最大值是第5个数据,数值是94。
数组最小值是第4个数据,数值是8。
```

在该程序中,外部变量 max、min 分别用于存储数组中的最大值和最小值,外部变量 maxIndex、minIndex 分别用于存储数组中的最大值和最小值的位置。函数 find 将求得的最大值和最小值分别存入变量 max 和变量 min,并将对应位置的信息存储到变量 maxIndex 和变量 minIndex,然后返回 main 函数,main 函数即可从外部变量中得到这些值。

尽管外部变量可用于函数之间交换数据,但应该尽量减少外部变量的使用,在函数之间通过参数和返回值来实现数据交换。显而易见的原因有以下三个方面:

(1)如果修改了外部变量的定义(变量类型、变量名、初始值等),则要检查、修改所有使用该变量的函数。

（2）一个函数对外部变量值的修改可能影响其他函数，而且不易查找因外部变量的修改而引起的程序错误。

（3）破坏了函数的独立性。当一个函数应用到另一程序时，必须带上该函数用到的外部变量。

5.2.4 作用域规则

既然局部变量具有程序块作用域，外部变量具有文件作用域，那么当外部变量和局部变量同名时，就需要应用作用域规则来确定变量的含义。

作用域规则：当外部变量与局部变量同名时，在局部变量的作用域内，外部变量将不起作用，也就是局部变量会屏蔽外部变量。换言之，变量的使用遵循就近原则，如果在当前作用域中存在同名变量，就不会向更大的作用域寻找变量。

【例5-5】分析并解释下列程序的运行结果。

```c
/*程序Exp5-5.c:作用域规则*/
#include<stdio.h>
int k=30;      /*第1次定义*/
void func()
{
    int k=7;   /*第2次定义*/
    printf("k=%d\n",k);
    {
        int k=11;   /*第3次定义*/
        k+=1;
        printf("k=%d\n",k);
    }
    printf("k=%d\n",k);
}
void main()
{
    func();
    while(k++<33)
    {
        int k=100;   /*第4次定义*/
        k++;
        printf("k=%d\n",k);
    }
    printf("k=%d\n",k);
}
```

程序运行的结果如下：

```
k = 7
k = 12
k = 7
k = 101
k = 101
k = 101
k = 34
```

【分析】示例出现了 4 次变量 k 的定义。第 1 次定义，k 是外部变量；第 2 次定义，k 是局部变量；第 3 次定义，k 是局部变量；第 4 次定义，k 是局部变量。可以看出：

（1）第 2 次定义的局部变量 k 屏蔽了外部变量 k，所以第 1 次的输出为 "k = 7"。

（2）第 3 次定义的局部变量 k 屏蔽了第 2 次定义的局部变量 k，所以第 2 次的输出为 "k = 12"。

（3）当离开了第 3 次定义的变量 k 所在的程序块后，第 2 次定义的变量 k 恢复可见性，所以第 3 次的输出为 "k = 7"。

（4）当离开了函数 func 以后，回到主函数 while 循环中的条件 k++ 用的是全局变量，此时全局变量 k 自增 1，值为 31。进入 while 循环体以后，第 4 次定义局部变量，第 4 次定义的局部变量 k 屏蔽了全局变量 k，所以第 4 次的输出为 "k = 101"。

（5）while 的第 1 次循环结束后，while 循环从头开始，while 循环中的条件 k++ 用的是全局变量，此时全局变量 k 自增 1，值为 32。进入 while 循环体以后，第 4 次定义局部变量，第 4 次定义的局部变量 k 屏蔽了全局变量 k，所以第 5 次的输出为 "k = 101"。

（6）while 的第 2 次循环结束后，while 循环从头开始，while 循环中的条件 k++ 用的是全局变量，此时全局变量 k 自增 1，值为 33。进入 while 循环体以后，第 4 次定义局部变量，第 4 次定义的局部变量 k 屏蔽了全局变量 k，所以第 6 次的输出为 "k = 101"。

（7）while 的第 3 次循环结束后，while 循环从头开始，while 循环中的条件 k++ 用的是全局变量，此时全局变量 k 自增 1，值为 34。此时 while 的循环条件不成立，所以程序退出 while 循环，此时使用的是外部变量 k，所以第 7 次的输出为 "k = 34"。

【练习】

（1）从键盘上输入 n 个整型数据，存放在数组中，找出该数组中的最小值和次小值。设计一个函数来实现同时找到最小值和次小值的功能，在主函数中调用该函数，并输出数组的最小值和次小值。

（2）从键盘上输入两个正整型数据，求这两个整数的最大公约数和最小公倍数。要求设计一个函数来同时实现求两个数的最大公约数和最小公倍数，并在主函数中调用该函数，然后输出这两个数的最大公约数和最小公倍数。

（3）从键盘上输入两个正整型数据，先输入一个较小的整型数据，然后输入一个较大的整型数据。设计一个函数，该函数的功能是找出在两个正整数之间能被 5 整除，但不能被 3 整除的数，并输出。在主函数中调用该函数。

（4）从键盘上任意输入一个四位数字。设计一个函数，该函数的功能是检验该四位数表示的年份是否为闰年。如果是闰年，则返回 1；否则，返回 0。在主函数中调用该函数进行判断，如果是闰年就输出"YES"，否则输出"NO"。

5.3 变量的存储类型

为了运行程序，系统在内存中为数据的存储开辟了两块区域：静态数据区和动态数据区。存储在静态数据区的变量叫作静态变量；存储在动态数据区的变量叫作动态变量。

在静态和动态两种存储方法中，C 语言将变量的存储类型分为四种，它们的存储类型说明符有 auto、static、extern 和 register。

在定义变量时，通用的语法格式如下：

[存储类别标识符] 类型说明符 变量名列表

定义变量时，主要说明了变量的以下三种性质：
（1）存储期限。变量的存储期限分为动态存储期限和静态存储期限。
（2）作用域。变量的作用域分为程序块作用域和文件作用域。
（3）连接。变量的连接性质说明了变量可以被共享的范围。变量的连接分为外部连接、内部连接和无连接。具有外部连接的变量可以被程序的多个源文件共享使用，具有内部连接的变量只能被一个源文件使用（可以被一个源文件中的多个函数共享使用），无连接的变量只能在一个函数内使用。

定义变量时，如果省略了存储类别标识符，将根据变量定义的位置来确定这三种性质。
（1）局部变量具有动态存储期限、程序块作用域、无连接。
（2）外部变量具有静态存储期限、文件作用域、外部连接。

此外，还可以指定变量的存储类别来改变这三种性质。

5.3.1 auto 变量

auto 存储类别只能用于局部变量的定义。定义局部变量时，如果没有特别指明其存储类别，则该变量的存储类别就是 auto，关键字 auto 可以省略。例如：

int a;等价于 auto int a;

自动变量属于动态存储类。在函数运行时，系统自动为其动态分配空间；离开自动变量的作用域时，系统将回收其存储空间。

自动变量在初始化前（或未赋值前），其值是不确定的。

5.3.2 register 变量

register 存储类别只能用于局部变量的定义。register 存储类别的变量和 auto 存储类别的变量具有相同的动态存储期限、程序块作用域、无连接。

指定变量具有 register 存储类别的目的是要求编译器将变量存放在寄存器（寄存器是 CPU 的内部存储单元）中，而不是存放在内存中。如果变量在程序运行期间使用频繁，则存取该变量的数据将消耗很长时间。由于 CPU 访问寄存器的速度高于访问内存的速度，因此将变量存放在寄存器中，可以提高程序执行的效率。例如，可以将循环结构中的循环变量定义为 register 存储类别，以控制循环次数。代码如下：

```c
int sum(int n)
{
    register int i;      /*定义寄存器变量*/
    int sum = 0;
    for(i = 0;i < n;i ++)
        sum += i;
    return sum;
}
```

register 存储类别目前已经很少使用了，因为现在的编译器可以自动识别频繁使用的变量，并将它们放到寄存器中，即使将变量定义为 register 存储类别，但它能否存放到寄存器中，也通常由编译器来决定。

5.3.3　static 变量

static 关键字既可以用于局部变量的定义，也可以用于外部变量的定义，但两者的含义有所不同。

1. 用于局部变量

在程序设计过程中，有时希望局部变量的值在每次离开其作用范围之后不消失、能保持原值，且占用的存储空间也不释放。这时，可以将变量的存储类型声明为 static。将局部变量定义为 static 存储类别后，系统会在静态存储区为其分配存储空间，使变量的存储期限由动态存储期限变成静态存储期限，同时变量仍具有代码块作用域和无连接的性质。

对于 auto 类别的局部变量，在进入代码块时分配存储空间，在离开代码块时回收存储空间；而 static 类别的局部变量会在程序运行期间一直占用固定的存储空间，且变量值可以持久保存。

static 类别的局部变量只在程序开始执行前进行一次初始化（如果没有提供初始值，编译器会将其自动初始化为 0），而 auto 类别的局部变量在每次进入代码块时，都要重新分配存储空间，重新进行初始化（如果没有提供初始值，其值是不确定的）。虽然静态局部变量的存储空间在整个程序中都保存着，但是，在它的作用域之外，仍然是不能被引用的。

【例 5 – 6】使用 static 修饰局部变量的数据类型。分析下列程序的执行结果。
程序的代码如下：

```c
/*程序 Exp5 – 6.c:静态局部变量*/
#include <stdio.h>
int fun()                        /*函数定义*/
{
    int x = 0;                   /*局部变量*/
```

```c
        static int t = 0;           /*定义静态局部变量*/
        x ++;
        t ++;
        return(x + t);
}

int main()
{
        int i;
        for(i = 1;i <= 3;i ++)
            printf("%d\n",fun());   /*函数调用*/
        return 0;
}
```

运行结果：

```
2
3
4
```

【分析】 为了区别局部变量和添加了 static 修饰的局部变量，在函数中分别定义了两种类型的变量。可以看出，main 函数连续 3 次调用 fun 函数，返回值均不一样。

该程序的执行过程如下：

(1) 程序开始执行前，为 static 类别的局部变量 t 分配存储空间，并将其初始化为 0。

(2) 第 1 次调用 fun 函数：此时为 auto 类别的局部变量 x 分配存储空间，并将其初始化为 0。fun 函数执行结束后，返回值为 2，变量 x 的存储空间被回收，其值丢失。变量 t 的存储空间不被回收，其值保留。

(3) 第 2 次调用 fun 函数：此时重新为变量 x 分配存储空间，并将其初始化为 0，变量 t 维持上次函数调用结束时的值。fun 函数执行结束后，返回值为 3，变量 x 的存储空间被回收，其值丢失。变量 t 的存储空间不被回收，其值保留。

(4) 第 3 次调用 fun 函数的情况与第 2 次调用类似。

局部变量 x 和静态局部变量 t 的具体数值如表 5-1 所示。

表 5-1 局部变量和静态局部变量

调用次数	调用前的数值		调用中的数值		调用后的数值		结果 (x + t)
	x	t	x	t	x	t	
1	0	0	x = x + 1 = 0 + 1 = 1	t = t + 1 = 0 + 1 = 1	1	1	2
2	0	1	x = x + 1 = 0 + 1 = 1	t = t + 1 = 1 + 1 = 2	1	2	3
3	0	2	x = x + 1 = 0 + 1 = 1	t = t + 1 = 2 + 1 = 3	1	3	4

有时，利用 static 存储类别可以避免每次调用函数都要进行空间分配、回收和初始化，从而提高程序的执行效率。

2. 用于外部变量

静态局部变量只限于它所在的程序文件中的函数引用，而不能被其他源程序文件中的函数引用。如果在其他源程序文件中需要引用该程序文件中的变量，那么此时这个变量相对其他源程序是一个外部变量，就可以将该外部变量改为静态全局变量，将外部变量定义为 static 存储类别，从而使变量具有内部连接的性质，同时变量仍具有静态存储期限和文件作用域的性质。定义静态全局变量的形式如下：

```
static 数据类型 变量;
```

静态全局变量分配在静态数据区，生存期是程序运行期。

【例 5-7】 使用 static 修饰局部变量的数据类型。分析下列程序的运行结果。

程序的代码如下：

```c
/*程序 Exp5-7:静态全局变量*/
/*文件 file1.c*/
static int x = 0, t = 0;                /*定义静态全局变量*/
int fun(int a, int b)
{
    x = x + a;
    t = t + b;
    return(x + t);
}

/*文件 file2.c*/
#include <stdio.h>
int main()
{
    int i;
    for(i = 1; i <= 3; i ++)
        printf("%d\n", fun(2, 6));      /*函数调用*/
    return 0;
}
```

运行结果：

```
8
16
24
```

【分析】 本程序由文件 file1.c 和文件 file2.c 构成。在文件 file1.c 中，有两个静态全局变量 x、t 和一个函数 fun。文件 file2.c 是主函数文件，由于文件 file1.c 中的变量 x、t 是静态全局的，所以文件 file2.c 中的主函数不能直接使用文件 file1.c 中的变量 x、t，因此通过函数参数的方式访问变量 x、t。

从运行结果可以看出，main 函数连续 3 次调用 fun 函数，返回值均不相同。

该程序的执行过程如下：

(1) 程序开始执行前，为 static 类别的全局变量 x、t 分别分配存储空间，并将其均初始化为 0。

(2) 第 1 次调用 fun 函数：在执行语句"x = x + a;"后，静态全局变量 x 的数值是 2；执行语句"t = t + b;"后，静态全局变量 t 的数值是 6。fun 函数执行结束后，静态全局变量 x、t 的存储空间不被回收，其值保留，即变量 x 中的数值是 2，变量 t 中的数值是 6。返回主函数的数值是 8。

(3) 第 2 次调用 fun 函数：在执行语句"x = x + a;"后，静态全局变量 x 的数值是 4；执行语句"t = t + b;"后，静态全局变量 t 的数值是 12。fun 函数执行结束后，静态全局变量 x、t 的存储空间不被回收，其值保留，即变量 x 中的数值是 4，变量 t 中的数值是 12。返回主函数的数值是 16。

(4) 第 3 次调用 fun 函数的情况与第 2 次调用类似。

静态全局变量 x、t 的具体数值如表 5 – 2 所示。

表 5 – 2 静态全局变量

调用次数	调用前的数值		调用中的数值		调用后的数值		结果 (x + t)
	x	t	x	t	x	t	
1	0	0	x = x + a = 0 + 2 = 2	t = t + b = 0 + 6 = 6	2	6	8
2	2	6	x = x + a = 2 + 2 = 4	t = t + b = 6 + 6 = 12	4	12	16
3	4	12	x = x + a = 4 + 2 = 6	t = t + b = 12 + 6 = 18	6	18	24

只要将外部变量指定为 static 存储类别，就可以在程序的多个文件中定义同名的外部变量，这些外部变量代表不同的变量，它们相互独立，互不影响。对于那些没有指定为 static 存储类别的外部变量，在一个程序中（即使该程序由多个文件组成）只能定义一次。

5.3.4 extern 变量

extern 存储类别用于对已定义的外部变量进行声明，以便多个源文件共享同一个外部变量。在此，把变量的定义和声明区分开（说明：变量的定义和声明还可以表示同样的含义）。

在一个程序中，一个外部变量只能定义一次。例如：

```
int a = 1;
```

该语句定义了一个外部变量 a，编译器会为变量 a 分配存储空间，并将其初始化为 1。

然而，在一个程序中，可以出现多次对该变量的声明。例如：

```
extern int a;
```

该语句对外部变量 a 进行声明，目的是告诉编译器这里用到在其他位置（可能在同一文件中的后续位置，也可能在其他文件中）定义的外部变量 a，类型为 int，但编译器不会再次为变量 a 分配存储空间。

⚠ **注意**：

对外部变量的多次声明应与定义保持一致。

利用 extern 对外部变量进行声明后，就可以在外部变量作用域之外的位置使用它。

【例 5-8】使用 extern 对同一文件中的外部变量进行声明。分析下列程序的执行结果。

程序的代码如下：

```c
/*程序 Exp5-8.c:extern 对同一文件中的外部变量进行声明*/
#include<stdio.h>
extern int B;            /*引用外部变量 B*/
void fun1()
{
    extern int A;        /*引用外部变量 A*/
    A = 10;
    B = 10;
}
void fun2()
{
    B = 20;
}
int A,B;/*定义变量 A、B*/
int main()
{
    A = 1;
    B = 1;
    printf("调用函数前:A = %d,B = %d\n",A,B);
    fun1();
    printf("调用函数 fun1 之后:A = %d,B = %d\n",A,B);
    fun2();
    printf("调用函数 fun2 之后:A = %d,B = %d\n",A,B);
    return 0;
}
```

运行结果：

```
调用函数前:A = 1,B = 1
调用函数 fun1 之后:A = 10,B = 10
调用函数 fun2 之后:A = 10,B = 20
```

【分析】为了区别在同一个文件中的不同位置引用外部变量，在程序的函数内以及函数外分别引用外部变量。

外部变量 A、B 的作用域是从变量定义处直到源文件的结尾。所以无须在 main 函数中声明，即可直接访问变量 A、B，但函数 fun1 和 fun2 不在作用域内。为了在函数 fun1 和 fun2 中使用变量 A、B，需要使用 extern 进行声明。

对变量 B 的声明出现在函数之外（在函数 fun1 之前），这使函数 fun1 和 fun2 都可以访问变量 B。

对变量 A 的声明出现在函数体内（在函数 fun1 中），这使函数 fun1 可以访问变量 A，但函数 fun2 不能访问变量 A。

通常，需要访问在另外一个源文件中定义的外部变量。这可以通过对外部变量进行声明来实现。

【例 5-9】使用 extern 对不同文件中的外部变量进行声明。分析下列程序的执行结果。

程序的代码如下：

```c
/*程序 Exp5-9:extern 对不同文件中的外部变量进行声明*/
/*文件 file1.c*/
#include <stdio.h>
void fun();              /*函数 fun 的声明*/
int A = 1;               /*定义全局变量*/
int main()
{
    printf("调用函数 fun 之前:A = %d\n",A);
    fun();
    printf("调用函数 fun 之后:A = %d\n",A);
    return 0;
}
/*文件 file2.c*/
extern int A;            /*引用另一文件中的变来*/
void fun()
{
    A = 10;
}
```

运行结果：

```
调用函数 fun 之前:A = 1
调用函数 fun 之后:A = 10
```

【分析】本程序由文件 file1.c 和文件 file2.c 构成。文件 file1.c 是主函数文件，包括全局变量 A 的定义，以及函数 fun 的声明和调用。在文件 file2.c 中，用 extern 应用源文件 file1.c 中的变量。

⚠ **注意：**

具有 static 存储类别的外部变量只能被同一个文件中的函数使用，不能通过声明来使其他文件中的函数使用该变量。

5.4 实训与实训指导

实训 1　直角三角形

任意输入三条边的边长（实数类型），判断其能否组成三角形。如果不能组成三角形，程序就输出"It is not a triangle"；如果能组成三角形，就判断该三角形是否为直角三角形；

如果能组成直角三角形,就输出"It is a right triangle",否则输出"It is not a right triangle"。

1. 实训分析

首先,设计函数来判断三条边能否组成三角形。如果可以,就返回1;否则,返回0。然后,根据返回结果进行判断。如果返回结果是0,则输出不能组成三角形的信息;如果返回结果是1,则根据勾股定理来判断能否组成直角三角形。

算法的伪代码如下:

(1) 根据三条边的关系,判断能否组成三角形。如果可以,就返回1;否则,返回0;

(2) 如果(1)中的结果是0,则输出"It is not a triangle",否则执行(3);

(3) 根据勾股定理来判断该三角形是否为直角三角形。如果满足勾股定理,就输出"It is a right triangle",否则输出 It is not a right triangle"。

程序的代码如下:

```c
/*【程序5-1】:直角三角形*/
#include<stdio.h>
int isTriangle(double a,double b,double c);          /*函数声明*/
int isRightTriangle(double a,double b,double c);
int main()
{
    double a,b,c;
    scanf("%lf%lf%lf",&a,&b,&c);
    if(isTriangle(a,b,c)==0)                          /*能否组成三角形*/
        printf("It is not a triangle");
    else if(isRightTriangle(a,b,c))                   /*是否为直角三角形*/
        printf("It is a right triangle");
    else
        printf("It is not a right triangle");
    return 0;
}
/*功能:根据三条边的边长,判断能否组成三角形*/
int isTriangle(double a,double b,double c)
{
    if(a+b>c && a+c>b && b+c>a)
        return 1;
    else
        return 0;
}
/*功能:根据勾股定理,判断三角形是否为直角三角形*/
int isRightTriangle(double a,double b,double c)
{
    if(a*a+b*b==c*c||a*a+c*c==b*b||b*b+c*c==a*a)/*勾股定理*/
        return 1;
    else
        return 0;
}
```

2. 实训练习

任意输入三条边的边长（实数类型），判断能否组成三角形。如果不能组成三角形，程序就输出"It is not a triangle"；如果能组成三角形，就进而判断该三角形是否为直角三角形。如果不是直角三角形，程序就输出"It is not a right triangle"；否则，输出最小余弦值的最简分式。例如，三条边的边长分别是6、8、10，最小的余弦值是6/10，那么输出的结果应该是3/5。

实训2 一元二次方程的根

在实数范围内求方程 $ax^2+bx+c=0$ 的根。方程的系数 a、b、c 从键盘上输入。

1. 实训分析

在实数范围内，一元二次方程根的情况由判别式 $d=b^2-4ac$ 决定。当 $d<0$ 时，在实数范围内一元二次方程无解；当 $d=0$ 时，在实数范围内一元二次方程有两个相等的实根，其解是 $-b/2a$；当 $d>0$ 时，在实数范围内一元二次方程有两个不等的实数根，分别是 $(-b-\sqrt{d})/2a$ 和 $(-b+\sqrt{d})/2a$。

算法的伪代码如下：

（1）输入方程的系数；

（2）设计判别式 $d=b^2-4ac$。如果 d 大于零，表示有两个不同的实根；如果 d 等于零，表示有一个实根；否则，表示没有实根。

（3）根据（2）中的返回值，计算相对应情况下的实根。

程序的代码如下：

```c
/*【程序5-2】:一元多项式的根*/
#include<stdio.h>
#include<math.h>
double x1,x2,d;    /*定义全部变量,存储根*/
void smallZero();    /*函数声明*/
void equalZero(int a,int b);
void greatZero(int a,int b);
int main()
{
    double a,b,c;
    scanf("%lf%lf%lf",&a,&b,&c);
    d=b*b-4*a*c;              /*计算判别式*/
    if(d<0)
        smallZero();          /*判别式小于0*/
    else if(d==0)
        equalZero(a,b);       /*判别式等于0*/
    else
```

```
            greatZero(a,b);/*判别式大于0*/
    return 0;
}
/*功能:判别式小于0时,输出提示信息*/
void smallZero()
{
    printf("方程没有实数根\n");
}
/*功能:判别式等于0时,计算两个相等的实数根*/
void equalZero(int a,int b)
{
    x1=(-b)/(2*a);
    x2=x1;
    printf("x1=x2=%6.2f\n",x1);
}
/*功能:判别式大于0时,计算两个不相等的实数根*/
void greatZero(int a,int b)
{
    x1=(-b+sqrt(d))/(2*a);
    x2=(-b+sqrt(d))/(2*a);
    printf("x1=%6.2f,x2=%6.2f\n",x1,x2);
}
```

2. 实训练习

在复数范围内求方程 $ax^2+bx+c=0$ 的根（考虑实数根和复数根）。方程的系数 a、b、c 是实数，从键盘上输入。

实训3 完美数

所有真约数（除本身之外的正约数）的和小于它本身的正整数称为亏数；相反情况时，称为盈数。

例如，4的真约数有1、2，其和是3，3比4小，这样的自然数就称为亏数（又叫做缺数），类似的数还有5、7、8等。

例如，12的真约数有1、2、3、4、6，其和是16，16比12大，这样的自然数就称为盈数（又称为丰数，或过剩数、富裕数），类似的数还有18、20等。

所有真约数（除本身之外的正约数）的和等于它本身的正整数称为完美数，又称为完全数或完备数。完美数就是既不盈余，又不亏欠的自然数。例如，6的真约数有1、2、3，其和是1+2+3=6，刚好等于6本身，所以6是完美数。

编写程序，从键盘上输入任意一个自然数，判断该数是盈数、亏数还是完美数。如果该数是盈数，就输出"盈数"；如果该数是亏数，就输出"亏数"；如果该数是完美数，则输出该数后续的三个完美数。

1. 实训分析

设计函数判断一个数是盈数、亏数还是完美数时，只需将该数所有的真约数相加后与该数本身对比大小即可。如果小于该数本身，则是亏数，返回 -1；如果大于该数本身，则是盈数，返回 1；如果等于该数本身，则是完美数，返回 0。如果返回结果是 0，则寻找紧随其后的三个完美数。

算法的伪代码如下：

(1) 编写函数判断一个数是盈数、亏数，还是完美数。如果是亏数，就返回 -1；如果是盈数，就返回 1；如果是完美数，就返回 0。

(2) 根据 (1) 中的返回结果，选择不同的操作：

  (2.1) 如果返回值是 -1，就输出"亏数"；

  (2.2) 如果返回值是 1，就输出"盈数"；

  (2.3) 如果返回值是 0，就寻找紧随其后的三个完美数，然后输出。

程序的代码如下：

```c
/*【程序5-3】:完美数*/
#include<stdio.h>
int isPerfect(int num);/*函数声明*/
int main()
{
    int n,count =3;
    scanf("%d",&n);
    if(isPerfect(n) == -1)
        printf("亏数\n");
    if(isPerfect(n) ==1)
        printf("盈数\n");
    if(isPerfect(n) ==0)
    {
        while(count)       /*如果是完美数,就输出该数后续的三个完美数*/
        {
            n ++;
            if(isPerfect(n) ==0)
            {
                count --;
                printf("%d ",n);
            }
        }
    }
    return 0;
}
```

```
/*功能:判断一个数是亏数、盈数,还是完美数 */
int isPerfect(int num){
    int i,sum = 0;
    for(i = 1;i < num;i ++)
        if(num % i ==0)sum + = i;
    if(sum < num)           /*如果是亏数,返回 -1 */
        return -1;
    else if(sum > num)      /*如果是盈数,返回 1 */
        return 1;
    else                    /*如果是完美数,返回 0 */
        return 0;
}
```

2. 实训练习

设计程序,输出 1000 以内的所有平方回数。

提示:设 n 是一个任意自然数。若将 n 的各位数字反向排列所得的自然数 n1 与 n 相等,则称 n 为回文数。例如,若 n = 1234321,则称 n 为回文数;若 n = 1234567,则 n 不是回文数。如果一个数既是回文数,又是某个数的平方,则这样的数字称为平方回数。例如:121。

实训 4　玫瑰花数

如果一个四位数的各位数字的四次方之和恰好等于该数本身,那么这个四位数就是一个玫瑰花数。例如:

$$1634 = 1^4 + 6^4 + 3^4 + 4^4 = 1 + 1296 + 81 + 256$$

编写一个函数,判断某个四位数是否为玫瑰花数,如果是玫瑰花数就返回 1,否则返回 0。在主函数中调用该函数,最终输出所有的玫瑰花数。

1. 实训分析

该问题其实是一个获取四位数各位数字的问题。假设某四位数各位的数字从高位到低位依次是 q、b、s、g,那么任意一个四位数 n 的组成可以表示为

$$n = q^3 + b^2 + s^1 + g^0$$

所以,各位的数字和四位数 n 之间的关系如下:

$$q = n/1000$$
$$b = n/100 \% 10$$
$$s = n/10 \% 10$$
$$g = n \% 10$$

在得到各位的数字之后,判断四次方之和是否等于该四位数即可。所以,该函数的程序如下:

```c
int rose(int n)
{
    int q,b,s,g;
    q=n/1000;
    b=n/100%10;
    s=n/10%10;
    g=n%10;
    if(q*q*q*q+b*b*b*b+s*s*s*s+g*g*g*g==n)
        return 1;
    else
        return 0;
}
```

这样的实现是很简单的。但是，如果不是一个四位数字，而是一个八位（甚至更多位）数字，上面的方法就不适用了。再一次分析上面的数据后发现，1634/1000、634/100、34/10、4/1 就可以刚好得到各数位上的数字 1、6、3、4，而且 1000 是数值 1634 中最高位 1 对应的权重，100 是数值 634 中最高位 6 对应的权重，10 是数值 34 中最高位对应的权重，1 是数值 4 中最高位对应的权重。

初始数据 1634 是一个四位数，最高位的次幂是 $4-1=3$，所以 $1634/10^3$ 得到千位数字 1，为了得到百位数字，需要 634，此时 $1634-1\times10^3=634$。重复上面的过程，即可得到百位数字 6。采用同样的原理，可以得到十位数字 3 和个位数字 4。

算法的伪代码如下：

(1) 确定四位数的边界 [1000,9999]，初始化 for 循环。

(2) 设计函数 rose：设置相关变量，data 保存各位数字，sum 保存各位数字的四次方之和，weight 保存相应数位的权重，value 等于初始值 n。具体步骤如下：

while（value 不等于零）执行下列情形：

　　(2.1) 计算权重，weight = pow(10,len-1)；

　　(2.2) 计算该数位的数字，data = value / weight；

　　(2.3) 更新 value 的值，value = value - data * weight；

　　(2.4) 计算各数位数字的四次方之和，sum += pow(data,4)；

　　(2.5) 求下一个数位的数字，len--；

(3) 对 1000 到 9999 之间的每个数调用函数 rose，判断该数据是不是玫瑰花数，如果返回结果是 1，则输出该数字，否则判断下一个数。

程序的代码如下：

```c
/*【程序5-4】:玫瑰花数*/
#include<stdio.h>
int rose(int n,int len);    /*声明函数rose*/
int pow(int data,int n);    /*声明函数pow*/
int main()
```

```c
{
    int i;
    for(i=1000;i<=9999;i++)
        if(rose(i,4))      /*调用函数*/
            printf("%d ",i);
        else
            continue;
    printf("\n");
    return 0;
}
/*功能:判断数据n是否是玫瑰花数*/
int rose(int n,int len)
{
    int data,sum=0,value=n;;
    int weight;
    while(value)
    {
        weighet=pow(10,len-1);      /*计算相应位置的权重*/
        data=value/weight;          /*得到该数位的数字*/
        value=value-data*weight;    /*更新value的值*/
        sum+=pow(data,4);
        len--;
    }
    if(sum==n)   /*判断各位数字的四次方之和是否等于其本身*/
        return 1;
    else
        return 0;
}
/*功能:求data的n次方*/
int pow(int data,int n){
    if(n==0)return 1;
    int mult=1;
    while(n--)//循环累乘
        mult*=data;
    return mult;
}
```

思考:

(1) 如何从低位到高位得到各位的数字?

(2) 为什么没有直接调用数学库中的函数pow?

2. 实训练习

编写程序,输出所有的n(n≥3)位自幂数。

自幂数是指，一个 n 位数的每位数字的 n 次幂之和等于它本身。其中：
（1）任意 3 位数的各位数字的 3 次方的和相加等于其本身，叫作水仙花数；
（2）任意 4 位数的各位数字的 4 次方的和相加等于其本身，叫作玫瑰花数；
（3）任意 5 位数的各位数字的 5 次方的和相加等于其本身，叫作五角星数；
（4）任意 6 位数的各位数字的 6 次方的和相加等于其本身，叫作六合数；
（5）任意 7 位数的各位数字的 7 次方的和相加等于其本身，叫作北斗七星数；
（6）任意 8 位数的各位数字的 8 次方的和相加等于其本身，叫作八仙数；
（7）任意 9 位数的各位数字的 9 次方的和相加等于其本身，叫作重阳数；
（8）任意 10 位数的各位数字的 10 次方的和相加等于其本身，叫作十全十美数。

第 6 章

数据的间接访问——指针

无论程序还是数据，都需要存储在计算机的存储器中。程序在执行过程中访问的数据大多存储在内存储器（即内存）中。存储器由若干个存储单元构成，而存储单元一般由 8 个存储位构成，1 个存储位可存储一位的 0 或 1。为了存取与管理数据，每个存储单元都有一个二进制编码，即存储地址。存储单元中存储的数据为其存储内容。

程序运行时，系统为每个变量分配一块内存空间，变量的值就存储在这块内存空间，这块内存空间的存储地址为这个变量的地址。程序可以通过变量名访问这块内存空间的数据，这种访问方式为直接访问。如果变量 A 对应的内存空间存储了变量 B 的地址，则可以通过访问变量 A 来取得变量 B 的地址，从而访问变量 B，这种访问方式称为间接访问。C 语言提供了一种特殊的存放内存地址值的数据类型——指针（pointer），用于间接访问数据。

6.1 指针的基本概念

6.1.1 指针与地址

地址是指计算机内存的地址。例如，某台计算机有 64KB 内存，实际上是说这台计算机具有 64KB 的内存空间，即有 $64 \times 1024 = 2^{16}$ 字节的内存空间。1 字节是一个基本内存单元，可以存放 8 位二进制数。可以把每字节想象成一个小抽屉，为了区分每一个小抽屉，将它们用二进制数编号，通常从 0 开始递增，每字节对应唯一的编号。如果用二进制数表示，则 64KB 的内存编号为 16 位；如果用十六进制数表示，则 64KB 的内存编号为 4 位，其取值范围为 0000 ~ FFFF。编号实际上就是地址，通过某一个地址，就可以唯一地定位到某一字节。

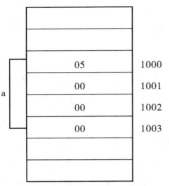

图 6-1 变量对应的存储空间

程序中使用的常量、定义的变量等，在运行时要占据一定数目的连续的内存单元，计算机就通过这些内存单元的地址寻找并使用它们。例如，变量声明"int a = 5"对应的存储空间如图 6-1 所示。从中可以看到，变量 a 本身占用一定数目的内存单元，数据类型 int 表明变量 a 占用的内存单元的字节数，不同的编译系统有不同的大小，在此设为 4 字节。假定内存空间为 64KB，则内存地址使用 4 位十六进制数编号，设 4 个内存单元的地址为 1000、1001、1002、1003。

指针是存放内存地址值的一种数据类型。指针定义的内存单元存放的是另一个内存单元的地址。通常，将指针指代内存单元的地址，将存储了地址的变量称为指针变量。

6.1.2 指针变量的定义

C 语言中，指针变量定义的一般形式：

类型名 *指针变量名;

指针变量的定义和普通变量的定义基本相同，但在指针变量前必须增加一个星号 *，表示这个变量里面存放的是地址。例如：

int *p;
float *q;

该语句分别定义了指针变量 p 和 q，分别存储整型变量和浮点型变量的地址。方便起见，有时候也称变量 p 的类型是 int *，称变量 q 的类型是 float *。

6.1.3 指针变量的初始化与赋值

定义一个指针变量后，编译器会为指针变量分配存储空间，但不存入任何地址值，即没有使指针变量指向一个变量。未初始化的指针变量值是随机的，如果指向内存中比较重要的位置，那么指针操作可能导致系统异常。因此，在使用指针变量前，对其进行初始化或赋值是至关重要的。

在定义指针变量的同时，可以对其进行初始化。例如：

int a = 5;
int *pa = &a;

其中，一元运算符 "&" 得到变量的地址，将变量 a 的地址作为指针变量 pa 的初始值，变量 pa 存储图 6-1 所示中变量 a 的地址，对应的存储空间如图 6-2 所示。指针变量 pa 由于是变量，所以要占用一定数目的内存单元。假定内存空间为 64KB，设指针变量 pa 所占内存单元的首地址为 2000。存储的内容是变量 a 所对应的存储空间地址 1000，需要占用 2 个内存单元。对此，可以形象地称指针变量 pa 指向变量 a，或称 pa 是指向变量 a 的指针，如图 6-2 中箭头所示。

声明一个指针变量后，就可以将已经定义的变量的地址赋值给它。例如：

```
int *pa,a;
pa = &a;
```

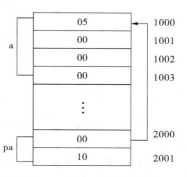

图 6-2 指针变量存储空间示意

也可以将一个指针变量的值赋给另一个指针变量。例如：

```
int *pa,a = 3,*qa;
pa = &a;
qa = pa;
```

在声明指针变量时，如果没有确切的地址可以赋值，那么为指针变量赋一个空指针是一种良好的编程风格。赋为 NULL 值的指针称为空指针。NULL 是一个定义在标准库中的值为零的常量。例如：

```
int *ptr = NULL;
```

该语句表示 ptr 为空指针，其值为 0。

⚠ 注意：

（1）& 运算符只能用于变量（包括指针变量），但不能用于表达式、常量等。
（2）不要引用没有被赋值的指针。
（3）不同类型的指针之间不能赋值。

6.1.4 指针变量的访问

当建立了指针变量和变量之间的指向关系后，就可以通过指针变量访问变量了。

C 语言定义了一个取指针指向的值的运算符 *。一元运算符 * 是间接寻址或间接引用运算符。当它作用于指针时，将访问指针所指向的变量，例如，

```
int a = 5,b;
int *pa = &a;
b = *p;
```

最后一条语句相当于：

```
b = a;
```

可以看出，当指针变量 pa 指向变量 a 后，通过变量名可以访问变量 a，通过 *pa 也可以访问变量 a，这是两种等价的访问变量的方法。通过变量名 a 访问变量是直接访问，编译器会将变量名 a 映射为变量 a 的地址，通过地址直接定位到变量 a 的存储空间。借助指针变量 pa 来访问变量 a 是间接访问。这时，首先访问指针变量 pa，获取指针变量的值（即变量 a 的地址），然后通过变量 a 的地址访问变量。

6.2 指针与数组

本节以一个简单示例为基点,阐述使用指针的必要性及使用指针来动态分配内存的灵活性。

【例6-1】 从键盘输入一组整型数据存入数组。

【分析】 将一组整型数据存入数组,必须知道数组的长度。在本例中,首先输入数据的个数 n (5≤n≤100),然后输入 n 个数据。

程序的代码如下:

```c
/*Exp6-1.1.c:从键盘输入一组数据*/
#include<stdio.h>
void main()
{
    int data[100];
    int i;
    int n;
    printf("请输入数据个数:");
    scanf("%d",&n);
    printf("\n请输入数据:\n");
    for(i=0;i<n;i++)
    {
        scanf("%d",&data[i]);
    }
    printf("\n输入的数据为:\n");
    for(i=0;i<n;i++)printf("%d ",data[i]);
}
```

其中,声明"int data[100]"在编译阶段向操作系统申请了100个整型数据的空间。然而,在每次程序运行中,仅有个别情况使用接近100个数据,而大多数情况下只使用了少量数据,内存空间浪费比较严重,而使用指针进行动态分配内存就能轻松解决此问题。

6.2.1 用指针操作数组

C语言中规定,数组的名字代表数组首元素的地址。例如,定义了这样的整型数组:

int a[] = {2,4,6,7,8};

假定内存空间为64KB,地址为4位十六进制数,整型数据所占的内存单元个数为4,它在内存中的存储示意如图6-3所示。数组名 a 的值为元素 a[0] 的地址,即1000;a 实际上是一个int*型的指针,始终指向元素 a[0],但是这个值只能作为常量来看待,不能被修改。

指针是一个用数值表示的地址,因此可以对指针执行算术运算。可以对指针进行的算术运算有四种：++、--、+、-。图6-3所示中的数组名 a 可以看作一个指针常量，可以进行 +、- 运算，而指针变量可以进行 ++、--、+、- 运算。例如，"a + 1"为下一个整数位置，其值为 1000 + 4 = 1004。考虑下列代码：

```
int * ptr = a;
ptr ++;
printf("%d", * ptr);
```

a→		
1000	2	a[0]
1004	4	a[1]
1008	6	a[2]
100C	8	a[3]

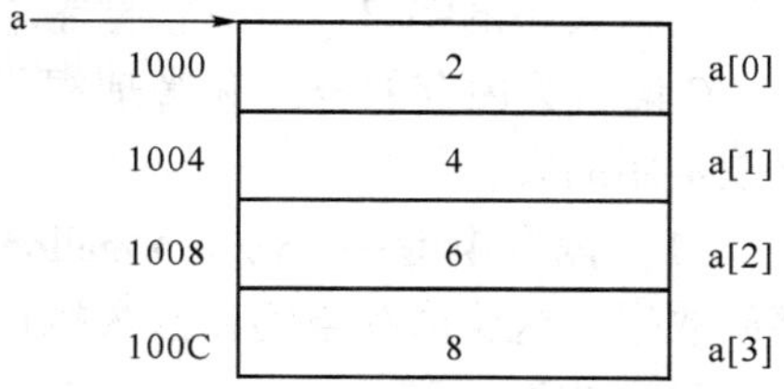

图 6-3 数组存储结构示意

在执行完上述运算后，ptr 将指向位置 1004，因为 ptr 每增加一次，它都将指向下一个整数位置，即当前位置往后移 4 字节。这个运算会在不影响内存位置中实际值的情况下，移动指针到下一个内存位置。如果 ptr 指向一个地址为 1000 的字符，上面的运算会导致指针指向位置 1001，因为下一个字符位置是在 1001。

既然数组名为数组内存区域的首地址，那么利用指针就可以方便地操作数组。例 6-1 利用指针操作数组元素的程序代码如下：

```
/* Exp6-1.2.c:键盘输入一组数据 */
#include <stdio.h>
void main()
{
    int data[100];
    int i;
    int n;
    int * ptr = data;
    printf("请输入数据个数:");
    scanf("%d", &n);
    printf("\n请输入数据:\n");
    for(i = 0; i < n; i ++)
    {
        scanf("%d", data + i);              //直接给出存储地址
    }
    printf("\n输入的数据为:\n");
    for(i = 0; i < n; i ++) printf("%d ", * ptr ++);    //指针变量变化,输出对应变量的值
}
```

6.2.2 动态内存分配

如果预先知道数组的大小，那么在定义数组时就比较容易。例如，有一个存储人名的数组，它最多容纳 100 个字符，就可以如下定义数组：

```
char name[100];
```

但是，在有些情况下，预先不知道需要存储的文本长度。例如，存储有关一个主题的详细描述，而且并不确定主题的具体长度。对此，可以定义一个指针，将该指针指向未确定大

小的内存大小的字符,后续根据需求来分配内存。

  C 语言为内存的分配和管理提供了几个函数。这些函数可以在 stdlib.h 头文件中找到。比较常用的有:

  (1) 内存申请——void * malloc(int num):在堆区分配一块指定大小的内存空间,用来存放数据。这块内存空间在函数执行完成后不会被初始化,它们的值是未知的。

  (2) 内存申请——void * calloc(int num,int size):在内存中动态地分配 num 个长度为 size 的连续空间,并将每字节都初始化为 0。所以它的结果是分配了 num × size 字节长度的内存空间,且每字节的值都是 0。

  (3) 内存释放——void free(void * address):该函数释放 address 所指向的内存块,释放的是动态分配的内存空间。

  对于例 6-1,利用指针动态分配内存来编写的程序代码如下:

```c
/*Exp6-1.3.c:键盘输入一组数据*/
#include <stdio.h>
#include <stdlib.h>      /*内存管理标准库文件*/
void main()
{
    int *ptr;
    int i;
    int n;
    printf("请输入数据个数:");
    scanf("%d",&n);
    //动态申请内存
    ptr=(int *)malloc(n*sizeof(int));/*sizeof 函数求得数据类型所占内存单元的大小*/
    if(ptr==NULL)
    {
        printf("内存申请失败\n");
        return;
    }
    printf("\n请输入数据:\n");
    for(i=0;i<n;i++)
    {
        scanf("%d",ptr+i);
    }
    printf("\n输入的数据为:\n");
    for(i=0;i<n;i++)printf("%d",ptr[i]);/*prt[i]与*(ptr+i)的值相同*/
    free(ptr);/*内存释放*/
}
```

【练习】

  编写一个程序,输入若干整数,利用动态分配来申请相应大小的内存空间,计算并输出其均值与标准偏差。

  提示:设 x_i 指数据元素,n 表示数据元素的个数。

(1) 计算均值 μ 的公式: $\mu = \frac{1}{n}\sum_{i=1}^{n} x_i$;

(2) 计算标准差 σ 的公式: $\sigma = \sqrt{\frac{1}{n}\sum_{i=1}^{n}(x_i - \mu)}$ 。

6.2.3 数组作为函数参数

由 6.2.1 可知,数组名是该数组的首地址。本质上,数组名就是指针常量。因此,当实参是数组时,只需要传递数组的首地址,并不需要复制整个数组元素。

设有一个一维整型数组 arr 和无返回值的函数 fun,当数组作为形参时,函数原型可以有以下几种写法:

```
void fun(int arr[6]);
void fun(int arr[]);
void fun(int *);
```

以上不同的函数声明的作用是一样的,都在传送一个地址,也就是一个指针。

【例6-2】从键盘上顺序输入 6 个整型数据,存放在一个一维整型数组,然后输出。再将数组中的数据以相反的顺序存入这个数组,然后输出。(数组中的数据以相反的顺序存入数组可用函数 reverse 实现)

【分析】数据输入和输出容易实现,难点是将数组中的数据以相反的顺序存入数组。数组的顺序由数组元素的下标确定,为了逆序存放数组元素,需要如下进行数据交换:

arr[0] ←→ arr[5]
arr[1] ←→ arr[4]
arr[2] ←→ arr[3]

其中,任何一对数据交换都是两个数的交换问题。上面三对数据的交换操作相同,所以可以用一个 for 循环完成:

```
for(k = 0;k < 3;k ++)
{
    t = arr[k];
    arr[k] = arr[5 - k];
    arr[5 - k] = t;
}
```

把这个 for 循环作为函数 reverse 的函数体,就可以实现数组中的数据以相反的顺序存放在数组的功能。由于只要求修改数组中数据元素的存放顺序,并没有要求返回什么信息,所以函数 reverse 的数据类型是 void;由于需要修改数组本身存储的数据,也就是函数 reverse 对数组的影响在回到主函数时需要保留下来,所以形参中需要传递数组的地址,即一个指针。

程序的代码如下:

```c
/*程序Exp6-2.c:数组元素逆序存储*/
#include<stdio.h>
void reverse(int *pArr);        /*函数声明,实现数组逆序*/
void show(int *pArr,int n);     /*函数声明,实现输出数组*/
int main()
{
    int arr[6];
    int i;
    printf("请依次输入6个整型数据:");
    for(i=0;i<6;i++)
        scanf("%d",&arr[i]);
    printf("调用函数reverse前,数组中的数据依次是:");
    show(arr,6);
    reverse(arr);       /*函数调用,形参需要数组的首地址,数组名就是首地址*/
    printf("调用函数reverse后,数组中的数据依次是:");
    show(arr,6);
    return 0;
}
/*功能:实现数组元素的逆序存储*/
void reverse(int *pArr)     /*函数定义*/
{
    int k,t;
    for(k=0;k<3;k++)
    {
        t=pArr[k];
        pArr[k]=pArr[5-k];
        pArr[5-k]=t;
    }
}
/*功能:实现数组元素的顺序输出*/
void show(int *pArr,int n)  /*函数定义,n是数组的长度*/
{
    int j;
    for(j=0;j<n;j++)
        printf("%d",pArr[j]);
    printf("\n");
}
```

运行结果:

请依次输入6个整型数据:0 2 4 6 8 10↙
调用函数reverse前,数组中的数据依次是:0 2 4 6 8 10
调用函数reverse后,数组中的数据依次是:10 8 6 4 2 0

从运行结果中可以发现,在函数reverse中对数组操作的影响,其实就是对主函数中数组的操作。原因：数组作为参数时，函数传递数组的首地址，其实就是地址传递，所以实参的地址会传递给形参，形参变量（指针型变量）会根据地址找到实参的内存单元，即通过形参间接操作了实参的数值。

【练习】

（1）从键盘上顺序输入 n 个整型数据，存放在一个一维整型数组，然后输出。接下来，将数组中的数据以相反的顺序存入这个数组，然后输出。（数组中的数据以相反的顺序存入数组可编写函数 reverse 实现）

提示：动态开辟一维数组；确定长度为 n 的一维数组有几组数据需要交换，即如何控制循环次数。

（2）从键盘上顺序输入 n 个整型数据，存放在一个一维整型数组，然后输出。接下来，将数组中的数据按照从小到大的顺序存入这个数组，然后输出。（数组中的数据按照从小到大的顺序存入数组可编写函数 sort 实现）

提示：动态开辟一维数组；排序问题可以考虑冒泡排序。

（3）从键盘上顺序输入一个 3×3 的整型矩阵，存放在一个二维整型数组，然后输出。接下来，对矩阵进行转置操作。所谓转置，就是进行矩阵元素的行号和列号的对换，也就是第 i 行第 j 列的数据和第 j 行第 i 列的数据交换位置。完成转置操作后，输出矩阵。（矩阵的转置过程可编写函数 transposition 实现）

（4）从键盘上顺序输入一个 n×n 的整型矩阵，存放在一个二维整型数组，然后输出。最后，对矩阵进行转置操作。

提示：动态开辟二维数组。二维数组其实是一维数组的数组。

6.3　指针数组和指向指针的指针

6.3.1　指针数组

在介绍指针数组的概念之前，先通过一个实例来对比使用二维数组和指针数组的区别。

【例 6-3】输出多个字符串。

【分析】在 C 语言中，一个字符串存储在一个字符数组中。例如：

```
char s1[] = "hello";
```

这时，数组元素的个数为 6，包括字符的个数和字符串结束符'\0'。如果定义多个字符串，则可以声明一个二维字符数组，但需要确定每一维元素的个数。例如：

```
char str[3][20];
```

使用二维字符数组来实现例 6-3 的程序代码如下：

```c
/* Exp6-3.1.c:输出多个字符串 */
#include<stdio.h>
int main()
{
    char str[3][20] =
    {
        "Hello",
        "Bye",
        "To be or not to be",
    };
    int i;
    for(i=0;i<3;i++)
        puts(str[i]);
    return 0;
}
```

但是,这种方式容易造成存储空间的浪费。例如,在上述 str 数组中,为了存储最后一个较长的字符串,可将列数定义为 20。但是前两个字符串仅分别用了 6 字节和 4 字节(包括字符串的结束标记'\0'),字符串存储方式如图 6-4 所示。

H	e	l	l	o	\0													
B	y	e	\0															
T	o		b	e		o	r		n	o	t		t	o		b	e	\0

图 6-4 字符串存储方式

为了解决空间浪费的问题,可以通过使用指针来处理字符串。如果需要同时处理多个字符串,就可以把这些指向字符串的指针放到一个数组中。使用指针数组来实现例 6-3 的程序代码如下:

```c
/* Exp6-3.2.c:输出多个字符串 */
#include<stdio.h>
int main()
{
    char *str[] =
    {
        "Hello",
        "Bye",
        "To be or not to be",
    };
    int i;
    for(i=0;i<3;i++)
        puts(str[i]);
    return 0;
}
```

在程序中，str 是一个包含 3 个元素的数组，数组中的每个元素的类型都是 char *，即指向 char 型数据的指针，每个元素的值都是指向一个字符串的指针。与之前的程序相比，虽然多出了三个用来存放指针变量的存储空间，但是字符串本身的空间没有浪费，如图 6-5 所示。

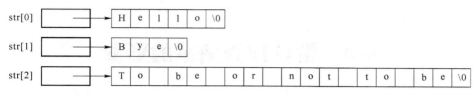

图 6-5 指针数组的应用

6.3.2 指向指针的指针

例 6-3 中的指针变量 str 是数组元素 str[0] 的地址，而 str[0] 的值又是一个地址。因此，str 称为指向指针的指针，但 str 是一个常量，不可变化。我们可以定义一个指向指针的指针变量，例如：

```
char **p = str;
```

p 是指针变量，但需考虑这个指针变量的类型。定义 p 的目的是让 p 指向指针数组 str 的一个元素，而 str 的每个元素里面存放的是一个 char * 型的指针，所以 p 是一个指向指针类型数据的指针，简称指向指针的指针。可将这种定义形式看作 char *(*p)，从而将其理解为 *p 里面存储的是一个 char * 型的指针数据。所以，p 就是指向该指针数据的指针。

使用指向指针的指针实现例 6-3 的程序代码如下：

```
/*程序 Exp6-3.3.c:输出多个字符串*/
#include <stdio.h>
int main()
{
    char *str[] =
    {
        "Hello",
        "Bye",
        "To be or not to be",
    };
    char **p = str;
    int i;
    for(i = 0;i < 3;i ++)
        puts(*p ++);
    return 0;
}
```

【练习】口袋中有红、黄、蓝、白、黑 5 种颜色的球若干个。每次从口袋中任意取出 3 个球，编程实现得到 3 种不同颜色的球的可能取法，输出每种排列的情况。

提示:
(1) 使用指针数组表示5种颜色。
(2) 3次取球表示为3个变量i、j、k,分别表示指针数组的下标。
(3) 使用暴力搜索法,搜索符合条件的排列。

6.4 指针作为函数的形参

指针变量也可以作为函数的形参,其作用是将一个变量的地址传到一个函数中。这时,形参和实参实际上指向同一个内存空间,主调函数和被调函数共享一块内存空间。此时,实参和形参都是地址,如指针变量或者指针常量(数组名)等。

由5.1.5节可知,值传递不能实现两个数的交换。原因就是形参中数值的变化对实参没有影响,那么指针作为函数的形参能够实现两个数的交换吗?

【例6-4】使用指针作为函数的形参,设计两个实数的交换函数swap。

【分析】第5章的例5-2中介绍过两个数的交换函数swap,在此把函数swap的形参类型修改为指针类型。

程序的代码如下:

```
/*程序Exp6-4.c:两个数的交换问题(地址传递)*/
#include<stdio.h>
void swap(double *x,double *y);/*函数声明*/
int main()
{
    double a,b;
    a=3,b=4;
    printf("调用swap前:a=%2lf,b=%2lf\n",a,b);
    swap(&a,&b);      /*调用函数,实参是变量a,b的地址*/
    printf("调用swap后:a=%2lf,b=%2lf\n",a,b);
    return 0;
}
void swap(double *x,double *y)    /*定义函数*/
{
    printf("swap中交换前:x=%2lf,y=%2lf\n",*x,*y);
    double z;
    z=*x;       /*取指针变量x的存储内容,在其前加星号*/
    *x=*y;
    *y=z;
    printf("swap中交换后:x=%2lf,y=%2lf\n",*x,*y);
}
```

运行结果：

```
调用 swap 前:a=3.00,b=4.00
swap 中交换前:x=3.00,y=4.00
swap 中交换后:x=4.00,y=3.00
调用 swap 后:a=4.00,b=3.00
```

以例 6-4 程序的运行结果可以看出，地址传递可以实现两个数的交换。对比普通变量作参数的程序 5-2.c 和程序 6-3.c，有以下两个重要的区别：

（1）swap 函数的声明不同，定义也就不同。

（2）调用 swap 函数时，传递的实参不同。

接下来，描述上述程序的执行流程，并解释变量 a 和变量 b 的值是如何在函数 swap 中被修改的。

假设变量 a 的地址是 1000，变量 b 的地址是 1008，变量 x 的地址是 2000，变量 y 的地址是 2008，中间变量 z 的地址是 2040。程序的执行流程如下：

首先，函数 swap 相应的形参 x 和 y 被定义为 double * 型，在 main 函数中调用 swap（&a, &b）时，实参分别是 &a 和 &b。所以，实参 &a 的值传递给形参 x，实参 &b 的值传递给形参 y，如图 6-6 所示，x 和 y 分别被赋值为 1000 和 1008，即变量 a 和 b 的地址。

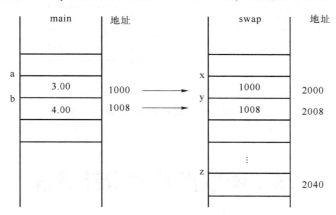

图 6-6 函数参数传递

然后，执行 swap 函数。swap 函数交换的是 *x 和 *y 的值，而 *x 和 *y 就分别指向 main 函数中的变量 a 和 b。所以，swap 函数中交换的是 a 和 b 的值，如图 6-7 所示。

最后，程序返回 main 函数，输出变量 a 和变量 b 的值。这时候输出的是变量 a 和变量 b 交换之后的值，如图 6-8 所示。

由此可见，通过指针作为参数，可以在被调用函数中修改主调函数中定义的变量的值。但是这种做法的参数传递实际上仍采用了值传递。例如，在例 6-4 的程序中，虽然实参 &a 和形参 x 的值都是 1000，但是 &a 和 x 并不等同。swap 函数只是利用形参 x 和 y 间接访问了 main 函数中的变量 a 和 b，但它并没有改变形参 x 和 y 的值。而且，即使形参 x 和 y 的值被改变了，这种改变也不会引起实参值 &a 和 &b 的改变。

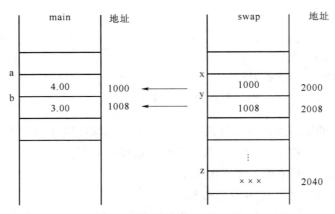

图 6-7 swap 函数执行

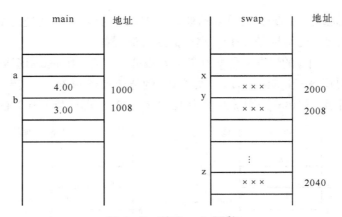

图 6-8 返回 main 函数

6.5 函数指针和指针函数

函数指针和指针函数是经常被混淆的两个概念。函数指针是一个指针变量,只不过是指向函数的指针变量,该指针变量指向函数。指针函数是一个函数,但返回类型是某一类型的指针。

6.5.1 函数指针

指向函数的指针简称函数指针,函数指针是函数入口的内存地址。函数指针的本质是一个指针变量,该指针指向一个函数。

声明函数指针的一般格式:

数据类型(﹡函数名)([形参列表]);

其中,数据类型是函数返回值的数据类型;函数名是用户定义的指针变量名;形参列表不是必需的。例如:

```
int Fun(int x,int y);           /*声明一个函数*/
int( *pFun)(int x,int y);       /*声明一个函数指针*/
```

函数指针需要把一个函数的地址赋值给它,一般有以下两种写法:

函数指针变量 = 函数名;
函数指针变量 = & 函数名;

取地址运算符 & 不是必需的,因为一个函数标识符就表示了它的地址,编译器会为每个函数分配一个首地址,即该函数第一条指令的地址。一般情况下,可以用一个指针来保存这个地址,而这个指针就是函数指针,该指针可以看作它指向函数的别名,所以可以用该指针来调用这个函数。如果是函数调用,还必须包含一个圆括号括起来的参数表。可以采用以下两种方式来通过函数指针调用函数:

(*函数指针变量)(参数)
函数指针变量(参数)

第二种格式看上去和函数调用无异。但是有些程序员倾向于使用第一种格式,因为它明确指出通过指针而非函数名来调用函数。

【例 6 –5】 从键盘上输入 2 个正整型数据,计算这两个整型数据的最大公约数,然后输出最大公约数。

【分析】 求两个整数的最大公约数,常用的方法有更相减损术和辗转相除法,这里以辗转相除法为例。辗转相除法,又名欧几里得算法(Euclidean algorithm),是求两个正整数的最大公约数的算法。它是已知最古老的算法,可追溯至公元前 300 年前。

它的具体做法是:用较小数除较大数,然后用出现的余数(第一余数)去除除数,再用出现的余数(第二余数)去除第一余数,如此反复,直到最后余数是 0 为止。如果是求两个数的最大公约数,那么最后的除数就是这两个数的最大公约数。例如:a = 25,b = 15,a%b = 10,b%10 = 5,10%5 = 0,最后一个为被除数余数的除数就是 5,5 就是所求最大公约数。

设这两个整数分别是 x 和 y。首先,考虑 x 和 y 的大小关系(假定 x 是较大数,y 是较小数),保证较大数是被除数,较小数是除数,求得余数 temp = x%y,然后用得到的余数去除除数,相当于把得到的余数赋值给被除数。然后,不断进行上述过程,直到余数为 0,就终止程序。代码的核心部分如下:

```
while(y! = 0)
{
    if(x < y)
    {
        temp = x;
        x = y;
        y = temp;
```

```
        }
        temp = x % y;
        x = y;
        y = temp;
    }
```

假设解决最大公约数的函数名是commonDivisor，将以上代码作为一个函数的函数体即可。函数的形参需要数据x和y。由于求解最后的结果是整数x和y的最大公约数，所以该函数是有返回值的，且为整型。因此，函数声明可以写成"int commonDivisor(int x,int y);"。

如果规定函数调用采用指向该函数的指针实现，则程序代码如下：

```
/*程序Exp6-5.c:函数指针*/
#include<stdio.h>
#include<stdlib.h>
/*功能:辗转相除求两个整数的最大公约数*/
int commonDivisor(int x,int y)
{
    int temp;
    while(y!=0)
    {
        if(x<y)
        {
            temp = x;
            x = y;
            y = temp;
        }
        temp = x % y;
        x = y;
        y = temp;
    }
    return x;
}
int main()
{
    int a,b,result;
    int(*pFun)(int x,int y);/*声明函数指针变量pFun,也可以写int(*pFun)();*/
    printf("请输入两个整数:");
    scanf("%d%d",&a,&b);
    pFun = commonDivisor;       /*给函数指针赋值*/
    result = (*pFun)(a,b);/*通过函数指针调用函数,也可以写成result=pFun(a,b);*/
    printf("%d和%d的最大公约是%d\n",a,b,result);
    return 0;
}
```

程序运行的结果如下：

```
请输入两个整数:9 27↙
9 和 27 的最大公约是 9
```

在该程序中，定义了函数指针变量 pFun，并令它指向函数 commonDivisor，以便在需要的时候调用该函数。

6.5.2 函数指针作为函数参数——回调函数

有了函数指针，就可以通过函数指针来调用函数。对指针的应用是 C 语言编程的精髓所在，而回调函数就是 C 语言里面对函数指针的高级应用。如果把函数指针（函数的入口地址）传递给另一个函数，那么当这个函数指针被用来调用它所指向的函数时，就称这个函数是回调函数。简而言之，回调函数是一个通过函数指针调用的函数。回调函数不是由该函数的实现方直接调用，而是在特定的事件或条件发生时由另一方调用，用于对该事件或条件进行响应。

编程可以分为系统编程和应用编程。所谓系统编程，可以将其理解成编写库，如 C 标准库。C 标准库由在 15 个头文件中声明的函数、类型定义和宏组成，每个头文件都代表一定范围的编程功能。应用编程就是利用写好的各种库来编写具有某种功能的程序，也就是应用。在求解问题时，可以调用 C 标准库中的相关函数来实现某些功能。例如，应用数学库 math.h 中的函数 sqrt 实现开平方，进而求得三角形面积。

在实际编程过程中，经常调用库函数。既然根据函数指针可以找到某个函数，那么在需要调用具有某个功能的函数时，就可以把指向该函数的函数指针作为调用函数的参数，从而实现整个函数在函数之间的传递。

【例 6-6】 从键盘上输入两个字符串，设计一个比较这两个字符串是否相等的函数。

【分析】 为了说明函数回调函数，设计一个检查两个字符串是否相等的函数 check，该函数的形参由两个字符串以及函数指针变量 cmp 组成，且 cmp 指字符串系统库函数 strcmp。

字符串比较函数 strcmp 的一般调用形式是 "strcmp(s1,s2)"。其中，s1 和 s2 既可以是字符型数组，也可以是字符串常量。函数 strcmp 的功能是比较两个字符串的大小：

① 如果 s1 < s2，则函数值为小于 0 的整数。
② 如果 s1 = s2，则函数值为 0。
③ 如果 s1 > s2，则函数值为大于 0 的整数。

定义函数 check 的具体代码如下：

```
void check(char * s1,char * s2,int( * pFun)())
{
    if(( * pFun)(s1,s2) >0)
        printf("\nresult:%s>%s",s1,s2);
    else if(( * pFun)(s1,s2) <0)
        printf("\nresult:%s<%s",s1,s2);
    else
        printf("\nresult:%s=%s",s1,s2);
}
```

在需要比较两个字符串大小的位置，调用函数 check 即可。

整个程序的代码如下：

```c
/*程序 Exp6-6.c:回调函数*/
#include <stdio.h>
#include <string.h>                            /*字符串库函数*/
void check(char *s1,char *s2,int(*pFun)());    /*带有函数指针参数的声明*/
int main()
{
    char str1[20];
    char str2[20];
    int (*pCmp)();                             /*定义函数指针变量 pCmp*/
    pCmp = strcmp;     /*把函数系统库函数 strcmp 的地址赋给函数指针变量 pCmp*/
    printf("请输入字符串 1:");
    gets(str1);
    printf("请输入字符串 2:");
    gets(str2);
    check(str1,str2,strcmp);                   /*调用函数 check*/
    return 0;
}
/*功能:检查两个字符串是否相等,并输出相应信息。
注意:这是一个带有函数指针参数的函数实现*/
void check(char *s1,char *s2,int(*pFun)())
{
    if((*pFun)(s1,s2) >0)
        printf("result:%s>%s\n",s1,s2);
    else if((*pFun)(s1,s2) <0)
        printf("result:%s<%s\n",s1,s2);
    else
        printf("result:%s=%s\n",s1,s2);
}
```

运行结果：

```
请输入字符串 1:dog↙
请输入字符串 2:cat↙
result:dog>cat
```

回调机制为程序提供了很强灵活性。在回调中，利用某种方式，就可以把回调函数像参数一样传入中间函数。

6.5.3　指针函数

简而言之，指针函数就是一个返回指针的函数，其本质是一个函数，而该函数的返回值是一个指针。

声明指针函数的一般格式：

数据类型 * 函数名(形参列表);

其中，"数据类型 *" 是函数返回值的数据类型，它是一个指针。

对比下面的两条函数声明：

int Fun(int x,int y);   /*声明一个函数*/
int * Fun(int x,int y);   /*声明一个指针函数*/

第1条函数声明容易理解，其实就是声明一个函数，返回值是int类型，是一个数值。第2条函数声明和第1条函数声明的唯一区别就是在函数名前面多了一个*号，因此这是一个指针函数，其实它也是一个函数，其返回值是一个int*型的指针，是一个地址。与普通函数对比，指针函数返回了一个指针（即地址值）而已。

指针函数返回值需要用同类型的指针变量来接收。也就是说，在主调函数中，函数返回值必须赋给同类型的指针变量。

⚠ **注意：**

在返回指针时，必须保证指针指向的对象在函数执行结束后是存在的。

【例6-7】 从键盘上输入n个整型数据，存放在数组中并压缩求和。压缩规则：奇数位置的数据和一个相邻偶数位置的数据相加，求和结果依次存放在另一个数组中，例如，1号位置的数据加上2号位置的数据，结果存放在另一个数组的1号位置；3号位置的数据和4号位置的数据相加，结果存放在另一个数组的2号位置；依次类推。要求：

(1) 数组的0号位置不使用。

(2) 如果数组中最后仅剩下一个数据元素，则该元素直接存放在另一个数组中，相当于最后一个位置的数据加了元素零。

(3) 将结果数组返给主函数，然后输出。

【分析】 这里需要两个数组、一个数组存储数据，称为数据数组；另一个数组存储压缩求和的结果，称为结果数组。由于数据元素的个数不确定，所以需要动态开辟一维数组；又因题目中要求数组的0号位置不使用，所以n个数据元素需要的存储空间是n+1个，即数据数组需要n+1个存储单元。由于是两个数据求和的结果存放在结果数组中，因此结果数组的长度是(n+1)/2+1。

按照压缩求和的原则，当数据的长度是偶数时，刚好可以两两相加；当数据的长度是奇数时，最后一个数据元素会剩下。相加的规律可以描述成a[i]+a[i+1]，循环条件就是i≤n。但是，当i=n时，a[i]+a[i+1]中的i+1会出现数组越界。所以，改用a[i-1]+a[i]，将i的初始值设为2，这样就可以避免出现数组越界的情况。

最后，单独处理数据长度是奇数的情况。如果数据的长度是奇数，则将数据数组的最后一个数据元素直接赋值给结果数组中的最后一个位置。

程序的代码如下：

```
/*程序 Exp6-7.c:指针函数*/
#include <stdio.h>
#include <stdlib.h>
/*功能:压缩求和,数据数组求和的结果存放在结果数组中,并返回结果数组的地址*/
int * sunArray(int *pArr,int len)/*定义一个指针函数*/
```

```c
{
    int i,j;
    int resLen = (len+1)/2 +1;        //结果数组的长度
    int * resArr = NULL;    /*指针型变量,建议在声明时初始为空指针*/
    resArr = (int *)malloc(sizeof(int) * resLen);
    for(i=1,j=2;i<resLen && j<=len;i++,j+=2)/*注意j+=2*/
        resArr[i] = pArr[j-1] + pArr[j];
    if(len%2 ==1)    /*处理数据长度是奇数的情况*/
        resArr[i] = pArr[j-1];
    return resArr;
}
int main()
{
    int k,l,n;
    printf("请输入数据个数n:");
    scanf("%d",&n);
    int * data = (int *)malloc(sizeof(int)*(n+1));/*动态开辟一维数组*/
    printf("请依次输入数据:");
    for(k=1;k<=n;k++)
        scanf("%d",&data[k]);
    int * result = sunArray(data,n);    /*调用函数,用相应的整型指针变量接收返回值*/
    printf("压缩求和后的结果:\n");
    for(k=1,l=1;k<n;k+=2,l++)
        printf("\tdata[%d]+data[%d]=%d+%d=%d\n",
            k,k+1,data[k],data[k+1],result[l]);
    if(n%2 ==1)
        printf("\tdata[%d]=%d\n",n,result[l]);
    return 0;
}
```

运行结果：

```
请输入数据个数n:7↙
请依次输入数据:21 34 2 78 9 10 8↙
压缩求和后的结果:
    data[1]+data[2]=21+34=55
    data[3]+data[4]=2+78=80
    data[5]+data[6]=9+10=19
    data[7]=8
```

函数sunArray的返回值是个整型指针,所以在主函数中调用函数sunArray时,其返回值也用相同类型的指针变量来接收,该程序接收返回值的变量是result,且result是整型指针。

【练习】

(1) 从键盘上输入两个整型数据,用更相减损术来计算这两个整型数据的最大公约数,然后输出最大公约数。要求设计一个函数来实现求两个数的最大公约数,并在主函数中调用该函数。

(2) 从键盘上输入两个整型数据,计算这两个整型数据的最小公倍数,然后输出最小公倍数。要求设计一个函数来实现求两个数的最小公倍数,并在主函数中调用该函数。

(3) 从键盘上任意输入一个整数,输出该整数各位数字之和。要求设计一个函数来实现求一个数的各位数字之和,并在主函数中调用该函数。

(4) 不断地从键盘上输入一个整型数据,并判断该整型数据是否为素数,直到 EOF 终止程序。要求设计函数 isPrime,该函数用来判断某整型数据是否为素数,若是素数,函数返回 1,否则返回 0。最后,在主函数中调用该函数,根据返回结果输出信息:如果函数返回值是 1,就输出 "It is a prime number.";否则输出 "It is not a prime number."。

提示:EOF 结束的使用语句:

```
while(scanf("%f",&a)!=EOF)
{    }
```

如果输入数据有多组,则每组占一行。每行有两个整数(a 和 n),分别用空格分隔。读到文件结束的输入形式如下:

```
while(scanf("%d%d",&a,&n)!=EOF)
{    }
```

6.6 实训与实训指导

实训 1 将整型数转换为字符串

设计一个函数 char * itos(int n),将整型数 n 转换为一个字符串。

1. 实训分析

此函数返回一个字符指针,因此是一个指针函数。但该字符指针指向的字符数组不能为局部变量,在函数调用结束后,局部变量不再存在,所以应设置一个字符数组为全局变量,作为指针函数的返回值。

将整型数 n 转换为一个字符串,需要求出 n 的每位数字,并将该数字转换为字符,存入字符串 str。对 n 取余,可以取得 n 的个位数;对 n 取整再取余,可以取得 n 的十位数;依次类推,就可以取得 n 的各位数字。但是,取得数字与输出字符的顺序是相反的,例如,取得 1234 的各位数字为 4、3、2、1。因此,还需将其倒序取出,并转换为字符,存入字符串。

算法的伪代码如下:

(1) 定义全局字符数组 str,初始化 i 为 0;
(2) 取出整数 n 的各位数字,并存入整型数组 a, while(n):
  (2.1) a[top++]=n%10;

(2.2) n = n/10;

(3) 将数组 a 中的数据倒序取出，存入字符串 str，while(top)：

(3.1) str[i++] = a[--top];

(4) 返回 str 的值。

程序的代码如下：

```
/*【程序 6-1】:将整型数转换为字符串*/
char str[M];         /*全局变量,函数返回指针*/
void itos(int n)
{
    int a[M];        /*存放从低位到高位的整数 n 的各位数字*/
    int top = 0;     /*数组 a 的下标,表示数组中的数据长度*/
    int i = 0;       /*字符串 str 的下标*/
    while(n)         /*取出整数 n 的各位数字,并存入整型数组 a*/
    {
        a[top++] = n%10;
        n = n /10;
    }
    while(top)       /*将数组 a 中的数据倒序取出,存入字符串 str 中*/
    {
        str[i++] = a[--top] + '0';
    }
}
```

2. 实训练习

(1) 编写 main 函数，测试函数 itos 的正确性。

(2) 设计一个函数 int stoi(char * str)，将数字字符串 str 转换为一个整数。

实训 2　日期转换函数

用原型 void getDate(int * d,int * m,int * y) 编写函数，从键盘读入一个形如 dd - mmm - yyyy 的日期。其中，dd 表示两位数的日，mmm 表示月份的 3 个字母缩写，yyyy 表示四位数的年份。函数读入日期后，将它们转换为整型，然后传递给 3 个参数。

1. 实训分析

题目要求编写一个函数，形参为整型指针，没有返回值。函数的功能包括输入日期字符串，从中识别出年、月、日，并通过指针参数将数组带回主调函数。题目的难度在于如何识别 3 个字母缩写的月份值，采用的方法是：首先，将 12 个月的 3 个字母缩写的字符串存储到一个字符串数组中，相当于建立一张表；然后，把输入的月份字符串与表中字符串相比较，即可确定月份值。

字符串数组:

```
char * mons[] = {"Jan","Feb","Mar","Apr","May","Jun","Jul","Aug","Sep","Oct",
"Nov","Dec"};
```

如果当前月份为"Nov",那么它在字符串数组中的下标为10,下标增1即月份值。值得注意的是,字符串比较需要调用库函数 strcmp。

接下来介绍如何将一个数字字符串 $s_0s_1\cdots s_n$ 转换为整型 x。一个数字字符减去字符'0'为其对应的整数值。例如,"'5' - '0'"的结果为5。将 x 初始化为0,那么重复执行 "x = x * 10 + s_i - '0'" n 次后,x 值就是数字字符串的整数值。

算法的伪代码如下:
(1) 键入日期字符串 str;
(2) 遍历字符串 str:
  (2.1) 取前2位字符转换为整数,存入指针 d 指向的变量;
  (2.2) 取第4~6位字符转换为字符串 mon,并查表 mons 来确定月份,存入指针 m 指向的变量;
  (2.3) 取第8~11位字符转换为整数,存入指针 y 指向的变量。

程序的代码如下:

```c
/*【程序6-2】:日期转换函数*/
void getDate(int * d,int * m,int * y)
{
    char str[20];/*存放输入字符串*/
    char mon[4];/*存储输入月份字符串*/
    int i,j;
    /*定义月份的字母表*/
    char * mons[] = {"Jan","Feb","Mar","Apr","May","Jun",
                     "Jul","Aug","Sep","Oct","Nov","Dec"
                    };
    * d = 0;/*初值为0*/
    * y = 0;/*初值为0*/
    scanf("%s",str);/*键入日期字符串*/
    /*遍历输入字符串*/
    i = 0;
    while(i < 2)/*取得2位表示日的字符,转换为整数*/
    {
        * d = ( * d) * 10;/*每增加一位,原有数值就乘以10*/
        * d + = str[i ++] - '0';/*加入新增位*/
    }
    i ++ ;/*越过字符'-'*/
    j = 0;
    while(i < 6)mon[j ++] = str[i ++];/*先将月份另存*/
```

```
            mon[j]='\0';/*加入字符串结束符*/
            for(j=0;j<12;j++)/*查表,查找当前字符串对应哪个月份*/
            {
                    if(strcmp(mon,mons[j])==0)*m=j+1;
            }
            i++;/*越过字符'-'
            while(i<11 && str[i]!='\0')/*取得四位年份,转换为整数*/
            {
                    *y=(*y)*10;/*每增加一位,原有数值就乘以10*/
                    *y+=str[i++]-'0';/*加入新增位*/
            }
    }
```

2. 实训练习

（1）编写测试函数 getDate 的 main 函数代码，测试函数的正确性。

（2）用原型 void getTime(int *h,int *m,int *s) 编写函数，从键盘输入一个形如格式 hh:mm:ss[am|pm]的时间表示。其中，hh 表示两位的小时数，mm 表示两位的分钟数，ss 表示两位的秒数。该时间格式既可以是 12 小时制，也可以是 24 小时制。12 小时制的时间格式后面以 am 或 pm 标识；24 小时制的时间格式没有 am 或 pm 标识。函数读入时间后，将它们转换为 24 小时制的整型数值，并传递给 3 个参数。

实训 3 字符串排序

键入 n 个字符串，按字典顺序升序排序，最后将其输出。

1. 实训分析

首先，从键盘接收 n 个字符串，存入指针数组；然后，选择一种排序方法（如冒泡排序），将字符串排序；最后，将指针数组中的字符串输出。为了逻辑完整性和代码重用性，将字符串排序过程封装为函数 sortStrings。

算法的伪代码如下：

（1）键入 n；

（2）输入 n 个字符串（0≤i<n）；

（3）对 n 个字符串冒泡排序：

　　（3.1）循环每趟排序（1≤i<n）；

　　　　（3.1.1）循环比较相邻元素（1≤j<n−i），如果 strcmp(strings[j],strings[j+1])>0，则将 strings[j] 与 strings[j+1] 交换（只是将对应字符串对应的指针做了交换）；

（4）输出排序后的 n 个字符串。

程序的代码如下：

```c
/*【程序6-3】:字符串排序*/
#include<stdio.h>
#define N 100
#define M 80
void sortStrings(char[][M],int);/*函数声明*/
int main()
{
    char strings[N][M];
    int n;
    int i;
    scanf("%d\n",&n);
    /*从键盘获取n个字符串*/
    for(i=0;i<n;i++)gets(strings[i]);
    /*字符串排序*/
    sortStrings(strings,n);
    /*输出n个字符串*/
    for(i=0;i<n;i++)puts(strings[i]);
    return 0;
}
/*采用冒泡排序方法实现字符串排序*/
void sortStrings(char strs[][M],int n)
{
    int i,j;
    char temp[M];
    /*冒泡排序*/
    for(i=1;i<n;i++)
        for(j=0;j<n-i;j++)
            if(strcmp(strs[j],strs[j+1])>0)
            {
                strcpy(temp,strs[j]);
                strcpy(strs[j],strs[j+1]);
                strcpy(strs[j+1],temp);
            }
}
```

2. 实训练习

将上述程序改为按字典顺序降序排列。

实训 4 函数指针应用

编写函数,其中一个参数是函数指针,实现一组整数的升序和降序两种排序。

1. 实训分析

由题意可知,需要编写一个函数,其中一个参数是函数指针。通过该函数,实现升序与降序两种功能。本题采用冒泡排序 n 个整数来演示回调函数的编写。函数原型:

```
void bubbleSort(int a[],int n,int(*seq)(int,int))
```

其中,形参 a 为存储数据的数组;n 为数据个数;seq 为函数指针。函数指针的作用是通过调用不同的函数来实现两种不同的排序方法。

由前面章节可知,简单的冒泡排序方法是需要 n-1 趟排序,在每趟排序中,比较相邻元素,如果不符合排序的顺序,则相互交换。因此,编写相邻元素的两种比较方法:一种为升序,另一种降序。分别如下:

```
int increase(int x,int y){ return x<y;}
int decrease(int x,int y){ return x>y;}
```

函数 increase 的调用结果:如果 x<y,则返回 1;否则,返回 0。
函数 decrease 的调用结果:如果 x>y,则返回 1;否则,返回 0。
函数 bubbleSort 的形参 seq 的作用是调用函数 increase 和 decrease。因此,形参 seq 的形式如下:

```
int(*seq)(int,int)
```

程序的代码如下:

```
/*【程序6-4】:函数指针应用*/
int increase(int x,int y)
{
    return x<y;
}
int decrease(int x,int y)
{
    return x>y;
}
void bubbleSort(int a[],int n,int(*seq)(int,int))
{
    int i,j;
    int t;
```

```
        for(i =1;i <n;i ++)
            for(j =0;j <n - i;j ++)
            {
                if(!seq(a[j],a[j +1]))
                {
                    t =a[j];
                    a[j] =a[j +1];
                    a[j +1] =t;
                }
            }
}
```

2. 实训练习

编写函数 bubbleSort 的测试代码。给定一个整型一维数组，编写程序来调用上述回调函数，实现对该数组的排序。要求：从键盘接收数组中数值的个数 n、n 个整型数据以及排序规则。

第 7 章

函数的自我调用——递归

递归（recursion）是计算科学领域的一种重要的思维模式，是一种问题求解的方法。例如，数学公式 $n! = 1 \times 2 \times \cdots \times n$ 的计算可以取 $n-1$ 次乘法的结果，也可以采用另一种思维方法——$n! = n(n-1)!$。也就是说，给定 n，则 $n!$ 可由 $(n-1)!$ 求出，$(n-1)!$ 可由 $(n-2)!$ 求出，……，$2!$ 可由 $1!$ 求出。而 $1!=1$ 已知，那么 $2!$ 可求得，从而 $3!$ 可求得，依次类推，$n!$ 可求得。这种思维方式便是一种递归。递归思维将复杂的计算简化为简单计算的不断重复，是最重要的计算思维。

在 C/C++ 语言中，递归的实现是采用函数的自我调用来实现。函数直接（或间接）调用自己就称为函数的递归调用，这种函数就称为递归函数。递归函数将反复调用其自身，每调用一次就进入新的一层，当最内层的函数执行完毕后，就一层一层地由里到外返回。调用自身的过程又称为"递推"，由里到外返回的过程又称为"回归"，所以递归过程可以分为"递推"和"回归"两个阶段。

7.1 递归

本节以一个简单示例为基点，阐述应用递归的程序设计过程。

【例 7-1】 用递归函数编写计算阶乘 $n!$ 的函数 factorial。

【分析】 阶乘 $n!$ 的计算公式如下：

$$n! = \begin{cases} 1, & n \leq 1 \\ n(n-1)!, & n > 1 \end{cases}$$

根据上面阶乘的计算公式可以发现，阶乘的计算公式是一个递归计算公式。为了计算 $n!$，需要调用计算阶乘的函数 factorial(n)，它因要计算 $(n-1)!$，而调用 factorial(n-1)，于是形成递归调用。这个过程一直持续到 $1!$ 为止。在求得 $1!=1$ 以后，逐层返回，最后求得 $n!$。

算法的伪代码如下：
(1) 输入一个自然数，存入变量 n；
(2) 递归调用函数 factorial；
(3) 输出 n! 的值；

7.1.1 递归的思想

递归是程序设计中的一种常见方法。采用递归方法编写程序可以使程序更加简洁、清晰、容易理解。阶乘问题是一个经典的数学递归问题。为了得到 $n!$，操作步骤如下（注意参数的变化）：

(1) 第 1 次调用函数 factorial(n)。根据公式可知：$n! = n \times (n-1)!$。所以，需要知道 $(n-1)!$ 的数值，那么就需要第 2 次调用函数 factorial。

(2) 第 2 次调用函数 factorial($n-1$)。根据公式可知：$(n-1)! = (n-1) \times (n-2)!$。所以，需要知道 $(n-2)!$ 的数值，那么就需要第 3 次调用函数 factorial。

(3) 第 3 次调用函数 factorial($n-2$)。根据公式可知：$(n-2)! = (n-2) \times (n-3)!$。所以，需要知道 $(n-3)!$ 的数值，那么就需要第 4 次调用函数 factorial。

……

直到调用函数 factorial(2)，都可采用同样的方法进行处理，$2! = 2 \times 1!$。根据公式可知：$1! = 1$。因此，问题最终可以求解。

可以看出，每次面对的问题在本质上是同一个问题，只是问题的规模不同。上面的解决方法体现了递归的思想，将复杂问题分解为规模较小的子问题，且子问题和原问题本质上是相同的问题。在将子问题求解后，原问题也将求解。

接下来，以求解 5! 为例，说明递归的递推过程和回归过程。

7.1.2 递归的递推

求解 5! 的递推过程如下：

(1) 求解 5!，即调用 factorial(5)。当进入 factorial() 函数体后，由于形参 n 的值为 5，不等于 1，所以执行 factorial($n-1$)*n，即执行 factorial(4)*5。为了求得这个表达式的结果，必须先调用 factorial(4)，并暂停其他操作。换言之，在得到 factorial(4) 的结果之前，不能进行其他操作。

(2) 调用 factorial(4) 时，实参为 4，形参 n 也为 4，不等于 1，因此将继续执行 factorial($n-1$)*n，即执行 factorial(3)*4。为了求得这个表达式的结果，必须先调用 factorial(3)。

(3) 调用 factorial(3) 时，实参为 3，形参 n 也为 3，不等于 1，因此将继续执行 factorial($n-1$)*n，也即执行 factorial(2)*3。为了求得这个表达式的结果，又必须先调用 factorial(2)。

(4) 调用 factorial(2) 时，实参为 2，形参 n 也为 2，不等于 1，因此将继续执行 factorial($n-1$)*n，即执行 factorial(1)*2。为了求得这个表达式的结果，必须先调用 facto-

rial(1)。

（5）在进行 4 次调用后，实参的值为 1，因此将调用 factorial(1)。此时，能够直接得到常量为 1 的值，并把结果返回，不需要再次调用 factorial( ) 函数，递归结束。

表 7-1 列出了在递归调用过程中逐层进入的递推过程。

表 7-1 递推过程

层次/层数	实参/形参	调用形式	需要计算的表达式	需要等待的结果
1	n = 5	factorial(5)	factorial(4) * 5	factorial(4) 的结果
2	n = 4	factorial(4)	factorial(3) * 4	factorial(3) 的结果
3	n = 3	factorial(3)	factorial(2) * 3	factorial(2) 的结果
4	n = 2	factorial(2)	factorial(1) * 2	factorial(1) 的结果
5	n = 1	factorial(1)	1	无

7.1.3 递归的回归

当递归进入最内层时，就结束递归，开始逐层退出，即逐层执行 return 语句，这就是递归的回归过程。求解 5! 的回归过程如下：

（1）当 n 的值为 1 时，达到最内层，此时 return 的结果为 1，即 factorial(1) 的调用结果为 1。

（2）有了 factorial(1) 的结果，就可以返回上一层，计算 factorial(1) * 2 的值。此时，得到的值为 2，return 的结果也为 2，即 factorial(2) 的调用结果为 2。

（3）有了 factorial(2) 的结果，就可以返回上一层，计算 factorial(2) * 3 的值。此时，得到的值为 6，return 的结果也为 6，即 factorial(3) 的调用结果为 6。

（4）有了 factorial(3) 的结果，就可以返回上一层，计算 factorial(3) * 4 的值。此时，得到的值为 24，return 的结果也为 24，即 factorial(4) 的调用结果为 24。

（5）有了 factorial(4) 的结果，就可以返回上一层，计算 factorial(4) * 5 的值。此时，得到的值为 120，return 的结果也为 120，即 factorial(5) 的调用结果为 120。这样就得到了 5! 的值。

表 7-2 列出了在递归调用过程中逐层退出的回归过程。

表 7-2 回归过程

层次/层数	调用形式	需要计算的表达式	从内层递归得到的结果（内层函数的返回值）	表达式的值（当次调用的结果）
5	factorial(1)	1	无	1
4	factorial(2)	factorial(1) * 2	factorial(1) 的返回值，也就是 1	2
3	factorial(3)	factorial(2) * 3	factorial(2) 的返回值，也就是 2	6
2	factorial(4)	factorial(3) * 4	factorial(3) 的返回值，也就是 6	24
1	factorial(5)	factorial(4) * 5	factorial(4) 的返回值，也就是 24	120

7.1.4 递归的条件

每一个递归函数都应该只进行有限次递归调用,否则就会进入死胡同,永远也不能退出,这样的程序是没有意义的。

要想让递归函数逐层进入再逐层退出,需要解决以下两方面的问题:

(1) 存在限制条件,当符合该条件时,递归便不再继续。对于函数 factorial,当形参 n 等于 1 时,递归就结束。这种限制条件就是递归结束条件,称为递归出口。

(2) 每次递归调用后,越来越接近该限制条件。对于函数 factorial,每次递归调用的实参为 n–1,这会使形参 n 的值逐渐减小,越来越趋近于 1。

7.1.5 递归的实现

经过上面递归调用的分析,例 7–1 的程序代码如下:

```c
/*程序 Exp7_1.c:递归求 n! */
#include <stdio.h>
/*递归函数
功能:求 n 的阶乘*/
long factorial(int n)
{
    if(n ==1)
        return 1;
    else
    return factorial(n-1)*n;   /*递归调用*/
}
int main()
{
    int a;
    printf("Input a number:");
    scanf("%d",&a);
    printf("Factorial(%d) =%ld\n",a,factorial(a));
    return 0;
}
```

【练习】

(1) 用递归方法求 1~100 的和,即 1+2+3+4+…+100。

提示:递归求和公式为

$$\text{sum}(n) = \begin{cases} 1, & n = 1 \\ n + \text{sum}(n-1), & n > 1 \end{cases}$$

(2) 用递归方法求 1~100 的连乘积，即 $1 \times 2 \times 3 \times 4 \times \cdots \times 100$。

提示：递归求连乘积公式为

$$\text{mult}(n) = \begin{cases} 1, & n = 1 \\ n \times \text{mult}(n-1), & n > 1 \end{cases}$$

(3) 从 $1, 2, 3, \cdots, n$ 中取出 m 个数，一共有多少种选择方案？

提示：计算从 n 个数中取 m 个数的组合数的公式为

$$C_n^m = \frac{n!}{m! \times (n-m)!}$$

7.2 迭代与递归

在计算机编程实现中，常常有两种编程思想：迭代（iterate）；递归（recursion）。从概念上讲，递归是指程序调用自身的编程思想，即一个函数调用本身；迭代是利用已知的变量值，根据递推公式不断演进得到变量新值的编程思想。简而言之，递归将大问题化为相同结构的小问题，从待求解的问题出发，一直分解到已知答案的最小问题为止，然后逐级返回，从而得到大问题的解；而迭代则从已知值出发，通过递推式，不断更新变量新值，直到能够解决问题为止。

下面以斐波那契数列的求解为例，介绍这两种典型编程思想的实现，并分析二者的区别与联系。

【例 7-2】 斐波那契数列（又称为黄金分割数列，通常记做 Fibonacci）指的是这样一个数列：1,1,2,3,5,8,13,21,… 这个数列从第 3 项开始，每一项都等于前两项之和。

该数列刚好和一个有趣的兔子问题相关。一般而言，兔子在出生两个月后，就有繁殖能力，一对兔子每个月能生出一对小兔子来。如果所有兔子都不死，那么若干个月以后的兔子对数为：1,1,2,3,5,8,13,31,…

【分析】 如果在数列的前面加上数字"0"，那么从第 2 项开始，每一项都是该项前两项的数字之和。数列的通项表达式 $F(n)$ 如下：

$$F(n) = \begin{cases} 0, & n = 0 \\ 1, & n = 1 \\ F(n-1) + F(n-2), & n > 1 \end{cases}$$

7.2.1 递归实现

可以采用递归的编程方式求解例 7-2 的问题，方法是定义一个函数 Fib，返回数列第 n

项的值。将规模为 n 的问题分解为更小规模的问题,即规模为 $n-1$ 的问题与规模为 $n-2$ 的问题,一直分解到规模为 0 和规模为 1 的问题。数列的通项表达式 $\text{Fib}(n)$ 如下所示:

$$\text{Fib}(n) = \begin{cases} 0, & n=0 \\ 1, & n=1 \\ \text{Fib}(n-1) + \text{Fib}(n-2), & n>1 \end{cases}$$

例 7-2 递归函数的伪代码如下:

(1) 如果函数形参是 0,则函数返回 0,并回归上一层;
(2) 如果函数形参是 1,则函数返回 1,并回归上一层;
(3) 如果函数形参大于 1,则继续递归调用函数。

将例 7-2 采用递归求解的函数 Fib 的代码如下:

```
long Fib(int n)
{
    if(n==0)    /*n=0 时,函数值是 0*/
        return 0;
    if(n==1)    /*n=1 时,函数值是 1*/
        return 1;
    if(n>1)
        return Fib(n-1)+Fib(n-2);   /*递归调用*/
}
```

7.2.2 迭代实现

例 7-2 也可以采用迭代的方式求解。同样,需要定义一个函数 Fib,但不将问题分解,而是直接利用已知的变量值,根据递推公式不断演进。由例 7-2 的递推公式可知,已知两个初值(即数列第 0 项的值和数列第 1 项的值),那么根据递推公式,就可以得到第 2 项的值,……,得到第 n 项的值。算法的伪代码如下:

(1) 定义两个变量 f0 和 f1,初值分别为 0 和 1;
(2) 如果函数形参 n 是 0,则函数返回 0;
(3) 如果函数形参 n 是 1,则函数返回 1;
(4) 循环变量 i 初始化为 2,当循环变量 i≤n 时,
    (4.1) 计算数列下一项的值,f = f0 + f1;
    (4.2) 更新变量,f0 = f1, f1 = f;
    (4.3) i++;
(5) 函数返回 f 的值。

将例 7-2 采用迭代求解的函数 Fib 代码如下:

```c
long Fib(int n)
{
    long f0 = 0, f1 = 1, f;
    int i;
    if(n == 0)      /*n = 0 时,函数值是 0 */
        return 0;
    if(n == 1)      /*n = 1 时,函数值是 1 */
        return 1;
    for(i = 2; i <= n; i ++)
    {
        f = f0 + f1;
        f0 = f1;
        f1 = f;
    }
    return f;
}
```

【练习】

(1) 改写上述迭代算法,将一维数组作为 Fib 函数的形参,把前 n 项斐波那契数列存入数组,并编写 main 函数,输出斐波那契数列前 100 项的数值,输出方式为每行 10 项。

(2) 将 7.1.5 节练习 1 和练习 2 的递归程序改写为迭代程序。

(3) 求 x 平方根近似值的迭代公式为 $x_{n+1} = (x_n + x/x_n)/2$。当 n 为 1 时,x_1 为 x,迭代一次求得的平方根近似值为 x_2;n 为 2 时,求得的近似值为 x_3,依次类推。输入正整数 x 和整数 n($n \geq 0$,且 x 和 n 都不会出现溢出情况)。求利用上述公式,求 x 迭代 n 次后的平方根近似值,保留计算结果小数点后 5 位有效数字。例如,输入 16 和 4,则输出 4.00226。

7.2.3 递归与迭代的关系

递归,实际上就是不断地深层调用函数,直到函数有返回值才会逐层返回。因此,递归涉及运行时的堆栈开销(参数必须压入堆栈保存,直到该层函数调用返回为止),有可能导致堆栈溢出的错误。但是,递归编程所体现的思想正是人们追求简洁、将问题交给计算机,以及将大问题分解为相同小问题从而解决大问题的动机。

迭代在大部分时候需要人为地对问题进行剖析,将问题转变为一次次的递推来逼近答案。迭代不像递归一样对堆栈有一定要求,一旦问题剖析完毕,就可以很容易地通过循环加以实现。

在理论上,递归和迭代在时间复杂度方面是等价的(暂不考虑函数调用开销和函数调用产生的堆栈开销),但实际上,递归的效率比迭代低。既然递归没有任何优势,那么是不是就没有使用递归的必要了?递归的存在有何意义呢?

从理论上说，所有的递归函数都可以转换为迭代函数，反之亦然，然而代价通常都比较高。但是，就算法结构而言，递归声明的结构并不总能转换为迭代结构；就实际而言，所有的迭代都可以转换为递归，但递归不一定可以转换为迭代。迭代虽然效率高，运行时间只因循环次数增加而增加，没什么额外开销，空间上也没有什么增加，但其代码不易理解，在编写复杂问题时，算法实现较为困难。

7.3 实训与实训指导

实训1 走台阶

有个人刚刚看完电影《第39级台阶》，离开电影院时，他数了数礼堂前的台阶数，恰好是39级！站在台阶前，他想到一个问题：如果我每一步只能迈上1个或2个台阶，先迈左脚，然后左右交替，最后一步迈右脚，也就是说一共要走偶数步。那么，上完39级台阶，有多少种不同的上法呢？

1. 实训分析

为了统计走完39级台阶的方法，设结果变量 result 表示上台阶的方法数，初始值是0。由于每走到一级台阶，都需要统计步数，所以设变量 num 表示台阶，step 表示走到 num 级台阶的步数。题目中说明每一步只能迈上1个或2个台阶，所以第 step+1 步有可能到达 num+1 级台阶，也有可能到达 num+2 级台阶。第 step+2 步也是同样的情况，依次类推。这里也就是程序的递归。那么当 num=39 时，表示此时走完39级台阶。

由于题目中要求先迈左脚，然后左右交替，最后一步迈右脚，也就是说一共要走偶数步，所以当 num=39 时，还需要判断当前的步数是否为偶数步，即"step%2==0"是否成立。如果满足偶数步，则表示一种方案成立，即 result++；如果不满足偶数步，表示这种走法不符合要求，舍弃。

算法的伪代码如下：

(1) 设置递归的初始条件，第 num=0 级台阶，共走 step=0 步；
(2) 处理递归的下一步，对于 step+1 级台阶，num-2 或者 num-1，判断递归是否结束；
(3) 输出结果。

程序的代码如下：

```
/*【程序7-1】:走台阶*/
#include <stdio.h>
/*表示上台阶的方法数,初值为0*/
static int result = 0;
```

```c
/*递归函数
功能:计算走台阶的情况*/
void compute(int num,int step)
{
    if(num >39)
        return;
    if(num ==39)
    {
        if(step%2 ==0)
            result ++;
        return;
    }
    else
    {
        compute(num +2,step +1);    /*一步走两个台阶*/
        compute(num +1,step +1);    /*一步走一个台阶*/
    }
}
int main()
{
    compute(0,0);
    printf("%d\n",result);
    return 0;
}
```

2. 实训练习

编写程序递归实现某个自然数 n 的 k 次幂。

提示：递归公式为

$$\text{pow}(n,k) = \begin{cases} 1, & k=0 \\ n, & k=1 \\ n \times n^{k-1}, & k>1 \end{cases}$$

实训 2 换汽水

已知 1 元可以买 1 瓶汽水，3 个瓶盖可以换 1 瓶汽水，2 个空瓶也可以换 1 瓶汽水。那么，n 元总共可以买到多少瓶汽水？

1. 实训分析

不妨设变量 money、water 分别表示钱的金额数和当前的汽水数量。题目中说明 1 元可以买 1 瓶汽水，所以汽水的最初数量等于钱的金额大小，即 water = money。另外，设变量 cap、bottle 分别表示当前的瓶盖数量和空瓶数量。由题目可知，3 个瓶盖可以换 1 瓶汽水，2 个空瓶也可以换 1 瓶汽水，所以此时瓶盖和空瓶可以兑换的汽水数量分别为 cap/3、bottle/2。因此，汽水的数量由两部分组成，即之前的汽水数量和兑换的汽水数量。兑换汽水后，瓶盖和空瓶的数量分别是 cap%3、bottle%2，可以用来兑换的汽水数量是 cap/3 + bottle/2。如此便可以进行下一次兑换，这就是该题的递归部分。直到可兑换的汽水数量等于 0 时，递归结束。

算法的伪代码如下：

（1）根据 1 元买 1 瓶汽水的原则，可知初始汽水的数量 water = money；

（2）初始化递归的条件，可以用来兑换的汽水数量：water = money，cap = 0，bottle = 0；

（3）兑换后，更新 cap、bottle 的数值，并判断是否有下一次兑换的可能性。如果还可以兑换，则继续递归；否则，退出递归。

程序的代码如下：

```c
/*【程序7-2】:全排列*/
#include <stdio.h>
/*递归函数
功能:用三个瓶盖换一瓶汽水,或用2个空瓶换一瓶汽水*/
int change(int water,int cap,int bottle){
    bottle = water + bottle;   /*当前的空瓶数量*/
    cap = water + cap;/*当前的瓶盖数量*/
    if(bottle/2 + cap/3 >0)    /*可以进行下一次换汽水*/
        return water + change(bottle/2 + cap/3,cap%3,bottle%2);
    else
        return water;
}
int main()
{
    int money = 0;
    scanf("%d",&money);
    int water = money;    /*1元可以买1瓶汽水*/
    int sum = change(water,0,0);
    printf("%d\n",sum);
    return 0;
}
```

2. 实训练习

编写程序，利用递归公式求函数值：

$$\text{Fun}(n) = \begin{cases} 20, & n=1 \\ \text{Fun}(n-2) \times 2, & n>1 \end{cases}$$

实训 3 排列数

从 n 个不同元素中任取 m（$m \leqslant n$）个元素，按照一定的顺序排列起来。当 $m=n$ 时，所有的排列情况称为全排列。例如，1、2、3 三个元素的全排列如下：

```
1,2,3
1,3,2
2,1,3
2,3,1
3,1,2
3,2,1
```

1. 实训分析

常用的全排列方法有递归算法和非递归算法。其中，递归算法有四种：字典序法、递增进位制数法、递减进位制数法和邻位对换法。字典序法的排列规则：对给定的字符集中的字符规定一个先后关系，在此基础上规定两个全排列的先后是从左到右逐个比较对应的字符的先后。例如，对于字符集 {1,2,3}，要求将较小的数字排序较先，这样按字典序法生成的全排列是：123,132,213,231,312,321。递归算法由函数 Perm(int list[ ],int k,int m)实现，将 list 的前 k 个元素作为前缀、剩下的 m−k 个元素进行全排列而得到排列。其想法是将第 k 个元素与后面的每个元素进行交换，求出其全排列。

算法的伪代码如下：

（1）读入参与全排列的数据个数以及具体的数值；

（2）从左向右逐个与后面的元素进行交换；

（3）递归上述过程，直到得到 n 个数，得到一个全排列；

（4）为了下一个全排列，需要把刚才发生交换的两个数值恢复原状态。然后，继续 2 和 3，寻找下一种全排列。

程序的代码如下：

```c
/*【程序7-3】:全排列 */
#include<stdio.h>
#include<stdlib.h>
void Swap(int *a,int *b);/*函数声明*/
void Perm(int list[],int k,int m);
int main()
{
    int n,i;
    scanf("%d",&n);
```

```c
        printf("Enter number:");
        int *arrPtr=(int *)(malloc(sizeof(int)*n));
        for(i=0;i<n;i++)
                scanf("%d",&arrPtr[i]);
        Perm(arrPtr,0,n);
        return 0;
}
/*功能:交换两个数*/
void Swap(int *a,int *b)
{
        int temp=*a;
        *a=*b;
        *b=temp;
}
/*功能:全排列*/
void Perm(int list[],int k,int m)
{
        if(k==m-1)/*得到一种满足条件的全排列*/
        {
                int i;
                for(i=0;i<m;i++)
                {
                        printf("%d",list[i]);
                }
                printf("\n");
        }
        else
        {
                int i;
                for(i=k;i<m;i++)
                {
                        Swap(&list[k],&list[i]);           /*交换位置,得到一种排列*/
                        Perm(list,k+1,m);
                        Swap(&list[k],&list[i]);           /*一种排列后,恢复原状态*/
                }
        }
}
```

2. 实训练习

A~I代表1~9的数字,不同的字母代表不同的数字。字母A~I组成了下面的算式:

$$A+\frac{B}{C}+\frac{DEF}{GHI}=10$$

某些数字的排列刚好使该式成立。例如，6 + 8/3 + 952/714 就是一种解法，5 + 3/1 + 972/486 是另一种解法。这个算式一共有多少种解法？

提示：考虑1~9的每种全排列能否使该式成立即可。

实训 4　汉诺塔

汉诺塔（Hanoi Tower）又称河内塔，已知有三根柱子，在一根柱子上从下往上按照大小顺序摆着64个圆盘。现在需要把圆盘按大小顺序重新摆放在另一根柱子上。规定：任何时候，在小圆盘上都不能摆放大圆盘，且在三根柱子之间一次只能移动一个圆盘。如果将三根柱子分别命名为A、B、C，A柱子上有n片黄金圆盘，应该如何操作才能实现该任务？编写程序输出圆盘移动的操作步骤。要求从键盘接收圆盘的数量。

1. 实训分析

对于这样一个问题，我们很难直接给出圆盘移动的顺序。但是，可以先观察圆盘数量较少时的规律，进而解决这个问题。假设A柱子上的n个圆盘从上至下的编号依次为1、2、…、n，规定将圆盘从A柱子直接移动到C柱子上的过程记为A→C，则：

（1）当n=1时，

第1次移动：1号圆盘 A→C。

（2）当n=2时，

第1次移动：1号圆盘 A→B；

第2次移动：2号圆盘 A→C；

第3次移动：1号圆盘 B→C。

可以看出，第1次移动将2号圆盘上的1号圆盘从A柱子移到B柱子上。第2次移动将2号圆盘从A柱子移到C柱子上。第3次移动除将2号圆盘外的1号圆盘从B柱子移动到C柱子上。

（3）当n=3时，

第1次移动：1号圆盘移动 A→C；

第2次移动：2号圆盘移动 A→B；

第3次移动：1号圆盘移动 C→B；

第4次移动：**3号圆盘移动 A→C**；

第5次移动：1号圆盘移动 B→A；

第6次移动：2号圆盘移动 B→C；

第7次移动：1号圆盘移动 A→C。

可以看出，第1次、第2次与第3次移动将3号圆盘上的2个圆盘从柱子A移到了柱子B上。第4次移动将3号圆盘从柱子A移到柱子C上。第5次、第6次与第7次移动将除3号之外的2个圆盘从B柱子移到柱子C上。

因此，操作可以简化为以下三个步骤：

（1）通过多次移动将n–1个圆盘从A柱子移到B柱子（可以通过递归实现）。

（2）将第n号圆盘从A柱子移动到C柱子。

（3）通过多次移动把n–1个圆盘从B柱子移到C柱子（可以通过递归实现）。

根据上述分析，算法的伪代码如下：

（1）输入圆盘的数量n。

（2）将 n 个圆盘从 A 柱子移动到 C 柱子上，B 柱子作为辅助柱子：

（2.1）递归调用实现将将 n-1 个圆盘从 A 柱子移动到 B 柱子，C 柱子作为辅助柱子；

（2.2）将第 n 个圆盘从 A 柱子移动到 C 柱子；

（2.3）递归调用实现将 n-1 个圆盘从 A 柱子移动到 B 柱子，C 柱子作为辅助柱子；

（3）输出结果。

程序的代码如下：

```
/*【程序7-4】:汉诺塔*/
#include<stdio.h>
void hanoi(int n, char one, char two, char three);  /*函数声明*/
void move(char x, char y);
int main()
{
    int m;
    scanf("%d", &m);
    hanoi(m, 'A', 'B', 'C');    /*三根柱子分别命名为A、B、C*/
    return 0;
}
/*递归函数
功能:求解汉诺塔问题*/
void hanoi(int n, char one, char two, char three)
{
    if(n == 1) move(one, three);
    else
    {
        hanoi(n - 1, one, three, two);
        move(one, three);
        hanoi(n - 1, two, one, three);
    }
}
void move(char x, char y)
{
    printf("%c-->%c\n", x, y);
}
```

2. 实训练习

已知输入的序列表中的元素是有序的，请用递归算法实现二分查找。

二分查找是一种在有序序列中查找元素的方法，其基本思想是：将给定的关键码与表中间位置的元素进行对比，如果二者相等，则查找成功。如果该关键码小于表中间位置的元素，则待查找的元素一定在表的前半部分；否则待查找的元素一定在表的后半部分。继续缩小范围在前半部分或者后半部分进行同样的查找。如果查找成功，则函数返回"success"；如果查找失败，则函数返回"fail"。

第 8 章

数据封装——用户自定义数据类型

C 语言能够对各自独立的操作或数据进行封装，组织成一个整体，并重新命名，易于代码或数据的重复使用。函数能将一组操作封装成一个整体，数组能将一组相同类型的数据封装成一个整体，而本章介绍的用户自定义数据类型能将不同类型的数据封装成一个整体。

数据类型是用于声明不同类型的变量（或函数）的一个广泛的系统，主要包括：

（1）基本类型：包括整型类型、浮点类型、字符类型等。

（2）指针类型：一种特殊的存放内存地址值的数据类型，表示一种数据间接存取方式。

（3）空类型 void：void 类型指定没有可用的值。

（4）构造类型：包括数组、结构体、共用体、枚举类型。数组允许定义可存储相同类型数据项的变量，而结构体、共用体、枚举等类型称为用户自定义数据类型。用户自定义数据类型能根据用户的特殊要求，由简单的数据类型复合而成，允许存储不同类型的数据项。

在用户自定义数据类型中，结构体是最重要的一种类型，允许存储不同类型的数据项。共用体和结构体很类似，不同之处在于共同体的成员共享同一存储空间。枚举是一种整型类型，其值由程序员命名。

8.1 结构体的定义与使用

在前述的 C 语言介绍中，处理的数据是分散的，是客观世界中事物的部分信息。例如，图书的书名用字符数组 char[ ] 定义；图书的价格用单精度浮点型 float 定义；图书的册数用整型 int 定义；等等。如果把每种图书的多项信息分别存放在变量中，那么，变量数目会很多且难以管理。这时，就需要把这些不同类型的信息组合在一个有机整体中，便于操作。在 C 语言中，结构体能够将不同类型的数据封装在一起。就本质而言，C 语言中的结构体相当于其他高级语言中的记录。

本节以一个典型示例为基点，阐述结构体的定义与使用方法。

【例8-1】 从标准输入连续读入n（n<10）个学生的学号、姓名（由不超过10个英文字母组成）以及数学、英语、语文三门课的成绩，计算个人的总成绩，并且按个人的总成绩由高到低排序（如果总成绩相同，则按学号由低到高排序，但前面的排序序号不变，即两人排名相同），将排名结果在屏幕上显示。要求：同一列右对齐；排名占4个字符、学号占10个字符，姓名占10个字符，数学成绩、英语成绩、语文成绩各占5个字符。

【分析】 首先，定义一个结构体类型，将学生信息组合或封装成一个整体；然后，声明结构体类型数组存储n个学生的信息；最后，处理数据并输出。

算法的伪代码如下：

（1）定义结构体类型student，包括成员no、name、math、eng、chin、sum，分别表示学生的学号、姓名、数学成绩、英语成绩、语文成绩及总成绩。声明存储N个学生的结构体数组s；

（2）输入n个学生的信息，存入数组s；

（3）按要求排序；

（4）按要求输出。

8.1.1 定义结构体类型和结构体变量

前文介绍过整型、实型和字符型等基本数据类型，它们可以直接用于定义变量。结构体类型是一种构造数据类型。但是，C语言没有提供结构体类型，而是提供了结构体类型的定义方法，我们在使用时需要自行定义。

定义结构体类型与结构体变量的语法格式：

```
struct 结构体名
{
    结构体成员列表
}结构体变量列表;
```

在一般情况下，结构体名、结构体成员列表、结构体变量列表至少应出现两个。例如，定义一个描述学生信息的结构体类型与相关变量如下：

```
struct student
{
    char no[10];
    char name[20];
    int math;
    int eng;
    int chin;
    float sum;
};
struct student s1,s2,s[10],*pstu;
```

也可以这样定义：

```
struct student
{
    char no[10];
    char name[20];
    int math;
    int eng;
    int chin;
    float sum;
} s1,s2,s[10],*ps;
```

这样,"struct student {…}"定义了一个结构体类型,struct student 就是结构体类型名(注意:在表示结构体类型名时,关键字 struct 不能省略,student 不是类型名),该结构体类型包含 6 个成员。

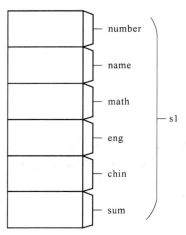

图 8-1 结构体的存储空间

在定义结构体类型之后,还需要定义结构体变量才可以存储数据。例如,不能使用 int 存储数据,而是需要先通过语句"int a;"定义变量,然后用变量 a 存储数据。上述代码定义了结构体类型 struct student,之后定义了两个 struct student 类型的变量 s1、s2 以及结构体数组 s[10] 和结构体指针 ps,结构体数组 s[10] 定义了 10 个 struct student 类型的数组元素,结构体指针 ps 定义了一个指向 struct student 类型变量的指针。

定义了结构体变量后,系统为每个变量分配一块连续的存储空间,各个成员按定义顺序依次存放。例如,在 VC 6.0 开发环境下,student 成员 no、math、eng、chin 是整型,占 4 字节;成员 name 是字符型数组,占 20 字节;成员 sum 是实型,占 4 字节,所以变量 s1 和 s2 都占 40 字节的存储空间,s1 的存储空间如图 8-1 所示。

结构体类型与结构体变量的定义也可以省略结构体名,直接定义结构体类型变量,例如:

```
struct
{
    char no[10];
    char name[20];
    int math;
    int eng;
    int chin;
    float sum;
} s1,s2;
```

可以使用 typedef 为结构体类型指定一个方便使用的名字。例如:

```
typedef struct student
{
```

```
    char no[10];
    char name[20];
    int math;
    int eng;
    int chin;
    float sum;
} STU;
```

在这个结构体类型的定义中，typedef 为结构体类型 struct student 起了一个新的名字 STU。

⚠️ **注意**：

这里的 STU 不是结构体变量，而是 struct student 的别名。

在随后的程序中，既可以使用 struct student 定义结构体变量，也可以使用 STU 定义结构体变量。例如：

```
STU s1,s2,s[10],*ps;
struct student s3;
ps = (STU *)malloc(sizeof(STU));
```

⚠️ **注意**：

typedef 并不引入一个新的数据类型，只是给已定义的数据类型指定一个同义词。

8.1.2　初始化结构体变量

和其他类型的变量一样，结构体变量可以在定义时赋予初始值，此时需要将每个成员的值分别用大括号括起来。例如：

```
struct student
{
    char no[10];
    char name[20];
    int math;
    int eng;
    int chin;
    float sum;
} s1 = {"11","abc",56,78,89,0};
```

在定义结构体数组时，可以为每个数组元素指定初始值。例如：

```
struct student
{
    char no[10];
    char name[20];
    int math;
    int eng;
    int chin;
```

```
    float sum;
} s[2] = {{"11","Tom",56,78,89,0},{"22","Jerry",88,68,96,0}};
```

指针变量指向一个结构体变量,指针变量中存储的值为该结构体变量占据存储空间的首地址。例如,STU 类型指针 ps 可以通过初始化或赋值操作,让指针 ps 指向一个结构体变量:

```
ps = &s1;
```

指针 ps 存储 s1 的存储地址。当然,ps 也可以初始化为一个新申请的结构体空间地址:

```
ps =(STU * )malloc(sizeof(STU));
```

8.1.3 访问结构体成员

在定义了结构体变量后,访问结构体各成员的语法格式如下:

结构体变量名 . 成员名

符号 "." 是成员运算符,其优先级高于 &(地址运算符)、!(逻辑非运算符)、++(前缀自增运算符)、--(前缀自减运算符)等一元运算符。

定义了结构体的指针变量后,引用各成员的语法格式如下:

结构体指针变量名 -> 成员名

结构体变量的成员可以像普通变量一样进行各种运算和操作。例如:

```
s1.no = "33";
strcpy(s2.name,"Jack");
ps -> sum = 0;
```

相同类型的结构体变量可以互相赋值。例如:

```
student s2 = s1;
```

这样,s2 和 s1 的每个成员都具有相同的值。

结构体变量的成员可以作为独立的函数参数进行传递。相对应的形参类型应与实参类型一致,实参将值传递给形参作为初始值。被调函数在执行过程中,即使形参的值发生了改变,对应的实参值也不会改变。如果结构体成员为数组或指针类型,将其作为实参,该实参表示一个地址,则实参与形参之间传递的数据为地址。

⚠ **注意**:

除了赋值之外,结构体变量不能作为一个整体进行输入/输出等运算操作。例如,不能这样使用:

```
printf("%s,%s,%d,%d,%d",s1);
```

8.1.4 结构体作为函数参数或返回值

1. 结构体作为函数参数

结构体变量或指针可以像普通变量一样作为函数参数。本节以输出学生信息为例,比较两种函数定义的区别,如表 8-1 所示。

表 8-1 结构体变量与结构体指针作为函数参数的对比

结构体变量作为函数参数	结构体指针作为函数参数
| ```
void print(STU s)
{
    printf("%10s",s.no);
    printf("%10s",s.name);
    printf("%5d%5d%5d",s.math,s.eng,s.chin);
    printf("\n");
}
``` | ```
void print(STU * s)
{
    printf("%10s",s->no);
    printf("%10s",s->name);
    printf("%5d%5d%5d",s->math,s->eng,s->chin);
    printf("\n");
}
``` |

在调用语句"print(s1)"运行时,系统生成形参 s,即 s1 的副本,将实参 s1 各个成员的值传递给形参 s 的对应成员。被调函数执行过程中,形参值发生了改变,实参值不会相应变化,但增加了形参的内存开销。

在调用语句"print(&s1)"运行时,实参传递给形参 s 的是一个结构体的地址 &s1,也就意味着实参 s 和形参 s1 指向同一个结构体,在被调函数执行过程中,通过形参可以访问该结构体,对该结构体做的任何改变,也就意味着改变了实参所指向的结构体的值。系统为形参 s 生成的只是一个指针空间,远远小于一个结构体空间,空间开销小得多。

综上所述,在结构体作参数的函数定义中,指向结构的指针代替传递结构本身是提升程序运行效率的有效方法。例如,编写函数 sortBySum 实现按学生总成绩排序,将 student 类型的数组作为形参,即结构体的指针作为形参;编写函数 print 实现学生信息的输出,同样选用指向结构体的指针作为参数。

实现例 8-1 的程序代码如下:

```
/* 程序 Exp8-1.c:学生成绩排序 */
#include <stdio.h>
#include <string.h>
typedef struct student
{
    char no[10];
    char name[20];
    int math;
    int eng;
    int chin;
```

```c
        float sum;
}STU;
void sortBySum(STU s[],int n)
{
    STU ts;
    int i,j;
    for(i =1;i <n;i ++)
        for(j =0;j <n -i;j ++)
        {
            if(s[j].sum <s[j +1].sum)
            {
                ts =s[j];
                s[j] =s[j +1];
                s[j +1] =ts;
            }
            else if(s[j].sum ==s[j +1].sum)
            {
                if(strcmp(s[j].no,s[j +1].no) >0)
                {
                    ts =s[j];
                    s[j] =s[j +1];
                    s[j +1] =ts;
                }
            }
        }
}
void print(STU *s)
{
    printf("%10s",s ->no);
    printf("%10s",s ->name);
    printf("%5d%5d%5d",s ->math,s ->eng,s ->chin);
    printf("\n");
}
int main()
{
    int i,n;
    STU *s;
    scanf("%d",&n);
    if(n >9)
    {
        printf("Please input 1 -9.");
        return 0;
```

```
        }
        st = (STU * )malloc(n * sizeof(STU));
        for(i = 0;i < n;i ++)
        {
            scanf("% s% s% d% d% d",&s[i].no,s[i].name,&s[i].math,&s[i].eng,
&s[i].chin);
            s[i].sum = s[i].math + s[i].eng + s[i].chin;
        }
        sortBySum(s,n);
        for(i = 0;i < n;i ++)print(&s[i]);
        free(s);
        return 0;
}
```

2. 结构体作为函数返回值

结构体变量或指针可以像普通变量一样作为函数返回值。本节以输入学生信息为例，比较两种函数定义的区别，如表 8 – 2 所示。

表 8 – 2 结构体变量和结构体指针作为函数返回值的对比

结构体变量作为函数返回值	结构体指针作为函数返回值

`STU get(char * no,char * name,int m,`
`int e,int c)`
`{`
`    STU s;`
`    strcpy(s.no,no);`
`    strcpy(s.name,name);`
`    s.math = m;`
`    s.eng = e;`
`    s.chin = c;`
`    s.sum = 0;`
`    return s;`
`}`
	`STU * get(char * no,char * name,int m,`
	`int e,int c)`
	`{`
	`    STU * ps = (STU * )malloc(sizeof(STU));`
	`    strcpy(ps -> no,no);`
	`    strcpy(ps -> name,name);`
	`    ps -> math = m;`
	`    ps -> eng = e;`
	`    ps -> chin = c;`
	`    ps -> sum = 0;`
	`    return ps;`
	`}`

当调用语句"STU s1 = get("11","Tom",56,78,89)"执行时，主调函数将分配一段空间，用于存放返回的结构体，即 s1。在子函数 get 退出时，主调函数可以访问到返回的结构体 s1。

当调用语句"STU *ps1 = get("11","Tom",56,78,89)"执行时，被调函数 get 会利用 malloc 在堆中生成结构体空间。在被调函数 get 退出时，主调函数可以获得该结构体的首地址。但是，这种使用方式存在问题：被调函数 get 使用了 malloc 申请内存空间，但是没有与之对应的 free 函数释放该内存空间。此时，主调函数应完成释放内存的操作，否则会导致内存泄漏。例如，主调函数含有下列调用语句，可释放堆内存：

```
STU *ps1 = get("11","Tom",56,78,89);
print(ps1);
free(ps1);
```

8.2 结构体实训与实训指导

实训1 计算三维空间中两点之间的距离

输入三维空间中的两点，输出两点之间的距离。

1. 实训分析

将三维空间的点组成一个整体，定义为结构体point3D，然后输出二者之间的距离。需要引用库函数math.h。

算法的伪代码如下：

（1）定义结构体point3D，包含成员x、y、z等三维信息；
（2）输入两点的坐标值；
（3）利用距离公式计算两点之间的距离，并输出。

程序的代码如下：

```c
/*【程序8-1】:计算三维空间中两点之间的距离*/
#include<stdio.h>
#include<math.h>
int main()
{
    typedef struct
    {
        double x;
        double y;
        double z;
    } point3D;
    point3D p1,p2;
    double dist;
    printf("请输入第一个点的坐标:");
    scanf("%lf%lf%lf",&p1.x,&p1.y,&p1.z);
    printf("请输入第二个点的坐标:");
```

```
    scanf("%lf%lf%lf",&p2.x,&p2.y,&p2.z);
    dist =(p1.x-p2.x)*(p1.x-p2.x)+(p1.y-p2.y)*(p1.y-p2.y);
    dist = sqrtl(dist);
    printf("两点之间的距离:%f",dist);
    return 0;
}
```

2. 实训练习

（1）定义 date 结构体类型，包含三个成员：month、day 和 year（都为 int 型），编写程序，包含两个子函数。一个函数的原型为"int dayof_year(struct date d)"，其功能是计算日期 d 是一年中的第几天（1~366 的整数），并将其值返回。另一个函数的原型为"int compare_dates(sturct date d1,sturct date d2)"，其功能是比较日期 d1 和 d2 的关系。如果日期 d1 在 d2 之前，就返回 -1；如果 d1 在 d2 之后，就返回 1；如果 d1 和 d2 相等，就返回 0。在主程序中分别验证两个函数的正确性。

（2）假定 time 结构体包含三个成员：hours、minutes 和 seconds（都为 int 型）。编写程序，其中包含函数 struct time split_time(long total_seconds)，total_seconds 是从午夜开始的秒数，函数返回一个包含等价时间的结构体，等价的时间用小时（0~23）、分钟（0~59）和秒（0~59）表示。

实训 2　利用结构体数组存储一元多项式并输出

以指数递增的顺序输入一个多项式系数和指数，并使用结构体数组存储，按一定格式输出多项式。

1. 实训分析

在数学上，一个一元多项式可以按照升幂表示为 $A(x)=a_0+a_1x+a_2x^2+\cdots+a_nx^n$，它由 $n+1$ 个系数唯一确定。然而，在实际应用中，多项式的指数可能很高且变化很大，多项式的系数大多为零。例如，多项式 $5+6x-10x^{100}$ 由 101 个系数确定，但这些系数多数为零。因此，存储多项式时，每项可包括系数和指数，如多项式 $5+6x-10x^{100}$ 可存储（5,0），（6,1），（-10,100）等三项内容。

我们定义一个结构体，包含 coef 和 exp 两个成员。coef 表示系数，为 float 型；exp 表示指数，为 int 型。一个一元多项式可存储为一个该结构体类型数组。

算法的伪代码如下：
（1）定义节点结构体 term 与数组 poly；
（2）输入多项式的多组系数和指数，计数器 n 初始化为 0；
　　（2.1）将一组系数和指数存入数组元素 poly[n]；
　　（2.2）n++；
　　（2.3）如果当前字符为回车符，则输入结束；
（3）将多项式按格式输出。

程序的代码如下:

```c
/*【程序8-2】:结构体数组存储一元多项式*/
#include<stdio.h>
#include<stdlib.h>
/*定义节点结构*/
typedef struct term
{
    float coef;
    int exp;
    struct node * next;
} Term;
const int N =100;
int main()
{
    int i,n = 0;
    Term poly[N];
    /*输入多项式的多组系数和指数,以回车键结束*/
    do
    {
        /*将一组系数和指数存入数组元素*/
        scanf("%f %d",&poly[n].coef,&poly[n].exp);
        /*计数器增1*/
        n++;
    } while((ch = getchar())! ='\n' && ch ! = EOF));
    /*输出多项式每一项内容,注意每一项需要输出的内容*/
    for(i = 0;i < n;i ++)
    {
        if(i! = 0 && poly[i].coef >0)printf(" +%.1f",poly[i].coef);
        else printf("%.1f",poly[i].coef);

        if(poly[i].exp >0)
        {
            printf("x");
            if(poly[i].exp >1)printf("^%d",poly[i].exp);
        }
    }
    return 0;
}
```

2. 实训练习

编写一个程序,输入 N 个用户的姓名和电话号码,按照用户姓名的词典顺序输出用户的姓名和电话号码。

实训3　创建简单链表

提交三个同学的学号与一门课程的考试成绩，编程建立这三组数据节点组成的简单链表。

1. 实训分析

链表就是灵活扩展长度的数据结构。链表类似于珍珠项链，由多个节点通过指针的指向连接在一起，每个节点都有独立的存储空间，一个节点的存储空间是连续的，但多个节点的存储空间可以是不连续的。

本题包含三项数据，可以申请三个分散的节点空间，分别存储这三项的学号和成绩，但它们都是分散的，需要用线将其串起来。也就是说，第1个节点记住第2个节点的地址，第2个节点记住第3个节点的地址，第3个节点则不需记忆。我们只需获得第1个节点的地址就可以找到所有节点。指针可以完成记录地址的工作，所以每个节点都有一个指针区域用于记录另一个节点的地址，若不需要记录地址，该指针值为空（即空指针），则可以用C语言定义的符号常量 NULL 来表示。

图8-2显示了一个样例的链表示意，指针 p、q、r 分别记录了三个节点的地址。指针 p 指向的第1个节点包含了一个指针域，该指针域记录了第2个节点的地址。同理，指针 q 指向的第2个节点的指针域记录了第3个节点的地址。但是，r 指向的第3个节点的指针域为空，没有记录任何地址。

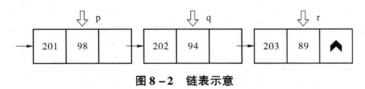

图8-2　链表示意

图8-2中的节点结构可如下定义：

```
typedef struct node
{
    int num;
    int score;
    struct node * next;
} Node;
```

其中，结构体内部指针域 next 记录下一个节点的地址，是指向 struct node 类型的指针。

算法的伪代码如下：

（1）定义结构体类型 node 和三个结构体指针变量 p、q、r；

（2）申请三个结构体节点空间，p、q、r 分别记录其首地址；

（3）使用指针将三个节点相连，p -> next = q；q -> next = r；r -> next = NULL。

程序的代码如下：

```c
/*【程序8-3】:创建简单链表*/
#include <stdio.h>
#include <stdlib.h>
typedef struct node
{
    int num;
    int score;
    struct node * next;
} Node;
int main()
{
    Node *p, *q, *r, *s;
    int i;
    p = (Node *)malloc(sizeof(Node));
    q = (Node *)malloc(sizeof(Node));
    r = (Node *)malloc(sizeof(Node));
    scanf("%d,%d", &p->num, &p->score);
    scanf("%d,%d", &q->num, &q->score);
    scanf("%d,%d", &r->num, &r->score);
    p->next = q;
    q->next = r;
    r->next = NULL;
    s = p;
    for(i = 0; i < 3; i++)
    {
        printf("[%d,%d]\n", s->num, s->score);
        s = s->next;
    }
    free(p);
    free(q);
    free(r);
    return 0;
}
```

2. 实训练习

将实训3的节点数目增加到10个，建立一个包含10个节点的链表。

实训4　使用链表存储一元多项式并输出

以指数递增的顺序输入一个多项式的多组系数和指数，并使用链表存储，按一定格式输出多项式。

1. 实训分析

使用结构体数组存储多项式是一种简单静态存储方法，但定义数组时并不能确定多项式中包含多少项，极易造成空间的浪费，并且也容易造成多项式运算的低效和不灵活性。因此，多项式的存储应采用更科学的存储方法，链表是最佳选择。例如，多项式 $1.2 + 2.5x + 3.2x^2 - 2.5x^5$ 的链表示意图如图 8-3 所示。

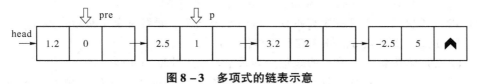

图 8-3　多项式的链表示意

图 8-3 中的 head 为指针变量，记录了第 1 个节点的地址。每个节点存储的内容为一个整体，可定义一个结构体类型来表示。代码如下：

```
struct node
{
    float coef;              /*系数*/
    int exp;                 /*指数*/
    struct node * next;
} * head;
```

其中，指针 head 为 struct node 类型的指针变量，其值是节点的地址。

或者，使用结构体的嵌套结构表示节点。将节点中的前两项看作一个整体，定义一个结构体类型 struct elem。然后，将 struct elem 类型数据与指针合并成一个整体，定义一个结构体类型 struct node。代码如下：

```
struct elem
{
    float coef;              /*系数*/
    int exp;                 /*指数*/
};
struct node
{
    struct elem data;
    struct node * next;
} * head;
```

上述两种定义引用结构成员方式不同。例如，引用一个节点的系数，第 1 种定义的引用方式如下：

```
head -> coef;
```

第 2 种定义的引用方式如下：

```
head -> data -> coef;
```

上述两种定义均可使用表达式 head -> next 来获取第 2 个节点的地址。
存储多项式就是建立链表的过程，需要完成的工作有：
（1） 申请节点 p；
（2） 将前一个节点 pre 的指针域填入 p，即两个节点用指针连接；
（3） 记住第 1 个节点的地址，存入指针 head。
综上所述，算法的伪代码如下：
（1） 定义节点结构，将指针 head、p、pre 初始化为 NULL；
（2） 输入多项式的多组系数和指数，以回车键结束，循环变量 i 初始化为 0；
  （2.1） 申请节点 p，将一组系数和指数存入节点；
  （2.2） 记住第 1 个节点的地址。如果 i == 0，则 head = p；
  （2.3） 将节点 p 与前一个节点使用指针连接。若 pre! = NULL，则 pre -> next = p；
  （2.4） pre = p；i ++；
（3） 将最后一个节点的指针域置为空，p -> next = NULL；
（4） p 初始化为 head，while(p! = NULL) 输出多项式的每项内容；
  （4.1） 输出系数、指数与 x 的组合；
  （4.2） p = p -> next；
（5） while （head! = NULL） 释放节点空间：
  （5.1） p = head；
  （5.2） 释放节点 p；
  （5.3） head = head -> next；
程序的代码如下：

```c
/*【程序 8-4】:使用链表存储一元多项式*/
#include <stdio.h>
#include <stdlib.h>
/*定义节点结构*/
struct node
{
    float coef;
    int exp;
    struct node * next;
};
int main()
{
    int i = 0;
    struct node * head, * p, * pre = NULL;
     /*输入多项式的多组系数和指数,以回车键结束*/
    do
    {
        /*申请节点 p
        p = ( struct node * )malloc( sizeof( struct node ) );
```

```c
        /*将一组系数和指数存入节点*/
        scanf("%f %d",&p->coef,&p->exp);
        /*记住第1个节点的地址*/
        if(i==0)head=p;
        /*将节点p与前一个节点使用指针连接起来*/
        if(pre!=NULL)pre->next=p;
        /*在处理下一个节点前,当前节点成为前一个节点*/
        pre=p;
        /*计算器累加*/
        i++;
    }
    while(getchar()!='\n');
    /*最后一个节点不需要记住下一个节点的地址*/
    p->next=NULL;
    /*输出多项式每一项内容,注意每一项需要输出的内容*/
    p=head;/*初始化为第一个节点*/
    while(p!=NULL)//直到最后一个节点
    {
        if(p!=head && p->coef>0)/*非第1个节点的系数为正数时,需要输出'+'*/
        {
            printf(" +%.1f",p->coef);
        }
        else
            printf("%.1f",p->coef);
        if(p->exp!=0)
        {
            if(p->exp==1)printf("x");
            else printf("x^%d",p->exp);
        }
        p=p->next;/*指针p指向下一个节点*/
    }
    /*释放所有节点*/
    while(head)
    {
        p=head;
        free(p);
        head=head->next;
    }
    return 0;
}
```

2. 实训练习

使用函数将程序 8-3 的主函数简化。例如，将建立链表部分编写一个函数，将链表输出部分编写一个函数，将销毁所有节点部分编写一个函数，而主函数只需调用自定义函数即可。

8.3 使用 FILE 结构体类型的文件操作

在前面的章节中，使用到了从键盘读取数据或向显示器输出数据的操作，如 scanf 函数和 printf 函数等。但是，这些函数的输入/输出都是临时的，数据的输入需要通过键盘键入，运算的结果只是在屏幕上显示，无法长久保存在计算机的存储设备中。如果使用 C 语言库函数中的文件操作函数从硬盘中已存在的某个文件中读入数据，或者建立一个新文件，将运算结果写入，就可以实现运算结果的永久保存了。

C 语言中文件的操作是通过文件指针来实现的，该指针为 FILE * 类型。FILE 类型是在"stdio.h"头文件中定义的一种结构体类型。该结构体类型包含一些成员用来描述文件的名字、状态、位置等信息。在进行文件操作时，需要用到这些信息。对于每个已打开的文件，系统都会自动创建一个该类型的结构体，而文件指针就是指向这种结构体的指针。后面介绍的文件操作，均利用文件指针来完成。

定义文件类型指针变量形式：

```
FILE * fp;
```

根据数据组织形式的不同，C 语言所操作的数据文件分为两类：

（1）文本文件：数据以字符形式存放。在这种文件中，所有数据都被看成字符，存储其对应的 ASCII 码值。1 字节存放一个字符。例如，字符串 "hello" 在文本文件中存储时，存储的是字符串中各个字符的 ASCII 码值。

（2）二进制文件：以二进制形式存放数据。在这种文件中，可以使用多字节存储一个整数或实数。例如，整数 16818 在二进制文件中存储时，系统会将其直接转化为二进制数 100000110110010 存放。

由以上描述可以看出，对于同样的数据，以字符形式存放通常会占用更多空间，而且在处理数据时需要进行 ASCII 码值和二进制形式的转化，耗费时间较多。但在文本文件中，1 字节存储一个字符，既便于对字符进行逐个处理，又便于输出字符。

如果要对某一个文件进行操作，则需要先打开该文件。打开文件的方式是调用文件打开函数。对该文件操作结束后，应及时调用文件关闭函数关闭该文件。

8.3.1 文件的打开与关闭

1. 使用 fopen 函数打开文件

打开一个文件，需要调用 fopen 函数。该函数的原型如下：

```
FILE * fopen(char * filename,char * mode);
```

各参数说明如下：

（1）filename：该参数是一个字符串，指定要打开的文件名，其中可以包含文件的位置信息。例如，"abc.txt"表示打开当前目录下的 abc.txt 文件，"c:\\clanguage\\test.dat"表示打开 C 盘分区下 clanguage 目录下的 test.dat 文件。注意：不能使用 "c:\clanguage\test.dat"，因为 C 语言会把 "\t" 作为转义字符处理。

（2）mode：该参数是一个字符串，指定打开文件的使用方式。

根据文件的存储形式和读写操作的不同，文件的使用方式如表 8-3 所示。

表 8-3 文件使用方式

mode 字符串	含义
"r"	打开一个已存在的文本文件，用于读数据
"w"	打开或新建一个文本文件，用于写数据。如果文件已存在，就清空该文件的原有内容；如果文件不存在，则新建一个文件
"a"	打开或新建一个文本文件，用于追加数据（在文件末尾处开始追加数据）
"r+"	打开一个已存在的文本文件，用于读数据和写数据
"w+"	打开或新建一个文本文件，用于读数据和写数据。如果文件已存在，则清空该文件的原有内容；如果文件不存在，则新建一个文件
"a+"	打开或新建一个文本文件，用于读数据和追加数据（在文件末尾处开始追加数据）
"rb"	打开一个已存在的二进制文件，用于读数据
"wb"	打开或新建一个二进制文件，用于写数据。如果文件已存在，则清空该文件的原有内容；如果文件不存在，则新建一个文件
"ab"	打开或新建一个二进制文件，用于追加数据（在文件末尾处开始追加数据）
"rb+"	打开一个已存在的二进制文件，用于读数据和写数据
"wb+"	打开或新建一个二进制文件，用于读数据和写数据。如果文件已存在，则清空该文件的原有内容；如果文件不存在，则新建一个文件
"ab+"	打开或新建一个二进制文件，用于读数据和追加数据（在文件末尾处开始追加数据）

在程序设计时，需要根据文件操作的不同需要，选择相应的打开方式。如果打开方式选择不正确，就可能导致文件的原有数据丢失，或者无法打开文件。无法打开文件时，fopen 函数会返回一个空指针值 NULL，即零值。

fopen 函数返回一个文件指针，我们可以定义一个文件类型指针变量来存储函数返回值。随后对文件进行其他操作时，将用到这个文件指针。例如：

```
FILE *fp;
fp = fopen("test.dat","r");
```

2. 使用 fclose 函数关闭文件

文件关闭函数的作用是断开由 fopen 函数建立的文件指针与文件之间的连接。相当于在编辑完 Word 文档后，将其关闭。其函数原型如下：

```
int fclose(FILE *pfile)
```

其中，文件指针必须已经存在，即已使用 fopen 函数打开了一个文件，并使该指针变量指向该文件。

3. 文件中的位置指针

文件中的位置指针类似于向屏幕输出数据时的光标（光标在什么位置，就在该位置输出数据）用于指示当前文件读写的位置。在打开文件时，根据文件的使用方式，位置指针可以指向文件的起始处或末尾处。例如，在使用 fopen 函数打开一个文件时，可以使用"a"、"a+"、"ab"、"ab+"这几种追加方式打开文件，位置指针指向文件的末尾位置；采用其他打开方式，位置指针均指向文件的起始位置。

在执行读或写操作时，位置指针会自动推进。这样，程序便可以顺序访问文件中的数据，或依次向文件中写入多个数据。

有时，程序可能需要跳跃式地访问文件中的数据，在某位置访问一些数据后，转到另一位置访问其他数据。此时，就需要将位置指针直接定位到文件中某位置，这可以通过文件定位函数来实现。

（1）函数 void rewind(FILE *stream)：设置文件位置指向文件的第 1 个数据。该函数不返回任何值。stream 是指向 FILE 对象的指针。

（2）函数 int fseek(FILE *stream,long int offset,int whence)：设置文件位置指向文件的给定偏移处。stream 是指向 FILE 对象的指针。offset 是相对 whence 的偏移量，以字节为单位。为了避免产生溢出错误，编程时可以在移动位移量后面加一个字母 L，表示该数据为 long 型。whence 表示开始添加偏移 offset 的位置，一般指定 0（或者 SEEK_SET）代表"文件首部"、1（或者 SEEK_CUR）代表"位置指针当前位置"、2（或者 SEEK_END）代表"文件末尾"。

（3）函数 int feof(FILE *stream)：测试给定流 stream 的文件结束标识符。即文件中位置指针指向文件尾时，该函数返回一个非零值，否则返回零。

8.3.2 文本文件的读写

下面从一个示例来说明文本文件的读写过程。

【例 8-2】从键盘输入字符串，将字符串写入文件，然后从文件中读出字符并显示。

【分析】由示例要求可知，需要新建一个文本文件来存储字符串，也需要从该文件中读出字符串。因此，首先需要确定文本文件的文件名及存储位置；然后，确定打开文件的模式；最后，将键盘输入的字符串写入文件并关闭文件。我们将文件存储在当前文件夹中，并将文本文件命名为"abc.txt"。将文件打开模式选择"w+"模式，既可以写入字符串也可以读出字符串。在向文件写入或读出字符串时，应注意文件指针的变化。

算法的伪代码如下：

（1）以"w+"模式新建文本文件"abc.txt"并打开；

（2）从键盘输入一串字符串，利用文本输入函数将字符串写入文本文件"abc.txt"；

（3）将文件位置指针定位到文件头；

（4）利用文本输出函数将文本文件"abc.txt"中的字符串读出并显示；

(5) 关闭文件"abc.txt"。

1. 读/写字符或字符串函数

打开文件之后,从文件读取数据或把数据写入文件,都需要调用文件读写函数。C语言提供的文件读写字符(或字符串)的函数有以下几种:

(1) 字符输入函数 int fgetc(FILE * stream):从指定的流 stream 获取下一个字符(一个无符号字符),并把位置指针往前移动。该函数以无符号 char 型强制转换为 int 型的形式返回读取的字符,如果到达文件末尾或发生读错误,则返回 EOF。在 stdio.h 里面定义 EOF 为 -1。stream 表示从何种数据流中读取,既可以是标准输入流,也可以是文件流,即从某个文件中读取。标准输入流是指输入缓冲区 stdin,如果从键盘读取数据,就是从输入缓冲区 stdin 中读取数据。

(2) 字符输出函数 int fputc(int char,FILE * stream):把参数 char 指定的字符(一个无符号字符)写入指定的流 stream,并把位置指针往前移动。如果没有发生错误,则返回被写入的字符。如果发生错误,则返回 EOF,并设置错误标识符。stream 表示向何种数据流输出,可以是标准输出流 stdout,也可以是文件流。标准输出流即屏幕输出。该函数返回一个非负值,如果发生错误,则返回 EOF。

(3) 字符串输入函数 char * fgets(char * s,int size,FILE * stream):从 stream 流中读取 size 个字符存储到字符,指针变量 s 所指向的内存空间;返回值是一个指针,指向字符串中第1个字符的地址。

(4) 字符串输出函数 int fputs(const char * s,FILE * stream):把字符串写入指定的流 stream,但不包括空字符。返回一个非负值,如果发生错误,则返回 EOF。

2. 使用字符或字符串函数实现文本文件的读写

【例8-2】从键盘输入字符串并写入文件。

【分析】此时可以使用函数 fgets 和 fputs 来实现字符串的输入/输出,也可以使用函数 fgetc 和 fputc 一次输入/输出一个字符。

(1) 使用函数 fgets 和 fputs 的程序如下:

```
/* 程序 Exp8-2.1.c:文本文件的读写 */
#include <stdio.h>
#include <stdlib.h>
const int N = 100;
int main()
{
    FILE * fp;
    char * str;
    fp = fopen("abc.txt","w+");/* 打开文件的模式是读写模式 */
    if(fp == NULL)
    {
        printf("文件 abc.txt 打开失败! \n");
        exit(EXIT_FAILURE);
```

```
        }
        str=(char*)malloc(N*sizeof(char));
        /*从标准输入流 stdin(即从键盘)读取字符串,若失败则返回空指针*/
        str=fgets(str,N,stdin);
        /*将字符串写入文件流 fp,此时位置指针到了文件尾*/
        if(str!=NULL)fputs(str,fp);
        rewind(fp);/*将位置指针指向文件开头*/
        str=fgets(str,N,fp);/*从文件流 fp 读取字符串,若失败则返回空指针*/
        if(str!=NULL)fputs(str,stdout);
        /*从标准输入流 stdin(即从键盘)读取字符串,若失败则返回空指针*/
        fclose(fp);/*关闭文件*/
        free(str);
        return 0;
}
```

(2) 使用函数 fgetc 和 fputc 的程序如下:

```
/*程序 Exp8-2.2.c:文本文件的读写*/
#include<stdio.h>
#include<stdlib.h>
int main()
{
    FILE*fp;
    char c;
    /*打开文件*/
    fp=fopen("abc.txt","w+");
    if(fp==NULL)
    {
        printf("文件打开失败");
        exit(EXIT_FAILURE);
    }
    /*循环键盘录入字符、写入文件,以回车键结束*/
    while(1)
    {
        c=fgetc(stdin);
        if(c=='\n')break;
        fputc(c,fp);
    }
    rewind(fp);/*位置指针回到文件头*/
    /*循环从文件中读出字符,输出到屏幕*/
    while(1)
    {
```

```
            c = getc(fp);
            if(c == EOF)break;
            fputc(c,stdout);
        }
        fclose(fp);
        return 0;
    }
```

8.3.3 二进制文件的读写

前面介绍的 fgetc、fputc 和 fgets、fputs 函数只能从文件中读取或写入字符型数据，不能读写其他类型的数据。这种文件以二进制数形式存放数据，称为二进制文件。下面以一个示例来说明读取和写入其他类型数据的过程。

【例 8-3】 定义学生结构体变量，输入 5 名学生的学号、姓名和三门课程的成绩，将所有学生数据以二进制数的方式输出到文件 student.dat 中。函数 fun 实现功能：重写形参 filename 所指文件中最后一个学生的数据，即用新的学生数据 {1006,"zhaosi",55,70,68} 覆盖原来的数据，其他学生的数据不变。

算法的伪代码如下：
(1) 定义结构体类型 STU 与结构体数组 t[5]；
(2) 以"wb" 方式打开文件 student.dat；
(3) 从键盘输入 5 个学生的数据信息，并将信息输出到二进制文件 student.dat 中；
(4) 用新的学生数据 {1006,"zhaosi",55,70,68} 重写最后一个学生的数据。

1. 二进制文件的输入/输出函数

fread 和 fwrite 函数一般用于二进制文件的输入与输出。fwrite 和 fread 函数在 stdio.h 中的声明方式如下：

(1) 函数 int fread(void *ptr,int size,int nmemb,FILE *stream)：从给定流 stream 读取 nmemb 个 size 大小的数据存储到 ptr 所指向的数组中，返回成功读取的元素总数。如果总数与 nmemb 参数不同，则可能发生了一个错误或者到达文件末尾。

(2) 函数 int fwrite(const void *ptr,int size,int nmemb,FILE *stream)：把 ptr 所指向的数组中 nmemb 个 size 大小的数据写入给定流 stream。如果写入成功，则该函数返回写入元素的总数。如果该数据与 nmemb 参数不同，则会显示一个错误。

2. 使用二进制文件输入/输出函数来实现文件的读写

以例 8-3 为例，使用 fread 和 fwrite 函数将 5 个学生的数据输出到文件指针 fp 指向的文件语句如下：

```
fwrite(t,sizeof(STU),5,fp);
```

其中，学生结构体数据类型为 STU，STU 数组为 t[5]。如果在文件中重写最后一个学生的数据，则需要将位置指针定位到最后一个学生数据之前。实现语句如下：

```
fseek(fp,-(long)sizeof(STU),1,SEEK_END);
```

该语句表示从文件尾向前移（负号前移，正号后移），移动大小为一个结构体类型 STU 的大小。为了避免产生溢出错误，编程时可以在移动位移量后面加一个字母 L，表示该数据为 long 型，或将偏移量强制转换为长整型。

此外，还可以采用从文件头向后移。实现语句如下：

```
fseek(fp,(long)(5-1)*sizeof(STU)),SEEK_SET);
```

将例 8-3 使用二进制文件输入/输出函数的程序如下：

```
/*Exp8-3.c:二进制文件读写*/
#include<stdio.h>
#include<stdlib.h>
#define N 5
/*定义结构体*/
typedef struct
{
    int sno;
    char name[10];
    float score[3];
} STU;
/*用 s 重写最后一条记录*/
void fun(char * filename,STU s)
{
    FILE * fp;
    /*"rb+"打开一个已存在的二进制文件,用于读数据和写数据*/
    fp = fopen(filename,"rb+");
    /*将位置指针指向最后一条记录,负号前移,正号后移*/
    fseek(fp,-(long)sizeof(STU),SEEK_END);
    /*将 s 写入*/
    fwrite(&s,sizeof(STU),1,fp);
    /*关闭文件*/
    fclose(fp);
}
void show(char * filename,STU * t)
{
    FILE * fp;
    int i;
    /*"rb"打开一个已存在的二进制文件,用于读数据*/
    fp = fopen("student.dat","rb");
    /*读出数据到数组 t*/
    fread(t,sizeof(STU),N,fp);
    /*输出数组 t*/
    for(i =0;i<N;i ++)
```

```c
        printf("%d %s %f %f %f\n",
                t[i].sno,t[i].name,t[i].score[0],t[i].score[1],t[i].score[2]);
    /*关闭文件*/
    fclose(fp);
}
int main()
{
    STU t[N];
    STU s = {1006,"zhaosi",55,70,68};
    int i;
    FILE * fp;
    char fname[] = "student.dat";
    /*从键盘输入5个学生的数据*/
    for(i = 0;i < N;i ++)
        scanf("%d %s %f %f %f",&t[i].sno,t[i].name,&t[i].score[0],
                &t[i].score[1],&t[i].score[2]);
    /*"wb"打开或新建一个二进制文件,用于写数据*/
    fp = fopen(fname,"wb");
    if(fp == NULL)
    {
        printf("打开文件失败");
        exit(EXIT_FAILURE);
    }
    /*输出数据到文件*/
    fwrite(t,sizeof(STU),N,fp);
    /*关闭文件*/
    fclose(fp);
    /*输入内存后显示*/
    printf("\n最初数据:\n");
    show(fname,t);
    fun(fname,s);
    printf("\n更改后的数据:\n");
    show(fname,t);
    return 0;
}
```

8.3.4 文件的格式化输入与输出

使用 fscanf 和 fprintf 函数可以按指定格式向文件中输入/输出多种类型的数据,类似于格式化输入/输出函数 scanf 函数和 printf 函数。函数库 stdio.h 对这两种函数的声明如下:

(1) 函数 int fprintf(FILE * stream,const char * format,…):发送格式化输出到 stream,其格式输出方式与函数 printf 相同。

(2) 函数 int fscanf(FILE * stream,const char * format,…): 从 stream 读取格式化输入, 格式输入方式与函数 scanf 相同。

【例8-4】 以第4章实训2中输出三角形乘法表为例,将其输出到文件"multi.dat", 然后读出文件内容,将其输出到屏幕。

程序的代码如下:

```c
/* Exp8-4.c:文件输出乘法表 */
#include <stdio.h>
#include <stdlib.h>
void main()
{
    int i,j;
    int mi,mj,mt;
    char c;
    char * filename = "multi.dat";
    FILE * fp;
    /*打开文件*/
    fp = fopen(filename,"wb");
    if(fp == NULL)
    {
        printf("文件不能打开");
        exit(EXIT_FAILURE);
    }
    /*输出到文件中*/
    for(i = 1;i <= 9;i ++)
    {
        for(j = 1;j <= i;j ++)
            fprintf(fp,"%d*%d=%-3d",i,j,i*j);/*左对齐输出乘积,宽度为3*/
        fprintf(fp,"\r\n");
    }
    /*关闭文件*/
    fclose(fp);
    /*已读模式打开文件*/
    fp = fopen(filename,"rb");
    if(fp == NULL)exit(EXIT_FAILURE);
    /*从文件中读出到变量,并输出到屏幕*/
    for(i = 1;i <= 9;i ++)
    {
        for(j = 1;j <= i;j ++)
        {
            fscanf(fp,"%d*%d=%d",&mi,&mj,&mt);
            printf("%d*%d=%d",mi,mj,mt);
        }
        printf("\n");
    }
    fclose(fp);
}
```

8.4 共用体

共用体有时也称为联合或联合体,这也是单词 union 的本意,是一种节省空间的定义方法,经常出现在结构体的定义中。结构体各成员拥有自己独立的存储空间,互相不重叠,所占存储空间的长度是各成员所占存储空间的长度之和。共用体的几个不同类型的成员共用一块存储空间,该存储空间在某一时刻只能由一个数据使用。

本节通过一个示例来说明使用共用体的必要性。

【例8-5】输入表8-4所示的学生成绩信息,保存至文件"stuscore.dat"。学生成绩信息包括学号(sno)、姓名(sname)、课程名称(cname)、课程属性(cproperty)、课程成绩(cresult)等。

表8-4 学生成绩信息

sno	sname	cname	cproperty	cresult
2017416001	张三	高等数学	必修	89
2017416001	张三	职业规划	选修	优秀
2017416001	张三	英语	必修	67

【分析】由8.1节可知,表中结构可以建立结构体类型。该结构体包括表中的5类信息,其中 cproperty 有两个取值:必修和选修。课程属性不同则课程成绩不同。必修课的成绩(cresult)为百分制成绩,选修课成绩(cresult)为等级制成绩——优秀、良好、中等、及格、不及格。那么,课程成绩含有两种不同的数据类型。一种为浮点型;另一种为字符数组。因此,需要将课程成绩(cresult)定义为共用体类型。

8.4.1 共用体类型及其变量的定义

一个共用体所占存储空间的长度等于成员的存储空间长度的最大值。共用体类型的定义形式如下:

```
union 共用体名
{
    成员列表
}共用体变量列表;
```

共用体名是可选的,可以省略。每个成员是标准的变量定义,如"int i;"或"float f;"或其他有效的变量定义。在共用体定义的末尾,最后一个分号之前,可以指定一个或多个共用体变量,这是可选的。例如,建立两种成绩的共用体,代码如下:

```
union result
{
    float score;
    char grade[4];
} u;
```

u 为共用体变量。共用体变量也可如下定义：

```
union result t;
```

成员相同的结构体可如下定义：

```
struct
{
    float score;
    char grade[4];
} s;
```

上述结构体变量 s 与共用体 u 只有一处不同：s 的成员存储在不同的存储空间中，而 u 的成员存储在同一块内存空间中。s 和 u 在内存中的存储情况如图 8-4 所示（假设 float 型的值要占用 4 个字节，而 char 型的值占用 1 字节）。在结构体变量 s 中，score 域与 grade 域占用不同的内存空间，共占用 9 个存储单元；在共用体变量 u 中，score 域与 grade 域相互交迭，只占用 4 个存储单元，二者具有相同的存储地址。

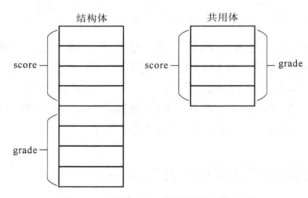

图 8-4 结构体与共用体的存储空间

访问共用体成员的方法和访问结构成员的方法相同。例如，把成绩 80.5 存储到 u 的成员 score 中，可以写成：

```
u.score = 80.5;
```

又如，把成绩'A'存到 u 的成员 grade 中，可以写成：

```
u.grade = 'A';
```

因为共用体的成员重叠存储，所以改变一个成员就会改变其他成员的值。也就是说，将一个值存入 u.grade 中，那么，之前存储在 u.score 中的值将丢失。因此，u 为存储 score 或 grade 的空间，而不是同时存储二者的空间。

思考：假设 s 为如下结构：

```
struct
{
    double a;
    union
    {
        char b[4];
        double c;
        int d;
    } e;
    char f[4];
} s;
```

u 为如下联合：

```
union
{
    double a;
    struct
    {
        char b[4];
        double c;
        int d;
    } e;
    char f[4];
} u;
```

如果 char 型的值占 1 字节，int 型的值占 4 字节，而 double 型的值占 8 字节，那么 C 编译器为 s 和 u 分配多大的空间呢？（假设编译器没有在成员之间留"空洞"）

8.4.2 共用体的使用

在结构体中，经常使用共用体用于节省空间。例如，在上述的学生成绩表中，课程成绩有两种不同的数据类型，如果将学生成绩表的结构表示为结构类型，可如下定义：

```
struct stuscore
{
    char sno[11];
    char sname[20];
    char cname[20];
    char cproperty[4];
    float score;          /*百分制成绩*/
    char grade[4];        /*等级制成绩*/
};
```

虽然上述结构非常好用,但是这种类型非常浪费空间。当课程性质为必修课时,成员 grade 不需要存储内容;而当课程性质为选修课时,成员 score 不需要存储内容。此时,使用共用体是一个很好的选择。当需要存储百分制成绩时,存储类型为 float 型,当需要存储等级制成绩时,存储类型为 char 型。我们在结构体中定义共用体,使 grade 域和 score 域共用一块空间。

例 8-5 的结构可如下定义:

```
struct stuscore
{
    char sno[11];
    char sname[20];
    char cname[20];
    char cproperty[4];
    union
    {
        float score;
        char grade[4];
    }cresult;
};
```

例 8-5 的程序代码如下:

```
/* Exp8-5.c:包含共用体的结构体类型 */
#include<stdio.h>
#include<stdlib.h>
#include<string.h>
#define N 3
typedef struct stuscore
{
    char sno[11];
    char sname[20];
    char cname[20];
    char cproperty[4];
    union
    {
        float score;
        char grade[4];
    }cresult;
} Stus;
/* 输入 N 个学生成绩,写入文件 filename */
void fin_stus(char *filename)
{
    FILE *fp;
    Stus t;
```

```c
    int i;
    /* 以 wb 模式打开文件 */
    fp = fopen(filename,"wb");
    if(fp == NULL)exit(EXIT_FAILURE);
    /* 从键盘输入数据,写入文件 */
    for(i = 0;i < N;i ++)
    {
        scanf("%s%s%s%s",t.sno,t.sname,t.cname,t.cproperty);
        if(strcmp(t.cproperty,"选修") == 0)scanf("%s",t.cresult.grade);
        if(strcmp(t.cproperty,"必修") == 0)scanf("%f",&t.cresult.score);
        fwrite(&t,sizeof(Stus),1,fp);
    }
    fclose(fp);
}
/* 输出文件 filename 中的内容 */
void fout_stus(char * filename)
{
    Stus t;
    FILE *fp;
    int i;
    /* 以 rb 方式打开文件 */
    fp = fopen(filename,"rb");
    if(fp == NULL)exit(EXIT_FAILURE);
    /* 读出数据 */
    for(i = 0;i < N;i ++)
    {
        fread(&t,sizeof(Stus),1,fp);
        printf("%s%s%s%s",t.sname,t.sname,t.cname,t.cproperty);
        if(strcmp(t.cproperty,"必修") == 0)printf("%f\n",t.cresult.score);
        if(strcmp(t.cproperty,"选修") == 0)printf("%s\n",t.cresult.grade);
    }
    /* 关闭文件 */
    fclose(fp);
}
int main()
{
    char *filename = "stuscore.dat";
    /* 输入数据 */
    fin_stus(filename);
    /* 输出数据 */
    fout_stus(filename);
    return 0;
}
```

【练习】

假设 s 为如下结构：

```
struct shape
{
    int shape_kind;    /* shape_kind 值为 RECTANGLE 或 CIRCLE */
    struct point center;
    union
    {
        struct
        {
            int height,width;
        } rectangle;
        struct
        {
            int radius;
        } circle;
    } u;
} s;
```

其中，RECTANGLE 和 CIRCLE 为预定义的常量：

```
#define RECTANGLE 1
#define CIRCLE 2
```

point 结构如下：

```
struct point
{
    int x,y;
};
```

编写 3 个函数，用来在 shape 类型结构变量 s 上完成下列操作，并在主函数中验证：

(1) 计算 s 的面积，并返回 s 的面积。

(2) 将 s 沿 x 轴方向移动 x 个单位，沿 y 轴移动 y 个单位，返回 s 修改后的内容。（x、y 是函数的另外两个参数）

(3) 把 s 缩放 c 倍（c 是 double 型的值），返回 s 修改后的内容。（c 是函数的另一个参数）

8.5 枚举类型

在实际应用中，我们需要某些变量具有少量有意义的值。例如，逻辑真和逻辑假表示两种逻辑值，这种变量称为布尔变量或逻辑变量；用来存储一星期中七天的变量有 7 种可能的值；用来存储扑克牌花色的变量有 4 种可能的值。若定义一个变量用于表示一星期中的七天，实现方法一般有以下两种。

1. 定义整型变量

可一组编码来表示变量的可能值：

`int weekday;`

weekday 为 1，表示星期一；weekday 为 2，表示星期二；依次类推。

缺点：程序员读程序时并不能意识到 weekday 只有 7 种可能的取值，以及 1 表示星期一，2 表示星期二，……

解决的办法是定义宏：

```
#define WEEKDAY int
#define MON 1
#define TUE 2
#define WED 3
#define THU 4
#define FRI 5
#define SAT 6
#define SUN 7
```

采用宏定义后，程序变得更加容易阅读，例如：

```
WEEKDAY d;
   ⋮
d = WED;
```

2. 定义枚举类型

C 语言为具有可能值较少的变量提供了一种专用类型——枚举类型（enumeration type）。枚举类型是一种由程序员列出（枚举）的类型，而且程序员必须为每个值命名（枚举常量）。

8.5.1 枚举及其变量的定义

枚举的定义格式：

`enum 枚举名 {枚举元素1,枚举元素2,…};`

因此，上例采用枚举的方式定义如下：

```
enum WEEKDAY
{
    MON = 1,TUE,WED,THU,FRI,SAT,SUN
};
```

⚠ **注意：**

第 1 个枚举成员的默认值为整型的 0，后续枚举成员的值为前一个成员的值加 1。在这个实例中，把第1个枚举成员的值定义为1，第2个成员的值就为2，依次类推。

声明枚举类型后，可以采用三种方式来定义枚举变量。例如，定义季节的枚举类型和变量。

方式一：先定义枚举类型，再定义枚举变量。

enum season {spring=1,summer,autumn,winter};
enum season s1,s2;

方式二：定义枚举类型的同时，定义枚举变量。

enum season {spring=1,summer,autumn,winter} s1,s2;

方式三：省略枚举名称，直接定义枚举变量。

enum {spring=1,summer,autumn,winter} s1,s2;

此外，还可以用 typedef 把 season 定义为类型名。

typedef enum {spring=1,summer,autumn,winter} season;
season s1,s2;

在 C++ 语言中有内置的布尔类型：

typedef enum{FALSE,TRUE} bool;

8.5.2 枚举的使用

在 C 语言中，枚举类型被当作 int 或者 unsigned int 类型来处理。默认情况下，编译器会把整数 0,1,2,… 赋值给特定枚举中的常量。例如：

enum {CLUBS,DIAMONDS,HEARTS,SPADES} s

CLUBS、DIAMONDS、HEARTS 和 SPADES 分别表示 0、1、2 和 3。当然，我们可以为枚举常量自由选择不同的值。当没有为枚举常量指定值时，它的值比前一个常量的值大 1。例如：

enum season {spring,summer=3,autumn,winter};

该语句没有指定值的枚举元素，其值为前一元素的值加 1。也就说 spring 的值为 0，summer 的值为 3，autumn 的值为 4，winter 的值为 5。

枚举的值只不过是一些稀疏分布的整数，所以 C 语言允许把它们与普通整数进行混合。例如：

enum season {spring,summer=3,autumn,winter} s;
s=0;
s++;

枚举类型还可以用作结构体中的标记字段。例如：

```
struct shape
{
    enum { RECTANGLE,CIRCLE } shape_kind;
    sturct point center;
    union
    {
        struct
        {
            int height, width;
        } rectangle;
        struct
        {
            int radius;
        } circle;
    } u;
} t;
```

【练习】

假定 direction 变量声明如下：

`enum {NORTH,SOUTH,EAST,WEST} direction;`

设 x 和 y 为 int 型的变量。编写 switch 语句，测试 direction 的值。如果值为 EAST，就使 x 增 1；如果值为 WEST，就使 x 减 1；如果值为 SOUTH，就使 y 增 1；如果值为 NORTH，就使 y 减 1。

下篇　C++语言篇

第 9 章

面向对象思维与 C++ 语言概述

简洁、灵活、方便使用的特性使 C 语言能很好地胜任操作系统及各类应用软件的开发，但 C 语言的类型检查机制相对薄弱，几乎没有支持代码重用的机制。当程序规模越来越大时，程序员很难控制这种结构化程序的复杂性。为此，在 20 世纪 80 年代，贝尔实验室对 C 语言进行了改进和扩充，增加了面向对象的功能，于 1983 年将其正式命名为 C++。C++ 标准一直在进步和完善，2014 年 8 月，C++14 标准发布。

9.1 面向对象思维

计算思维是抽象与自动化实现的过程。所有程序设计语言都提供了抽象功能。机器语言和汇编语言是对硬件的抽象，使程序员只需通过二进制语言命令机器工作，而不关心机器是如何完成这些工作的。高级语言是对汇编语言和机器语言的抽象，使程序员只考虑模型与算法，在更高层次上与机器交流，达到计算思维的高度。C 语言是一种结构化的面向过程的程序设计语言，而 C++ 语言已经升华为一种面向对象的程序设计语言。面向过程的程序设计与面向对象的程序设计在解决实际问题时的思考方式是不同的。本节以计算圆的面积和周长为例，说明二者的区别。

9.1.1 C 语言的面向过程思维

C 语言是一种结构化的面向过程的程序设计语言，通常采用逐步细化的过程，将待解决的问题功能进行分解，直到能用程序设计语言提供的工具解决为止。例如，计算圆的面积和周长，面向过程思维考虑程序的功能是求圆的面积和周长，采用逐步细化的方法来解决这个问题。首先，输入圆的半径或直径；然后，利用圆的面积和周长公式求出圆的周长和面积；最后，输出结果。

9.1.2　C++语言的面向对象思维

相比 C 语言，C++语言最重要的是增加了面向对象功能，从而使 C++语言从根本上改变了程序设计的思维方式，成为一种面向对象的程序设计语言。面向对象的程序设计方法为程序员提供了创建对象的功能。在解决一个问题时，程序员首先考虑的是这个问题中存在哪些对象，还需要创建这些对象，并用这些对象解决问题。事实上，在面向对象思维中，整数是一类对象，实数是另一类对象，这在 C 语言系统中都已经创建。例如：

```
int a,b;
```

其中，int 是一种数据类型，a 和 b 是 int 型的两个对象，这种对象可以进行加、减、乘、除等各种操作。之所以能够这样定义与使用，是因为 C 语言系统已定义了 int 类型，包括它的各种操作。在面向对象思维中，变量的概念已经升级为对象。

在解决实际问题时，特别是解决非计算问题时，大多数对象的类型未在系统中创建，需要程序员自己创建对象的类型。例如，计算圆的面积和周长问题，面向对象思维首先考虑该问题处理的对象是圆，而半径、直径、面积和周长是圆的特性。那么，创建一个圆对象即可。但 C++语言并没有提供圆这种类型，需要程序员创建这种圆类型，并且创建的圆类型能够提供半径、直径、面积和周长等特性。假定创建了一个圆类型——circle，当需要一个圆时，就可以定义这种圆类型的对象，并使用其相关特性。例如：

```
circle c;
```

面向对象程序设计语言最重要的特性是增加了新类型的创建功能。C++语言提供了创建对象类型的方法——类（class），面向对象的编程思维得以实现。面向对象语言可以定义在客观世界中存在的所有事物类型，从而创建所有类型的对象，实现对客观世界的模拟。因此，面向对象程序设计使程序能够比较直接地反映问题域的本来面目，程序员能够利用人类认识事物所采用的一般思维方法来进行软件开发。

9.1.3　面向对象的基本概念

在面向对象的程序设计中，对象是指现实世界中实际存在的事物，可以是具体的（如一辆汽车或一名学生），也可以是抽象（如一个圆或一门课程）。任一对象都具有属性（attribute）和行为（behavior）两个要素。属性是对象的静态特征，可以用某种数据来描述；行为是对象的动态特征，是对象所表现的行为或具有的功能，可以用某个函数（操作代码）来描述。一个对象一般是由一组属性和一组行为构成。例如，一个圆具有的属性有半径、直径、面积、周长等，具有的行为有计算直径、计算面积、计算周长等。

客观世界中的对象是无穷无尽的，但很多对象是同一类的，它们具有相同的特性。例如，客观世界有很多圆，但它们都属同一类，具有半径、直径、面积和周长等特性；客观世界有很多人，有中国人、美国人、法国人等，都属于"人"这个类别，具有人的特性；客观世界有很多交通工具，有汽车、马车、飞机、轮船等，都属于"交通工具"这个类别，都具有交通工具的特性。

面向对象程序设计将所有同类对象抽象为类（class），并使用类定义一种数据类型。例如，定义一个类——圆，将客观世界的所有圆抽象到一个类别中，并将其属性和行为定义在其中。因此，类是对象的抽象，而对象是类的特例。假定定义了类——circle，则可以创建多个这个类的对象：

    circle c1,c2,c[100];

这些对象都具有圆的特性：半径、直径、面积和周长，都能计算面积、周长等。

9.2　C++语言对C语言的扩充

C语言是C++语言的基础，C++语言包含了完整的C语言的特征和优点，并在此基础上有不少扩充。接下来，通过一个最小的C++程序来了解C++程序与C程序的区别。在屏幕上输出以下内容：

    Hello,World!

其代码如下：

```
//* 文件名:Exp9-1.cpp                     ┐注释
功能:输出"Hello,World!" */
#include <iostream>                        ┐预处理
using namespace std;
int main()
{
    //使用输出流输出字符串
    cout << "Hello World" << endl;         ┐主程序
    return 1;
}
```

从代码清单可以看出，C++程序与C程序有以下不同之处：

（1）按C++标准编译的文件是.cpp文件。

（2）C++语言定义了一些头文件，这些头文件包含了程序中必需的或有用的信息。上面这段程序中，包含了头文件C++的输入输出流库文件iostream。

（3）语句"using namespace std;"告诉编译器使用std来命名空间。命名空间是C++中一个相对新的概念。C++标准库中的类和函数是在命名空间std中声明的，因此程序中若使用C++标准库中的有关内容（此时需要用#include命令行），就要用语句"using namespace std;"进行声明。

（4）执行语句"cout << "Hello World";"，会在屏幕上显示消息"Hello World"，cout对象由输入输出流库文件iostream定义。

(5) 在C++中，变量定义比较灵活，只要在用到变量前对该变量进行声明定义就行了，位置不做特别要求，打破了C语言的在一个模块里（函数、循环体等）先声明一切所需变量后才能进行相关操作的规定。

除了这些基础之外，本节将简单介绍C++对C语言的几点扩充。

9.2.1 C++常变量

在C语言中，常用#define宏指令来定义符号常量，如"#define PI 3.1415926;"。实际上，只是在预编译时进行字符置换，将字符串PI全部置换为3.1415926。C++语言提供了const定义长变量的方法。

语法格式：

const 类型 变量=值；

例如：

const float PI=3.1415926;

该语句定义了常变量PI，它具有变量的属性。在程序运行期间，变量的值是固定的。

9.2.2 C++的基本输入输出

C++为了与C兼容，保留了用scanf和printf函数进行输入和输出（简称I/O）的方法，以便C程序仍然可以在C++的环境下运行。但是，C++有自己特有的输入输出方法。在C++的输入输出中，编译系统对数据类型进行严格的检查，凡是类型不正确的数据都不可能通过编译。因此，C++的输入输出操作是类型安全（typesafe）的。

从操作系统的角度看，每一个与主机相连的输入输出设备都被看作一个文件。程序的输入是指从输入文件将数据传送给程序，程序的输出是指从程序将数据传送给输出文件。C++的输入与输出包括以下三方面内容：

(1) 对系统指定的标准设备的输入和输出。简称标准I/O。（设备）

(2) 以外存磁盘（或光盘）文件为对象进行输入和输出。简称文件I/O。（文件）

(3) 对内存中指定的空间进行输入和输出。简称串I/O。（内存）

本节的基本输入和输出是指C++的标准I/O。C++标准库提供了一组丰富的输入输出功能。输入输出是数据传送的过程，数据如流水一样从一处流向另一处，被形象地称为流（stream）。流本质是字节序列。如果字节流从设备（如键盘、磁盘驱动器、网络连接等）流向内存，就称为输入操作。如果字节流从内存流向设备（如显示屏、打印机、磁盘驱动器、网络连接等），就称为输出操作。

下面以求圆的面积为例，对比使用C语言与C++语言实现标准I/O的区别。

【例9-1】求圆的面积，分别使用C语言和C++语言实现数据的输入输出。

C 语言输入输出：求圆的面积	C++语言输入输出：求圆的面积
| ```c
#include <stdio.h>          //预处理
#define PI 3.1415926        //预处理


int main()                  //主函数
{
    //变量的定义与初始化
    float S=0,R=0;
    //输入数据
    scanf("R=%lf",&R);
    //处理数据
    S=PI*R*R;






    //输出数据
    printf("S=%.2f",S);
    return 0;//退出程序
}
``` | ```cpp
#include <iostream>         //预处理
#include <iomanip>          //预处理
using namespace std;
const float PI=3.1415926;
int main()                  //主函数
{
    //变量的定义与初始化
    float S=0,R=0;
    //输入数据
    cin>>R;
    //处理数据
    S=PI*R*R;
    //设左对齐,小数位显示
    cout<<setiosflags(ios::left|ios::fixed);
    //设置实数显示三位小数
    cout<<setprecision(2);
    //输出数据
    cout<<S;
    return 0;           //退出程序
}
``` |

在例 9-1 中，头文件 iostream 定义了丰富的对象以实现标准输入输出，而头文件 iomanip定义了标准输出的格式控制功能。输入输出库头文件及其定义的主要对象如下：

1）库文件 iostream

该文件定义了 cin、cout、cerr 和 clog 对象，分别对应于标准输入流、标准输出流、非缓冲标准错误流和缓冲标准错误流。

（1）cout 对象"连接"到标准输出设备（通常是显示屏）。cout 与流插入运算符"<<"结合使用。

（2）cin 对象附属到标准输入设备（通常是键盘）。cin 与流提取运算符" >> "结合使用，并过滤不可见字符（如空格、回车、TAB 等）。

（3）cerr 对象附属到标准错误设备（通常是显示屏），但是 cerr 对象是非缓冲的，且每个流插入 cerr 都会立即输出。cerr 是与流插入运算符" << "结合使用的。

（4）clog 对象附属到标准错误设备（通常是显示屏），但是 clog 对象是缓冲的。这意味着每个流插入 clog 都会先存储在缓冲区，直到缓冲区填满或者缓冲区刷新时才会输出。clog 是与流插入运算符" << "结合使用的。

2）库文件 iomanip

该文件通过所谓的参数化的流操纵器（如 setw 和 setprecision）声明对执行标准化 I/O 有用的服务，使用控制符控制输出格式。iomanip 定义的常用操作符有：

（1）setiosflags(long f)：启用指定为 f 的标志，f 的取值有多种（略）。

（2）setiosflags(ios::fixed)：固定的浮点显示。

（3）setiosflags(ios::scientific)：指数表示。

（4）setiosflags(ios::left)：左对齐。

(5) setiosflags(ios∷right)：右对齐。

(6) setiosflags(ios∷skipws)：忽略前导空白。

(7) setiosflags(ios∷uppercase)：十六进制数大写输出。

(8) setiosflags(ios∷lowercase)：十六进制数小写输出。

(9) setiosflags(ios∷showpoint)：强制显示小数点。

(10) setiosflags(ios∷showpos)：输出正数时，给出"+"号。

(11) setprecision(int p)：设置数值的精度（四舍五入）。

(12) setw(int w)：设置域宽度为w。

(13) setbase(int base)：设置数值的基本数为base。

(14) resetiosflags(long f)：关闭被指定为f的标志。

9.2.3　C++修饰符类型

　　C++允许在char、int和double数据类型前放置修饰符。修饰符用于改变基本类型的含义，所以它更能满足各种情境的需求。主要的数据类型修饰符有：signed（有符号）、unsigned（无符号）、long、short。修饰符signed、unsigned、long和short可应用于整型，signed和unsigned可应用于字符型，long可应用于双精度型。

　　修饰符signed和unsigned也可以作为long或short修饰符的前缀。例如，unsigned long int。C++允许使用速记符号来声明无符号短整数或无符号长整数。可以不写int，只写unsigned、short或unsigned、long，int是隐含的。例如，下面的两条语句声明了整型变量：

```
short unsigned x;          //无符号短整变量
short unsigned int y;      //无符号短整变量
short int i;               //有符号短整型变量
```

【例9-2】C++修饰符使用示例。

程序的代码如下：

```
/*文件名:Exp9-2.cpp
功能:C++修饰符使用示例*/
#include <iostream>
#include <iomanip>
using namespace std;
int main()
{
    short int i;                   //有符号短整数
    short unsigned int j;          //无符号短整数
    j = 50000;
    i = j;
    cout << dec << i << '';        //十进制数输出
    cout << hex << i << endl;      //十六进制数输出
    cout << dec << j << '';        //十进制数输出
    cout << hex << j;              //十六进制数输出
    return 1;
}
```

运行结果：

```
-15536 c350
50000 c350
```

从中可以看出，short int 数在 code∷blocks 编译环境中的存储空间为 2 字节。十六进制数 c350 的二进制数是 1100001101010000，该数的无符号十进制数是 50000。由于该数的最高位为 1，因此该数的有符号十进制数是 -15536。

9.2.4　C++ 字符串

C++ 提供了以下两种类型的字符串表示形式：C 语言风格字符串、C++ 引入的 string 类型。C 语言风格的字符串起源于 C 语言，并在 C++ 中继续得到支持，是 '\0' 终止的一维字符数组。此外，C++ 标准库提供了 string 类型，增加了更多功能。

【例 9-3】两种类型字符串表示形式示例。

C 语言字符串风格

```c
#include <stdio.h>
#define N 100

int main()
{
    char str1[] = "Hello";
    char str2[] = "World";
    char str3[N];
    int len;

    //复制 str1 到 str3
    strcpy(str3,str1);
    printf("%s\n",str3);

    //连接 str1 和 str2
    strcat(str3,str2);
    printf("str1+str2:%s\n",str3);

    //连接后,str3 的总长度
    printf("Lenght:%d\n",strlen(str3));

    return 0;
}
```

C++ 字符串风格

```cpp
#include <iostream>
#include <string>
using namespace std;
int main()
{
    string str1 = "Hello";
    string str2 = "World";
    string str3;
    int len;

    //复制 str1 到 str3
    str3 = str1;
    cout << "str3:" << str3 << endl;

    //连接 str1 和 str2
    str3 = str1 + str2;
    cout << "str1+str2:" << str3 << endl;

    //连接后,str3 的总长度
    len = str3.size();
    cout << "Lenght:" << len << endl;

    return 0;
}
```

从中可以看出，string 类型的使用方式与字符数组不同。与普通变量类似，可以在输入/输出语句中直接输入/输出 string 类型字符串，也可以使用运算符进行 string 类型的字符串运算,还可以通过"."运算符调用 string 类的成员函数。

1. C++字符串变量的定义与赋值

定义与使用字符串,必须在文件开头包含库文件。例如:

```
#include <string>                //注意与 C 库文件引用方式的不同
```

字符串变量的定义方式与其他类型相同。例如:

```
string str1 = "Hello";          //定义 str1 同时对其初始化
string str2 = "World";          //定义 str2 同时对其初始化
string str3;                    //定义 str3
```

在定义了字符串变量后,就可以对其直接赋值,这与 C 字符数组是不同的。例如,将字符串变量 str3 赋值为空串:

```
str3 = "";
```

也可以使用另一字符串变量进行赋值:

```
str3 = str1;
```

在定义字符串变量时,无须确定字符个数,其长度随其中字符串的长度而改变。

2. C++字符串变量的运算

与字符数组使用字符串函数的运算不同,C++字符串可以直接使用运算符。

1) 加号运算符

加号运算符的作用是将两个字符连接。例如:

```
str3 = str1 + str2;
```

连接后,str3 为"HelloWorld"。

2) 关系运算符

C++字符串可以直接用 ==(等于)、>(大于)、<(小于)、!=(不等于)、>=(大于或等于)、<=(小于或等于)等关系运算符来进行字符串的比较。

3. C++字符串的输入/输出

C++字符串可以在输入/输出语句中直接输入/输出。例如:

```
cout << "str3:" << str3 << endl;
```

也可以输入字符串:

```
cin >> str3;
```

但是,cin 只接收一个字符串,遇"空格""TAB""回车"都结束。C++中输入字符串的方式还有很多,下面介绍几种常用方式。

(1) cin.get(字符变量名) 可以用来接收一个字符。例如:

```
#include <iostream>
using namespace std;
main()
{
    char ch;
    ch = cin.get();           //或者 cin.get(ch);
    cout << ch << endl;
}
```

运行结果:
输入:

jljkljkl↙

输出:

j

cin.get(字符数组名,接收字符数目)也可以用来接收一行字符串(包括空格)。例如:

```
#include <iostream>
using namespace std;
main()
{
    char a[20];
    cin.get(a,20);
    cout << a << endl;
}
```

运行结果:
输入:

abcdeabcdeabcdeabcde↙

输出:

abcdeabcdeabcdeabcd

cin.get(无参数) 主要是用于舍弃输入流中的不需要的字符。
(2) cin.getline 用于接收一个字符串,可以接收空格并输出。

```
#include <iostream>
using namespace std;
main()
{
    char m[20];
    cin.getline(m,5);
    cout << m << endl;
}
```

运行结果:
输入:

jkljkljkl↙

输出:

jklj

cin.getline 实际上有三个参数,第三个参数为字符串的结束符,经常省略,系统默认为'\0'。

(3) getline 可以用来接收一个字符串,可以接收空格并输出,需包含库文件 string。getline 和 cin.getline 类似,但是 cin.getline 属于 iostream 流,而 getline 属于 string 流。

```
#include <iostream>
#include <string>
using namespace std;
main()
{
    string str;
    getline(cin,str);
    cout << str << endl;
}
```

运行结果:
输入:

jkljkljkl↙

输出:

jkljkljkl

9.2.5 C++引用

C++提供了为变量取别名的功能,这就是变量的引用(reference)。引用是 C++对 C 语言的一项重要扩充。

1. 创建引用

创建 C++引用的格式:

类型 & 变量1 = 变量2

其中,& 是引用声明符。例如:

```
int a;
int &b = a;
```

这就声明了 b 是 a 的引用,即 a 的别名,使用 a 和使用 b 的作用相同,都代表了同一变量。系统不会为引用变量 b 分配存储单元,变量 a 和变量 b 引用同一内存单元。

引用声明符与取地址符的写法类似,但二者操作不同。若 & 前有类型符,便是引用;

否则，便是取地址符。例如：

    int *p = &a；

该语句中的 &a 为取地址符。

引用更接近 const 指针时，必须在创建时进行初始化，可以用变量名初始化，也可以用另一个引用初始化，还可以用常量或表达式初始化，但须用 const 声明。一旦引用和某个变量关联起来，该引用就会一直指向该变量。

```
int &d；                //声明引用,但未初始化,错误
int a = 3,b = 5；
int &c = a；            //声明 b 是变量 a 的别名
int &d = c；            //声明 c 是引用 b 的别名
const &e = a + 3；      //此时系统生成临时变量,存放 a + 3 的值,e 是该临时变量的别名
```

创建引用时，不能创建 void 类型的引用，不能创建引用的数组，但可以创建指针变量的引用，也可以将变量的引用赋值给一个指针。

```
void &f = 3；           //错误
int g = 5；
int *p = &g；           //声明指针变量 p
int *&q = p；           //q 是指针变量 p 的别名
```

2. 引用作为函数参数

引用作为函数参数，可以扩充函数传递数据的功能。在 C 语言中，变量名可以作为形参来实现数据从实参到形参的单向传递；变量指针可以做形参，实现变量地址的传递，间接改变实参的数据。C++ 语言将变量的引用作为函数形参（即形参为是实参的别名），直接实现形参与实参对同一内存空间的引用。

【例 9 - 4】两个变量值的互换。

C 语言程序

```
#include < stdio.h >

void swap(int * a,int * b)
{
    int t；
    t = *a；
    *a = *b；
    *b = t；
}
int main()
{
    int s = 3,t = 5；
    swap(&s,&t)；
    cout << s << '' << t；
    return 0；
}
```

C++ 语言程序

```
#include < iostream >
using namespace std；
void swap(int &a,int &b)
{
    int t；
    t = a；
    a = b；
    b = t；
}
int main()
{
    int s = 3,t = 5；
    swap(s,t)；
    cout << s << '' << t；
    return 0；
}
```

在上述 C 函数 swap 的声明中，形参是指针变量 a、b。主函数 main 的调用语句 swap(&s,&t)将实参 &s、&t 的值传递给了形参 a、b。调用时，系统为形参 a、b 分配内存空间，并初始化为 &s、&t，即 s、t 的地址，如图 9-1（a）所示。函数代码执行时，对 a、b 的操作即对实参 s，t 地址的操作，从而改变了变量 s、t 的值。

上述 C++ 函数 swap 的声明中，形参 a、b 是整型变量的引用。主函数 main 的调用语句 swap(s,t) 发生时，则由实参 s、t 将变量名传给形参 a、b，即完成下列初始化形参的动作：

```
int &a = s;
int &b = t;
```

如图 9-1（b）所示，a 为 s 的别名，b 为 t 的别名，别名与变量本身都引用同一块内存空间。调用发生后，形参 a，b 的改变即实参 s，t 的改变。

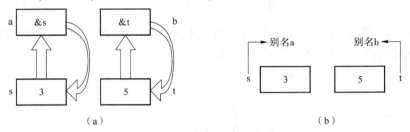

图 9-1 参数的传递过程

9.2.6 C++重载函数

C++ 允许为在同一作用域中的某个函数指定多个定义，这称为函数重载。在同一个作用域内，可以声明几个功能类似的同名函数，但是这些同名函数的形参（指参数的个数、类型或者顺序）必须不同。当然，不能仅通过返回类型的不同来重载函数。当调用一个重载函数时，编译器通过把所使用的参数类型与定义中的参数类型进行比较，从而决定选用最合适的定义。

下面的实例中，同名函数 swap 用于交换不同类型的数据。

```cpp
#include<iostream>
using namespace std;
void swap(int &x,int &y)
{
    int tmp = x;
    x = y;
    y = tmp;
}
void swap(double &x,double &y)
{
    double tmp = x;
    x = y;
    y = tmp;
}
void swap(char &x,char &y)
```

```
    char tmp = x;
    x = y;
    y = tmp;
}
int main()
{
    int a = 1,b = 2;
    double c = 3.0,d = 4.0;
    char e = 's',f = 't';
    swap(a,b);              //调用 int 型参数的 swap 函数
    swap(c,d);              //调用 double 型参数的 swap 函数
    swap(e,f);              //调用 char 型参数的 swap 函数
    cout << a <<'\t'<< b << endl;
    cout << c <<'\t'<< d << endl;
    cout << e <<'\t'<< f << endl;
    return 0;
}
```

当上面的代码被编译和执行时，会产生以下结果：

```
2    1
4    3
t    s
```

9.2.7 C++函数模板

在9.2.6节的举例中，重载了三个 swap 函数，分别实现了两个 int 型变量、double 型变量、char 型变量的交换。要想实现其他类型数据的交换，就需要再次重载 swap 函数。而这些 swap 函数除了处理的数据类型不同外，在形式上都是一样的。能否只写一遍 swap 函数，就能实现各种类型变量的交换呢？"模板"的概念就应运而生了。

程序设计语言中的模板用于批量生成功能和形式都几乎相同的代码。有了模板，编译器就会在需要的时候，根据模板自动生成程序的代码。从同一个模板自动生成的代码，形式几乎是一样的。

C++语言支持模板。有了模板，9.2.6节的示例可以只写一个 swap 模板，编译器在需要的时候会根据 swap 模板自动生成多种 swap 函数，用以交换不同类型变量的值。

函数模板的定义形式：

```
template<class 类型参数1,class 类型参数2,…>
返回值类型 模板名(形参表)
{
    函数体
}
```

其中，关键字 class 也可以用关键字 typename 替换。例如：

template < typename 类型参数 1, typename 类型参数 2,…>

9.2.6 节示例的 swap 模板可写为如下：

```
template < class T >
void swap(T &x, T &y)
{
    int tmp = x;
    x = y;
    y = tmp;
}
```

T 是类型参数，代表类型。编译器在编译到调用函数模板的语句时，会根据实参的类型来判断该如何替换模板中的类型参数。例如，下面的程序执行了不同的调用语句，编译器根据 swap 函数模板自动生成不同的 swap 函数。

```
int main()
{
    int a = 1, b = 2;
    double c = 3.0, d = 4.0;
    char e = 's', f = 't';
    swap(a,b);            //编译器自动生成 void swap(int &,int &)函数
    swap(c,d);            //编译器自动生成 void swap(double &,double &)函数
    swap(e,f);            //编译器自动生成 void swap(char &,char &)函数
    cout << a << '\t' << b << endl;
    cout << c << '\t' << d << endl;
    cout << e << '\t' << f << endl;
}
```

9.2.8　C++动态内存

除了兼容 C 语言利用库函数 malloc 和 free 分配和撤销内存空间外，C++还提供了简单而功能强大的运算符 new 和 delete 来分配和撤销内存空间。

C++使用运算符 new 来分配内存。运算符 new 可以为一个简单变量或一个数组分配内存空间。创建一个简单变量的内存空间的语法格式为：

new 类型名;

这个操作在内存中称为向堆（heap）的区域申请一块能存放相应类型的数据空间，并返回这块空间的首地址。例如：

```
int * p = new int;       //申请一个存放整数的空间,返回一个指向整型数据的指针
//申请一个存放浮点数的空间,初始化为 2.0,返回一个指向浮点型数据的指针
float * q = new float(2.0);
```

用 new 操作也可以创建一个以为数组。语法格式：

new 类型名[元素个数]

这个操作在内存堆区域中申请一块连续的空间，存放指定类型的一组元素，并返回这块空间的首地址。例如：

```
int * pa = new int[10];          // 申请存放 10 个整型数据的内存空间, p 为这块空间的首地址
```

在 C++ 程序运行期间，动态申请空间不会被撤销，需要使用 delete 运算符显式地使之消亡。若要回收一个动态内存空间，可以用

delete 指针变量；

若要回收一块连续内存空间（一维数组），可以用

delete[] 指针变量；

下面的代码演示了内存的申请和回收：

```cpp
double * pvalue = NULL, * qvalue = NULL;    //初始化为 null 的指针
pvalue = new double;                         //为变量请求内存
qvalue = new double[20];                     //为数组请求内存
delete pvalue;                               //释放内存
delete[] qvalue;                             //释放内存
```

使用 new 操作符可以为多维数组分配内存。如下代码为二维数组分配内存：

```cpp
int main()
{
    int **array;
    int m,n;
    cin >> m >> n;
    //假定数组第一维长度为 m,第二维长度为 n
    //动态分配空间
    array = new int *[m];
    for(int i = 0;i < m;i ++)
        array[i] = new int[n]   ;
    //释放
    for(int i = 0;i < m;i ++)
        delete[] array[i];
    delete[] array;
}
```

9.2.9　C++ 异常处理

C++ 异常是指在程序运行时发生的特殊情况，如尝试除以零的操作。为了保证程序的健壮性，需要对程序中可能出现的异常情况进行考虑，并给出相应的处理。本节介绍 C++ 对程序异常的简单处理。

C++异常处理涉及三个关键字：throw、catch、try。

（1）throw：当问题出现时，程序会抛出一个异常。该异常通过使用throw关键字来完成。

（2）catch：catch关键字用于捕获异常。在想要处理问题的位置，通过异常处理程序来捕获异常。

（3）try：try块中放置可能抛出异常的代码。它后面通常跟着一个或多个catch块。

如果程序发生了异常，可以使用throw语句创建一个包含出错信息的对象并抛出。

异常抛出语句的一般形式：

```
throw <操作数>
```

throw的操作数可以是任何类型。本节介绍的操作数是一个结果为任何类型的表达式，表达式的结果类型决定了抛出的异常的类型。例如，若除数为零，则可以直接抛出一个不可变的字符串信息"Division by zero!"，异常的类型就为const char*类型。如果抛出一个整型0，异常的类型为整型。下面的函数包含了抛出异常的操作：

```
double division(int a,int b)
{
    if(b==0)throw "Division by zero!";
    return((double)a/b);
}
```

一旦函数抛出了异常，调用该函数就能捕获和处理这个异常。捕获异常的方法是使用try和catch语句块。try块中放置可能抛出异常的代码，try块中的代码被称为保护代码。在C++中，try…catch语句的语法格式：

```
try
{
    //保护代码,可能抛出异常的代码
}
catch(类型1 参数1)
{
    //处理该异常的代码
}
catch(类型2 参数2)
{
    //处理该异常的代码
}
...
```

将上述代码中division函数的异常捕获并处理，main函数可以更改为如下：

```
int main()
{
    try
    {
        cout<<division(2,0);
```

```
        }
        catch(const char * msg)
        {
            cerr << msg << endl;
        }
        return 0;
    }
```

由于抛出了一个类型为 const char * 的异常，因此当捕获该异常时，必须在 catch 块中使用 const char *。当上面的代码被编译和执行时，会产生下列结果：

```
Division by zero!
```

⚠️ **注意：**

cerr 是标准错误流，和 cin、cout 一样，也是 iostream 类的一个实例。cerr 对象附属到标准错误设备，通常也是显示屏。

9.3　C++程序的编译

如果想要设置 C++语言环境，就需要确保计算机上有这样两款可用的软件：文本编辑器和 C++编译器。很多程序员选择集成开发环境，集编辑、编译、链接、执行、调试于一体。通过编辑器创建的文件通常称为源文件，源文件包含程序源代码。C++程序的源文件通常使用扩展名 .cpp。

现有的 C 语言编译器也是 C++编译器。UNIX 系统的 CC 编译器、Linux 系统的 GCC 编译器、Windows 操作系统中的集成开发环境 Visual C++和 Code ∷ Blocks 都可以编译 C++程序，详见 1.3 节。本书的 C++编程与讨论也基于 Code ∷ Blocks 编译系统。

良好的编程习惯是将类定义、成员函数的实现、类的应用分开。一般把类定义编写在头文件 .h 文件中，把类实现编写在实现文件 .cpp 中，把类的应用编写在另外的 .cpp 文件中。因此，面向对象的编程需要在编译环境中建立一个工程文件，将所有创建的文件放入工程，便于编辑与管理。

9.4　实训与实训指导

实训 1　旋转魔方阵

输入一个自然数 n（$n \in [2,15]$），要求采用动态申请二维数组空间的方式，输出如下的魔方阵，即 n×n 矩阵，元素取值为 1～n×n，1 在左上角，沿顺时针方向依次放置各元素。n = 3 时，旋转魔方阵如下：

   1 2 3
   8 9 4
   7 6 5

n = 4 时，旋转魔方阵如下：

   1 2 3 4
  12 13 14 5
  11 16 15 6
  10 9 8 7

编写程序，输出符合要求的方阵，每个数字占 5 个字符宽度，向右对齐，在每一行末均输出一个回车符。

1. 实训分析

按题目要求，输出一个动态方阵，包含 n^2 个方阵数据，取值范围为 $1 \sim n^2$。但是，这 n^2 个数据是旋转出现在方阵中。以 4 阶旋转魔方阵为例，其旋转的方向如图 9-2 所示。

图 9-2 旋转魔方阵

对于偶数阶旋转魔方阵，共旋转 n/2 圈；对于奇数阶旋转魔方阵，共旋转 (n-1)/2 圈，还需要加上放在中间的最后一个数据，例如，在 3 阶矩阵中，将 9 放入方阵的最中间位置。

程序的外层循环可以选择旋转的圈数，也可以选择填入的数据个数。无论哪种控制循环的方式，都要使数据旋转填入。旋转的顺序为先向右，再向下，然后向左，最后向上。为了程序书写的方便，将每个旋转方向填入的数据设置为相同个数，如在 4 阶旋转方阵中，第 1 次旋转的四个方向填入的数据个数都为 3，共填入 3×4 = 12 个数据。设置每次旋转的起点下标为 (x,y)，第一次旋转的起点下标为 (0,0)，第 2 次旋转的起点为 (1,1)，依次递增。

根据上述分析，算法的伪代码如下：

(1) 输入方阵的阶数 n；
(2) 生成旋转魔方阵到二维数组 a：
 (2.1) 将填入的数据 k 初始化 1，旋转起点 (x,y) 初始化为 (0,0)；
 (2.2) while (k <= n * n)：
  (2.2.1) 行标 i = x，列标 j = y；
  (2.2.2) 向右旋转，行标 i 为 x，列标 j 取值为 y ～ (n - y - 2)，填入数据 k ++ ；
  (2.2.3) 向下旋转，列标 j 为 n - y - 1，行标 i 取值为 x ～ (n - x - 2)，填入数据 k ++ ；
  (2.2.4) 向左旋转，行标 i 为 n - x - 1，列标 j 取值为 (n - y - 1) ～ (y + 1)，填入数据 k ++ ；
  (2.2.5) 向上旋转，列标为 y，行取值为 (n - x - 1) ～ (x + 1)，填入数据

k++;
    （2.2.6）改变旋转起点，x++，y++；
    （2.2.7）如果下次旋转的数据只有一个时，直接填入数据k++；
 （3）按要求输出数据。

程序的代码如下：

```cpp
/*【程序9-1】:旋转魔方阵*/
#include <iostream>
#include <iomanip>
using namespace std;
//生成n阶的旋转魔方阵,结果存储在二维动态数组中
void rms(int **m,int n)
{
    int x=0,y=0;              //旋转起点
    int k=1;                  //旋转数据的初值
    int i,j;                  //旋转行标和列标
    while(k<=n*n)             //填充数据为n*n
    {
        //每次旋转的起点
        i=x;
        j=y;
        //向右旋转,行标i为x,列标j取值为y~(n-y-2)
        while(j<n-y-1)m[i][j++]=k++;
        //向下旋转,列标j为n-y-1,行标i取值为x~(n-x-2)
        while(i<n-x-1)m[i++][j]=k++;
        //向左旋转,行标i为n-x-1,列标j取值为(n-y-1)~(y+1)
        while(j>y)m[i][j--]=k++;
        //向上旋转,列标为y,行取值为(n-x-1)~(x+1)
        while(i>x)m[i--][j]=k++;
        //改变旋转的起点
        x++;
        y++;
        //如果旋转的起点和终点相同,即只剩一个数据时,直接填充即可
        if(x==n-x-1 && y==n-y-1)
            m[x][y]=k++;
    }
}
int main()
{
    int n;
    int i,j;
    int **a;
    cin>>n;
    //动态申请二维数组的存储空间
```

```
        a = new int * [n];
        for(i = 0;i < n;i ++)a[i] = new int[n];
        //调用函数,生成 n 维旋转魔方阵
        rms(a,n);
        //输出旋转魔方阵
        for(i = 0;i < n;i ++)
        {
            for(j = 0;j < n;j ++)
                cout << setw(5) << a[i][j];
            cout << endl;
        }
        //释放内存
        for(i = 0;i < n;i ++)delete[] a[i];
        delete[] a;
}
```

2. 实训练习

给定一个起始数（大于等于 1，小于等于 20）和方阵的阶数（大于等于 1，小于等于 20），编程求得并输出该折叠方阵。一个起始数为 10 的 4 阶折叠方阵如下：

```
10  11  14  19
13  12  15  20
18  17  16  21
25  24  23  22
```

从标准输入中输入两个正整数，分别表示起始数和方阵的阶数，以一个空格来分隔这两个数字。将生成的折叠方阵按行输出到标准输出上，每个数字占 4 个字符的宽度，靠右对齐，各数字之间不再有空格分隔，每行末尾有回车换行。

实训 2 删除重复字符

编写一个程序，从键盘接收一个字符串，然后按照字符顺序从小到大进行排序，并删除重复的字符。要求程序可以处理含有空格的字符串。例如，输入字符串"badacgegfacb"，输出字符串"abcdefg"。

1. 实训分析

在 C++ 中，可以采用类型 string 表示字符串，并可以调用相关函数来完成字符串的操作。程序需要处理包含空格的字符串，所以可以采用 C++ 的库函数 getline 函数来获取字符串。字符串的排序可以调用 C++ 标准库里的排序函数 sort 函数实现时间复杂度为 $n\log_2(n)$ 的排序。

C++ 标准模板库（STL）里的排序函数的使用方法如下：

（1）sort 函数包含在头文件为#include < algorithm > 的 C++ 标准库,它使用的排序方法的时间复杂度为 n×log₂(n)。

(2) sort 函数使用的模板如下：

sort(start,end,排序方法)

参数说明：

- start：要排序的数组的起始地址。
- end：结束的地址（最后一位要排序的地址）。
- 排序方法：排序的方法，可以是从大到小也可是从小到大，还可以缺省这个参数，此时默认的排序方法是从小到大排序。

综上所述，算法的伪代码如下：

(1) 接收字符串 str，并获取字符串长度 len；
(2) 调用 C++标准库里的 sort 函数排序字符串；
(3) 遍历字符串，删除重复字符：

  (3.1) 初始化循环变量 i=0,；
  (3.2) 判断 str[i] 和 str[i+1] 是否相等。如果不相等，则 i++；如果相等，则将后续字符逐个往前移动：

    (3.2.1) 初始化循环变量 j=i，执行 str[j]=str[j+1]，将后续字符前移；
    (3.2.2) 如果 j<n-1，就重复执行 (3.2.1)；
    (3.2.3) 将字符串长度 len--；

  (3.3) 如果 i<n-1，就重复执行 (3.2)；

(4) 输出字符串。

上述算法可以调用缺省第 3 个参数的 sort 函数，默认的排序方法是从小到大排序。

程序的代码如下：

```cpp
/*【程序9-2.1】:删除重复字符*/
#include <iostream>
#include <algorithm>
using namespace std;
int main()
{
    string str;
    int len;
    //输入字符串(含空格)
    getline(cin,str);
    len = str.length();
    //调用C++标准库里的排序函数
    sort(&str[0],&str[0]+len);
    //删除重复字符
```

```cpp
        for(int i =0;i <len -1;i ++)
            if(str[i] ==str[i +1])
            {
                for(int j =i +1;j <len -1;j ++)
                    str[j -1] =str[j];
                len =len -1;
                i --;
            }
        //输出字符串
        for(int i =0;i <len;i ++)
            cout << str[i];
        return 0;
}
```

如果需要将算法中的字符串按照从大到小的顺序输出，那么，在调用 sort 函数时，需要加入第三个参数。编写一个比较函数 comp，设计排序的方法。

将字符串按照从大到小的顺序进行排序的代码如下：

```cpp
/*【程序9 -2.2】:删除重复字符;
字符串的排序方式为从大到小*/
#include <iostream>
#include <algorithm>
using namespace std;
//sort 函数的比较方法
bool comp(char a,char b)
{
    return a >b;
}
int main()
{
    string str;
    int len;
    //输入字符串(含空格)
    getline(cin,str);
    len =str.length();
    //调用 C ++标准库里的排序函数
    sort(&str[0],&str[0] +len,comp);
    //删除重复字符
    for(int i =0;i <len -1;i ++)
        if(str[i] ==str[i +1])
        {
            for(int j =i +1;j <len -1;j ++)
                str[j -1] =str[j];
```

```
                len = len - 1;
                i --;
            }
    //输出字符串
    for(int i = 0;i < len;i ++)
            cout << str[i];
    return 0;
}
```

2. 实训练习

从键盘依次输入某班学生的姓名和成绩（一个班级的人数最多不超过 50 人），然后分别按学生成绩由高到低的顺序输出学生的姓名和成绩，若成绩相同，则按输入次序排序。

实训 3　字符串全排列

给定一个由不同的小写字母组成的字符串，输出这个字符串的所有全排列。假设对于小写字母有'a' < 'b' < ⋯ < 'y' < 'z'，而且给定的字符串中的字母已经按照从小到大的顺序排列。

要求输入只有一行，是一个由不同的小写字母组成的字符串，已知字符串的长度为 1 ~ 6。输出这个字符串的所有排列方式，每行一个排列。要求：将字母序比较小的排列在前面。字母序如下定义：

已知 $S = s_1 s_2 \cdots s_k$，$T = t_1 t_2 \cdots t_k$，则 $S < T$ 等价于，存在 p（$1 \leq p \leq k$），使 $s_1 = t_1$，$s_2 = t_2$，⋯，$s_{p-1} = t_{p-1}$，$s_p < t_p$ 成立。

例如，输入"abc"，则输出：

abc
acb
bac
bca
cab
cba

1. 实训分析

题目要求将字符串按照字典序的升序进行全排列，可以调用 C++ 全排列函数 next_permutation 来实现。

C++标准模板库（STL）提供了 next_permutation 与 prev_permutation，可以获取数字或者是字符的字典顺序的全排列。这两个函数的作用相同，区别就在于前者求的是当前排列的下一个排列，后一个求的是当前排列的上一个排列。对于 next_permutation 函数，其函数原型如下：

bool next_permutation(iterator start,iterator end)

当前序列不存在下一个排列时，函数返回 false，否则返回 true。

程序的代码如下：

```
/*【程序9-3】：字符串全排列*/
#include <iostream>
#include <algorithm>
using namespace std;
int main()
{
    string s;
    cin >> s;
    do
    {
        cout << s << endl;
    }while(next_permutation(&s[0],&s[0]+s.length()));
}
```

2. 实训练习

凑算式：

$$A + \frac{B}{C} + \frac{DEF}{GHI} = 10$$

在这个算式中，A～I代表1～9的数字，不同的字母代表不同的数字。例如：6+8/3+952/714就是一种解法，5+3/1+972/486是另一种解法。使用C++标准模板库编写程序，求出这个算式一共有多少种解法？

实训4　求两组整数的异或集

从标准输入中输入两组整数，去掉在两组整数中都出现的整数，并按从小到大的顺序排序输出（即两组整数集的异或）。

首先，输入第1组整数的个数，再输入第1组整数，以空格分隔；然后，输入第2组整数的个数，再输入第2组整数，以空格分隔。

按从小到大的顺序排序输出合并后的整数（去掉在两组整数中都出现的整数），输出的整数之间以一个空格分隔，最后不含回车符。

例如，输入：

8↙
5 1 4 3 8 7 9 6↙
4↙
5 2 8 10↙

输出：

1 2 3 4 6 7 9 10

1. 实训分析

异或集即求两组数据的不同部分。求异或集的方法很多,可直接根据异或的概念编写代码。首先,将两组整数分别排序;然后,提取两组整数中的不同部分。

算法的伪代码如下:

(1) 将第 1 组整数数组 A 的 m 个数据按从小到大的顺序排序;
(2) 将第 2 组整数数组 B 的 n 个数据按从小到大的顺序排序;
(3) 提取并输出两组数组中的不同数据:

    (3.1) 初始化变量 i=0, j=0,分别指向数组 A 和数组 B 的下标;

    (3.2) 如果 A[i]<B[j],那么元素 A[i] 为异或集的一个元素,将其输出,并执行 i++,指向下一个元素;

    (3.3) 如果 A[i]>B[j],那么元素 B[j] 为异或集的一个元素,将其输出,并执行 j++,执行下一个元素;

    (3.4) 如果 A[i]=B[j],那么两个元素都不为异或集的元素,执行 i++, j++;

    (3.5) 如果 i<m 且 j<n,就重复执行 (3.2);

    (3.6) 如果 i 没有遍历数组 A 的所有元素,则将剩余部分输出;

    (3.7) 如果 j 没有遍历数组 B 的所有元素,则将剩余部分输出。

程序的代码如下:

```cpp
/*【程序 9-4】:求两组整数的异或集*/
#include <iostream>
#include <algorithm>
using namespace std;
//输出异或元素
void _XOR(int * data1,int n1,int * data2,int n2)
{
    int i =0,j =0;
    //遍历两组数据,输出不同部分
    while(i <n1 && j <n2)
    {
        if(data1[i] <data2[j])
        {
            cout <<data1[i] <<" ";
            i ++;
        }
        else if(data1[i] >data2[j])
        {
            cout <<data2[j] <<" ";
            j ++;
        }
```

```
            else
            {
                i ++;
                j ++;
            }
        }
        //将第1组剩余数据输出
        for(;i<n1;i ++)cout << data1[i] << " ";
        //将第2组剩余数据输出
        for(;j<n2;j ++)cout << data2[j] << " ";
}
int main()
{
        int *A,*B;
        int m,n;
        int i;
        //输入第1组数据
        cin >> m;
        A = new int[m];
        for(i = 0;i<m;i ++)cin >>A[i];
        //输入第2组数据
        cin >> n;
        B = new int[n];
        for(i = 0;i<n;i ++)cin >>B[i];
        //调用sort函数将两组数据排序
        sort(A,A +m);
        sort(B,B +n);
        //调用函数输出异或集,即将两组数据中的不同部分输出
        _XOR(A,m,B,n);
        //释放空间
        delete[] A;
        delete[] B;
        return 0;
}
```

2. 实训练习

从标准输入中输入两组整数,获取两组整数中都出现的整数,并按从小到大的顺序排序输出(即两组整数集的交集)。

第 10 章

数据与过程的封装
——类及其实训

面向对象程序设计将所有同类对象抽象为类（class），并使用类定义一种数据类型，将数据与过程封装在这种新类型中。C 语言的结构体将不同类型的数据封装成一个整体，C++ 语言将各自独立的数据和操作一起封装，组织成一个整体，并重新命名，易于代码或数据的重复使用。

从 C 到 C++ 迈出的第一步是将函数放入结构体，实现从面向过程到面向对象的质的变化。一旦将处理数据的函数加入结构体中，结构体就有了新的功能。它既能描述属性，也能描述对这些属性的操作，C++ 用类来表示这种全新的概念。

10.1 定义类与对象

C++ 提供了一种比结构体更安全、更完善的类型定义方法——类。C 语言的结构体定义了一种记录类型，将一组相关的数据封装在一起，使其在逻辑上可看成一个整体。结构体使程序逻辑清晰，但没有根本改变解决问题的方法。

本节以典型示例来说明使用结构体和使用类解决问题的不同。

【例 10-1】定义二维空间的一个点，并求原点到该点的距离。

【分析】二维空间的一个点 p，包含横坐标 x、纵坐标 y 两部分数据。

如果采用面向过程的思维方式，那么，首先将横坐标 x 与纵坐标 y 封装在一个结构体中，并定义该结构体变量表示二维点，然后编写相关函数，用于计算原点到该点的距离。

如果采用面向对象的思维方式，那么需要考虑例 10-1 中包含哪些对象，这些对象包含哪些特征。由题意可知，例 10-1 包含二维点这类对象。每个二维点都有横坐标、纵坐标两类数据。每个二维点都可以计算原点到该点的距离，但是距离的计算需要使用横坐标、纵坐标。因此，例 10-1 包含了两类特征：一类为静态特征（横坐标与纵坐标），也称为属性；另一类为动态特征（与原点的距离），是对属性进行的操作。

面向对象的计算思维是抽象与封装，将所有与对象相关的特征都封装在一种类型中，与客观世界（包括人类思维）中对象的概念一致。因此，将二维点的所有共同特征（无论是静态特征还是动态特征）都封装在一起。静态特征的封装是一种数据封装，而动态特征的封装是一种过程封装。本节定义一个类——Point 来实现这种封装。

10.1.1 定义类

定义一个类，在本质上是定义一个数据类型的蓝图。实际上，类并没有定义任何数据，但它定义了类的对象包括什么，以及可以在这个对象上执行哪些操作。

定义一个类，就是定义一组属性和对这组属性进行操作的函数。属性称为类的数据成员，函数称为类的成员函数。类定义以关键字 class 开头，后接类的名称。类的主体被包含在一对大括号 {} 中。类在定义后，必须接一个分号或一个声明列表。一般形式如下：

```
class 类名{
private:
    私有成员;
public:
    公有成员;
protected:
    受保护成员;
};
```

在类定义中，所有数据和函数（或过程）都被封装在一起。数据封装是面向对象编程的一个重要特点，它防止外部函数直接访问类的内部成员。无论是公有成员、私有成员还是受保护成员，都既可以是数据成员，也可以是成员函数。类成员的访问限制是通过在类主体内部对各个区域标记 public、private、protected 来指定的。

关键字 public、private、protected 称为访问修饰符。在程序中，公有成员在类的外部是可访问的，可以不使用任何成员函数来设置和获取公有变量的值。私有成员变量（或函数）在类的外部是不可访问的，甚至是不可查看的。只有类和友元函数可以访问私有成员。默认情况下，类的所有成员都是私有的。保护成员变量（或函数）与私有成员十分相似，但是，保护成员在派生类（即子类）中是可访问的。第 12 章将介绍派生类和继承的知识。本章介绍公有成员和私有成员的使用。

在实际操作中，一般会在私有区域定义成员数据，在公有区域定义相关的成员函数，以便在类的外部也可以调用这些函数。无须被调用的成员函数，一般会在私有区域定义。

结构体和类都能用于定义新的类型，格式也几乎相同。这两种方法的唯一区别在于：在结构体中，没有指明访问属性，所有成员都是公有的；在类的定义中，默认情况下，所有成员都是私有的，而且可以指定访问属性。

在例 10-1 中，需要定义一个二维点的数据类型蓝图，将其命名为 Point。如果定义一个 Point 类型的对象 p，则此对象 p 必须包含横坐标和纵坐标，且横坐标值和纵坐标值不可改变。因此，在 Point 类定义时，应指定横坐标 x 和纵坐标 y 为成员数据，且其访问属性为 private。

在对象 p 上，可以执行哪些操作呢？题意要求计算 p 点与原点的距离，而距离的计算需要横坐标 x 和纵坐标 y 的值，所有横坐标 x 和纵坐标 y 的值应该怎么设置呢？

对此，需要至少两项操作：一项是设置 p 点的坐标值；另一项是计算 p 点与原点的距离。为了方便调试，可以增加输出坐标点、获取横坐标、获取纵坐标的操作。这几项操作需要在类 Point 中加以定义，作为类 Point 的成员函数。因此，将其访问属性设为 public，使其在类的外部可以访问。

完善类的定义还包括所有成员函数的实现。成员函数的实现通常有两种方法：一种方法是在类定义时只给出函数原型，而将函数的定义写在类定义外；另一种方法是将成员函数写在类定义中。

为了减少时间开销，如果一个成员函数不包含循环等控制语句，那么 C++ 编译器就会自动将其作为内置（inline）函数处理。这种类中函数称为内联函数，即在程序调用这些函数时，直接把函数代码嵌入调用点，而不执行函数的调用过程。对于类内定义的内联函数，可以省略 inline；内联成员函数也可写在类定义外面，直接使用保留字 inline 说明即可，但必须放在同一文件中，否则无法实现函数代码嵌入。

类的成员函数可以重载，这种函数称为重载函数。也就是说，类中允许参数个数不同、参数类型不同的两个以上的成员函数有相同的函数名，当然，它们的定义（实现）不相同。例如，例 10-1 可以定义多个 create 函数，实现多种方式创建一个二维点。

如果在类体中直接定义成员函数，则不需要在函数名前加类名。但是，如果在类体外定义成员函数，就必须在函数名外加上类名，类名和函数名之间应添加作用限定符"∷"。例如，"float Point∷distance()"为在类体外定义类成员函数的形式。

在程序设计时，将类定义和成员函数的实现分开，可增强程序的可读性，也能更好地实现类的隐藏。通常，把类定义编写在头文件（.h 文件）中，把类实现编写在实现文件（.cpp 文件）中，把简单的成员函数编写在类定义中。本例将 create 函数编写为内联函数，将 distance 和 print 函数编写在类的实现文件中。

例 10-1 的完整代码清单如下：

(1) Point 类的头文件：

```cpp
//文件名:Point.h
//二维点类的定义
#ifndef Point_h
#define Point_h
#endif                          //Point_h
#include <iostream>
#include <cmath>
class Point
{
private:
```

```cpp
    float x;                        //数据成员
    float y;                        //数据成员
public:
    void create()
    {
        x = 0;                      //函数重载,创建一个默认的二维点
        y = 0;
    }
    void create(float a,float b)
    {
        x = a;
        y = b;
    };                              //函数重载,参数创建二维点
    float getx()
    {
        return x;                   //获取横坐标
    }
    float gety()
    {
        return y;                   //获取纵坐标
    }
    float distance();               //获取原点到当前点的距离
    void print();                   //输出
};
#endif
```

(2) Point 类的实现文件：

```cpp
//文件名:Point.cpp
//二维点类的实现
#include "Point.h"
//计算坐标(x,y)到原点(0,0)的距离
float Point::distance()
{
    return sqrt(x*x+y*y);
}
//输出坐标(x,y)
void Point::print()
{
    cout <<'('<< x <<','<< y <<')'<< endl;
}
```

在 C++ 程序中，经常会用到类。为了方便使用，C++ 编译系统向用户提供类库，包含了常用的基本类。也有不少用户将自己常用的类放在一个专门的类库中，当需要使用时，可直接引用，从而实现代码重用。

10.1.2 声明对象

当定义了一个类，就相当于有了一个新的类型，那么就可以声明这种类型的变量了。在面向对象程序设计中，类变量称为对象。与普通变量一样，对象既可以直接在程序中声明，也可以动态申请。例如，定义 Point 类的对象 p1、p2，一个含有 20 个对象的 Point 类的对象数组 p，可以直接声明：

```
Point p1,p2,p[20];
```

也可以采用动态申请：

```
Point *p1,*p2,*p;
p1=new Point;
p2=new Point;
p=new Point[20];
```

当不再使用某个动态对象时，就应将申请到的动态内存空间释放。例如，将对象 p1、p2 和数组 p 对应的动态内存空间释放：

```
delete p1;
delete p2;
delete []p;
```

10.1.3 操作对象

与结构体变量一样，同类对象可以相互赋值，对象还可以对其成员操作。但是，类定义对类成员使用了 public、private、protected 等访问修饰符进行访问限制。如果类成员是 public 成员，则其对象可以对其访问。

数据成员的引用方式：

对象名.数据成员

成员函数引用的方式：

对象名.成员函数名(实参列表)

例如，Point 类的成员函数 create 是 public 成员，可以用下列方式来访问：

```
Point p1,*p2;
p1.create(3,3);
p2=new Point;
p2->create(3,4);
```

如果类成员是 private 成员，则其对象不能对其访问，但类中的成员函数可以访问本类中的私有成员。例如：

```
Point p;
cout<<p.x;              //出错,没有访问权限
```

成员函数还可以访问同类对象的任何成员。例如，将 Point 类的成员函数 float distance( ) 改写，求当前点与另一个点 q 的距离，q 点的数据成员可以被访问。代码如下：

```cpp
//实现当前点与另一个点 q 的向量坐标值
float Point::distance(Point& q)
{
    return sqrt((x-q.x)*(x-q.x)+(y-q.y)*(y-q.y));
}
```

利用 Point 类的定义，可以实现示例中所列的功能。将实现代码可以写在另一个 .cpp 文件中，命名为 Point_main.cpp，其代码如下：

```cpp
#include "Point.h"
int main()
{
    Point p;
    float x,y;
    cin >> x >> y;
    p.create(x,y);
    q.create();
    cout << "坐标点为:";
    p.print();
    cout << "该点与原点的距离为:" << p.distance(q) << endl;
    return 0;
}
```

10.1.4 对象的内存分配与 this 指针

一个对象包括数据成员和成员函数。假如定义了三个 Point 对象 p1、p2、p3，分别代表二维点 (1,1)、(3,4)、(-1,1)。这三个不同对象的成员数据是不同的，但所有该类对象中的成员函数的代码是完全相同的。C++采用了一种优化的手段，不管创建了多少该类的对象，都只为数据成员分配空间，成员函数在内存中只有一个副本，且所有对象共享这个副本。三个对象的内存分配示意如图 10-1 所示。

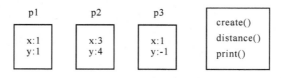

图 10-1 对象的内存分配示意

如图 10-1 所示，对象的数据成员与成员函数是分开存储的。那么，当执行成员函数时，如何知道该引用哪个对象的成员数据呢？例如，Point 类成员函数 create 的定义如下：

```
void create(float a,float b)
{
    x = a;
    y = b;
}
```

系统如何知道 x、y 是哪个对象的 x、y 呢？实际上，C++ 为每个成员函数都设置一个隐藏的 this 指针，对成员函数中数据成员的访问是通过 this 指针访问的。例如，Point 类成员函数 create 的实际形式如下：

```
void create(Point * this,float a,float b)
{
    this ->x = a;
    this ->y = b;
}
```

如果执行如下语句：

```
p1.create( -1, -1);
```

那么编译器将把 p1 的内存地址传给形参 this，成员函数通过 this 指针，访问 p1 的数据成员 x、y。

10.2 对象的构造与析构

定义一个变量时，可以对其进行初始化，也可以先定义，在后期对其赋值。例如：

```
int a;
a = 1;
```

此时，先为变量 a 分配内存，内存存储的值是随机值，只有当 a 被赋值后，才能确定其存储值为 1。因此，定义变量时，对其进行初始化是有必要的，可以避免程序 bug 的出现。例如：

```
int a = 1;
```

定义一个对象也是如此。例如，定义 Point 对象 p：

```
Point p;
```

此时，数据成员 x、y 未被初始化。执行 create 函数后，数据成员 x、y 有了确定值：

```
cin >>x >>y;
p.create(x,y);
```

对象初始化能否像普通变量一样初始化，而不必执行成员函数呢？C++ 使用特定的成员函数——构造函数执行初始化工作。

10.2.1 构造函数

如果需要为某个类的对象赋初值,那么这个类的成员函数中应该包含一个构造函数。构造函数由系统定义对象时自动调用,无须用户显式调用。C++规定,构造函数的名字必须与类名相同。例如,Point 类可以定义如下构造函数,其功能与成员函数 create 相同。

```
Point(float a,float b){x=a;y=b;}        //初始化横坐标和纵坐标
```

当定义一个 Point 类的对象 p 时,系统将自动调用 Point 类的构造函数,此时需要提供初始化参数。例如:

```
Point p(3,4);
```

与普通变量初始化不同的是,数据成员初始化值以实参的形式传递,必须有小括号。

关于构造函数的几点说明:

(1) 构造函数名必须与类名相同;系统若发现某个对象需要赋初值,就到类中找一个和类名同名的函数执行。

(2) 构造函数没有返回值。构造函数是系统在对象定义时自动调用的,不需要返回值。

(3) 每个类至少有一个构造函数。如果定义类时没有定义构造函数,编译器就会自动生成一个构造函数。该构造函数没有参数,且函数体为空。例如,Point 类没有定义构造函数,编译器就构造一个构造函数:

```
Point(){};
```

定义类对象:

```
Point p;
```

系统则调用编译器构造的构造函数。但是,如果用户定义了构造函数,编译器就不会生成这样一个构造函数了。这就意味着,在定义对象时,一定要有与构造函数形参表对应的实参表。

(4) 每个类可以创建多个构造函数,系统根据实参表的不同而调用不同的构造函数。不带参数的构造函数称为默认构造函数,一个类通常至少有一个默认构造函数。

如果一个类支持对象赋初值,也支持对象不赋初值,那么,该类可以创建两个构造函数:有参构造函数和无参构造函数。当然,该类还可以构造一个指定默认值的构造函数。例如,在 Point 类这样设计构造函数:

```
Point(float a=0,float b=0)
{
    x=a;
    y=b;
}
```

那么,如果在定义 Point 类对象时不指定实参,则两个实参的默认值为 0;如果指定实参,则实参为指定的实参值。例如,定义 Point 类对象:

```
Point p1(3,4),p2;
```

坐标点 p1 的坐标为 (3,4)，而坐标点 p2 的坐标为 (0,0)。

（5）构造函数可以包含一个成员初始化列表。成员初始化列表位于函数头和函数体之间。例如，Point 类包含成员初始化列表和默认值的构造函数：

```
Point(float a=0,float b=0):x(a),y(b){}
```

即在函数首部末尾加一个冒号，然后列出参数的初始化列表。上面的初始化列表表示：用形参 a 的值初始化数据成员 x，用形参 b 的值初始化数据成员 y。Point 类后面的大括号是空的，没有任何执行语句。其他类的构造函数若需要执行其他语句，可在函数体中实现。

采用参数初始化列表可以减少函数体的长度，使构造函数简练，也可以提高构造函数的效率，使数据成员在构造的同时完成初值的设置。

综上所述，使用包含成员初始化列表和默认值的构造函数来重新定义 Point 类，其头文件 Point.h 代码如下：

```cpp
//文件名:Point.h
//二维点类的定义
#ifndef Point_h
#define Point_h
#include <iostream>
#include <cmath>
using namespace std;
class Point
{
private:
    float x;                              //成员数据,表示横坐标
    float y;                              //成员数据,表示纵坐标
public:
    Point(float a=0,float b=0):x(a),y(b){};  //设置横坐标和纵坐标
    float getx()
    {
        return x;                         //输出横坐标
    }
    float gety()
    {
        return y;                         //输出纵坐标
    }
    float distance();                     //计算坐标(x,y)到原点(0,0)的距离
    void print();                         //输出坐标(x,y)
    Point vect(Point q);
};
#endif
```

10.2.2 复制构造函数

在定义普通变量时,除了可以用常量初始化外,还可以使用同类变量赋值。例如:

int b = c;

在创建一个对象时,也可以用一个同类的对象对其初始化。C++使用复制构造函数来完成。复制构造函数以一个同类的常量应用作为形参。它的原型如下:

类名(const 类名 &);

Point 类的复制构造函数如下:

Point(const Point &p):x(p.x),y(p.y){} //复制构造函数,使用了参数初始化列表

其中,p 为常量对象。常量对象只能初始化,不能赋值。

有了复制构造函数,在定义对象时,可以如下使用:

Point p3 = p;

这时,系统会自动调用复制构造函数,将 p 的数据成员值赋值给 p3 的数据成员。

每个类都有一个复制构造函数。如果用户定义类时,没有定义复制构造函数,编译器就会自动生成一个。该函数将形参对象的数据成员值相应地赋值给正在创建的对象的数据成员。这种自动构造的复制构造函数称为默认的复制构造函数。一般情况下,默认的复制构造函数足以满足复制对象的要求。当默认的复制构造函数不能满足用户要求时,那需要用户设计自己的复制构造函数。

10.2.3 析构函数

有些类对象在消亡前,需要执行一些清理工作,如释放内存等。但是,并不是所有的类对象在消亡前都需要清理。例如,当 Point 类对象 p 在消亡时,不需要做清理工作,其数据成员 x 与 y 随着对象 p 的消亡而自动消亡。完成类对象清理工作的函数需要在类定义时构造,这种函数称为析构函数。

与构造函数一样,析构函数也不是由用户调用的,而是系统,在对象生命周期结束时自动调用的。每个类都有一个析构函数。如果用户没有定义析构函数,编译器就会自动生成一个默认的析构函数。该函数的函数体为空。析构函数的名字是类名前面加一个"~"符号。例如,Point 类的析构函数由编译器自动生成,其形式如下:

~Point(){}

析构函数不返回任何值,没有函数类型,也没有函数参数。一个类可以有多个构造函数,但只能有一个析构函数。在下面的例 10-2 中,需要编写析构函数。该示例的构造函数使用运算符 new 来申请内存空间,那么该示例就需要编写析构函数,使用运算符 delete 来完成释放内存的清理工作,否则会造成内存泄漏。

【例 10-2】用 class 定义一个存储大整数的数据类型 BigInt。

【分析】用某种程序设计语言进行编程时,可能需要处理非常大或者运算精度要求非常

高的整数（称为大整数），这种大整数用该语言的基本数据类型无法直接表示。处理大整数的一般方法是用数组存储大整数（即定义一个比较大的整型数组），数组元素代表大整数的一位，通过数组元素的运算来模拟大整数的运算。

令 $A = a_1 a_2 \cdots a_n$ 表示大整数，n 表示大整数的位数。面向对象编程的思想是构造类与对象。将大整数看作对象，抽象大整数的所有特征后定义一种大整数类型，并将其命名为 BigInt 类型。该数组有两个数据成员：一个是整型数组 data，表示大整数的各位数字；另一个是整型变量 length，表示大整数的长度。为了便于执行大整数的算术运算，可将大整数的低位存储到数组的低下标处，大整数的高位存储到数组的高下标处。例如，大整数 1234567899999，存储到数组 data 为

9	9	9	9	9	8	7	6	5	4	3	2	1
0	1	2	3	4	5	6	7	8	9	10	11	13

为了灵活应用存储空间，本例采用动态内存分配。BigInt 类的成员函数及其功能如下：
（1）构造函数 BigInt()：无参，构造一个空的大整数。
（2）构造函数 BigInt(string str)：有参，由一个只包含数字的字符串构造一个大整数，其长度为字符串 str 的长度。该函数将大整数存储到一块数组空间中，存储空间采用运算符 new 动态申请。
（3）复制构造函数 BigInt(const BigInt &b)：有参，重新申请内存空间并将 b 中数复制到当前对象。
（4）析构函数 ~BigInt()：无参，使用运算符 delete 释放存储空间。
（5）成员函数 int length()：无参，返回大整数的长度。
（6）成员函数 void print()：无参，从高位到低位输出大整数。

BigInt 头文件的代码如下：

```
//文件名:BitInt.h
//大整数类的定义
#ifndef BigInt_h
#define BigInt_h
#include <iostream>
using namespace std;
class BigInt
{
private:
    int * data;
    int length;
public:
    BigInt()
    {
        length = 0;             //无参构造函数
        data = NULL;
    }
    BigInt(string str);         //带参构造函数
```

```cpp
    BigInt(const BigInt &b);//复制构造函数
    ~BigInt();//析构函数
    int getLength()
    {
        return length;//获取大整数长度
    }
    void print();//按从高位到低位输出大整数
};
#endif //BigInt_h
```

BigInt 类的实现代码如下：

```cpp
//文件名:BigInt.cpp
//大整数类的实现
#include "BigInt.h"
//由一个只包含数字的字符串构造一个大整数
BigInt::BigInt(string str)
{
    length = str.length();
    data = new int[length];                    //动态申请内存空间
    for(int i = length - 1;i >= 0;i --)
        data[length - i - 1] = (int)(str[i] - '0');
}
//复制构造函数,重新申请内存空间并将b中数据复制到当前对象
BigInt::BigInt(const BigInt &b)
{
    length = b.length;
    data = new int [length];
    for(int i = 0;i < length;i ++)
        data[i] = b.data[i];
}
//使用运算符delete释放存储空间
BigInt:: ~BigInt()
{
    length = 0;
    delete []data;                             //释放内存
}
//从高位到低位输出大整数
void BigInt::print()
{
    for(int i = length - 1;i > =0;i --)
        cout << data[i];
    cout << endl;
}
```

有了 BigInt 类的定义，就可以定义 BigInt 类对象测试类的使用状况。测试代码可以写在另一个 .cpp 文件中，可将其命名为 BigInt_main.cpp。其代码如下：

```cpp
#include "BigInt.h"
int main()
{
    string s = "12345678999455667";
    BigInt b1(s);              //此时,系统自动调用有参构造函数
    b1.print();                //显式调用成员函数
    BigInt b2 = b1;            //此时,系统自动调用复制构造函数
    b2.print();                //显式调用成员函数
    return 0;
                               //此时,系统自动调用对象 b1 和 b2 的析构函数,自动回收空间
}
```

【练习】
创建一个三维空间点的类 Point3D，数据成员为三个维度的坐标值，成员函数包括构造函数、析构函数、输出函数以及计算当前点与另一点的距离等。创建一个工程，其中包含头文件 Point3D.h、实现文件 Point3D.cpp，以及测试主文件 Point3D_main.cpp。

10.3 const 与数据保护

虽然 C++ 采用关键字 public、private、protected 等访问修饰符来加强数据的安全性，但是有些数据还是不安全。例如，实参可在函数调用中发生更改，变量可被其引用更改，有些数据可被其指针变量更改等。如果希望用到某些数据，但是在使用这些数据的过程中又不能发生更改数据的状况，就可以定义这些数据为常量。

10.3.1 常数据成员

类的数据成员可以定义为常量。常数据成员表示它在某个对象生存期内是常量，即在对象生成时赋予常量值，在对象生存期内，它的值是不能改变的。例如，Point 类对象 p1(3,4) 除了在构造函数中初始化外，在整个生存期内是不变的，那么 Point 类中的横坐标 x 和纵坐标 y 可被定义为常数据成员。如下所示：

```cpp
const float x;              //成员数据,表示横坐标
const float y;              //成员数据,表示纵坐标
```

常量只能初始化，不能赋值。因此，常数据成员只能在类中通过参数初始化列表完成。例如：

```cpp
point(float a = 0, float b = 0):x(a),y(b){}
```

不能写成如下：

```
point(float a=0,float b=0)
{
    x=a;
    y=b;
}
```

如果有成员函数试图改变常数据成员的值，则编译器报错。如果在 Point 类中定义二维点平移函数，试图改变数据成员的值，则编译系统报错。平移函数代码如下：

```
void pmove(float a,float b)
{
    x+=a;           //当前坐标点平移
    y+=b;
}
```

10.3.2 常成员函数

类的成员函数也可以定义为常成员函数。常成员函数只能引用本类的数据成员，而不能改变它们，即成员函数是安全的，不会改变数据成员的值。例如，Point 类成员函数 print、distance 都不会改变数据成员的值，因此可以将其都定义为常成员函数。

声明常成员函数的一般格式：

类型名 函数名(参数表) const

常成员函数的声明需要在成员函数声明后面加一个保留字 const。下面的代码将 Point 类成员函数 print、distance 声明为常成员函数：

```
float distance()const;         //计算坐标(x,y)与原点(0,0)的距离
void print()const;             //输出坐标(x,y)
```

常成员函数的定义也需要加入 const。常成员函数 print、distance 的定义形式如下：

```
//计算坐标(x,y)与原点(0,0)的距离
float point::distance()const
{
    return sqrt(x*x+y*y);
}
//输出坐标(x,y)
void point::print()const
{
    cout<<'('<<x<<','<<y<<')'<<endl;
}
```

任何不修改数据成员的函数，都应该将其声明为 const 类型，以提高程序的健壮性。如果常成员函数不慎修改了数据成员，编译器将报错，提醒用户更改了受保护的数据。

10.3.3 常对象

使用常对象，可以保护其数据成员不被修改。例如，在例 10 - 1 中，定义一个点为原点，使其值不被改变，可将其定义为常对象。定义常对象的方法是在对象前面加关键字 const。例如：

const Point p0(0,0);

或者

Point const p0(0,0);

常对象只能初始化，不能赋值，而且必须初始化，否则无法指定常量的值。如果程序中有试图改变 p0 的语句，编译器将报错。

10.3.4 对象的常引用

在函数调用时，如果形参为对象的引用，那么可以把引用声明为 const，即常引用。常引用能保证数据安全，使传递的参数对象在函数调用期间不被随意修改。例如，在例 10 - 2 中，可以为 BigInt 类增加一个成员函数，实现两个大整数的相加。代码如下：

void add(const BigInt &a,const BigInt &b);   //两个大整数相加,结果存储到当前对象

其中，形参 a 和 b 称为常引用。如果在函数调用时，a 与 b 的数据被更改，编译器将报错。

在面向对象编程设计中，使用常引用作为函数形参，不仅能够实现形参与实参引用同一块内存空间，节省存储空间，而且能够使数据不能被随意修改，从而保证数据安全。

BigInt 类的 add 成员函数可如下定义：

```
//两个大整数相加,其结果存储到当前对象
void BigInt::add(const BigInt &a,const BigInt &b)
{
    int flag = 0;                //表示进位
    int i = 0;
    int m = a.length;            //大整数 a 的长度
    int n = b.length;            //大整数 b 的长度
    int len = m > n ? m:n;       //求其长度较大者
    data = new int[len +1];      //申请数据空间,最高位可能有进位,所以申请空间为 len +1
    while(i < m && i < n)        //逐位相加,直到一个大整数结束。注意存储进位
    {
        data[i] = (a.data[i] + b.data[i] + flag)%10;
        flag = (a.data[i] + b.data[i] + flag)/10;
        i ++;
    }
    for(;i < m;i ++)             //如果大整数 a 没有结束,则剩余位数与进位相加
    {
```

```
            data[i] = (a.data[i] + flag)%10;
            flag = (a.data[i] + flag)/10;
        }
        for(;i<n;i++)//如果大整数b没有结束,则剩余位数与进位相加
        {
            data[i] = (b.data[i] + flag)%10;
            flag = (b.data[i] + flag)/10;
        }
        length = len + flag;//a+b的长度与最后的进位有关
        if(flag)data[length-1] = flag;      //如果最后的进位非零,则最高位为进位值
}
```

【练习】

创建一个日期类 Date，数据成员有：month、day 和 year（都是 int 类型）。成员函数有：

(1) 构造函数：构造包含参数列表和默认值的构造函数。

(2) 析构函数：可以编写空的析构函数，也可以由系统自动生成。

(3) 成员函数 int day_of_year()：返回当前日期是 1 年中的第几天？（注意闰年问题）

(4) 成员函数 int compare_dates(Date d)：如果当前日期在日期 d 之前，就返回 -1；如果当前日期在日期 d 之后，就返回 1；如果当前日期与日期 d 相等，就返回 0。

思考：在此类中，哪些成员可设为常量？

10.4 类的静态成员与数据共享

类是同类对象的抽象，而对象称为类的示例。每个对象都有自己的数据成员，不同对象的数据成员互不相干。但是，在现实世界中，相同类的对象有些信息是相同的。例如，在银行系统中，处理的对象是账户，为此建立了账户类。每个账户的某些信息是不同的，如账号、存款余额、存款日期等，但是有些信息对所有账号是相同的，或者，有些信息可以为所有账号共享，如利率等。那么，就没有必要为每个账户都设置一个这样的数据成员。如果将其设置为全局变量，则缺乏了对数据的保护。全局变量可以在其作用域内，可以随时存取，全局数据是非常不安全的。如果希望在同类对象中共享数据，而且不希望该数据是全局对象，那么，可以将其定义为类的静态数据成员。

静态成员函数用于操作静态数据成员，其所做的操作将影响类的所有对象。

【例 10-3】创建银行系统的存款账户类 Account，包含属性账号 accountNo、存款金额 balance、月利率 rate。账号自动生成，第 1 个生成的对象账号为 1，第 2 个生成的对象账号为 2，依次类推。所需的操作有修改利率、计算新的存款额（原存款额 + 本月利息）、显示账户金额。

【分析】根据题目要求，在账户属性中，所有账号可以共享的数据是月利率。月利率一般是不变的。所有类对象都使用相同月利率，可将其设为静态数据成员。但是，每个存款账户都有一个账号 accountNo，所有类对象的账户是不同的，不能设为静态数据成员。如何实

现账号的自动生成呢？可以增加一个属性——账号总数 accountNum，用于所有账号共用。将 accountNum 设为类的静态成员，每增加一个账号，accountNum 就增 1。

10.4.1 静态数据成员

将一些数据成员设置为静态成员的格式如下：

static 类型 数据成员名

例如，将例 10-3 的存款账户类 Account 属性 accountNum 和 rate 设置为静态数据成员：

```
static int accountNum;
static double rate;
```

由于一个类的所有对象共享静态数据成员，所以不能用构造函数为静态数据成员初始化，只能在类外专门对其初始化，一般在实现文件中进行初始化。格式如下：

数据类型 类名∷静态数据成员名 = 初值；

例 10-3 的 Account 类属性 accountNum 和 rate 初始化如下：

```
int Account::accountNum = 0;
double Account::rate = 0.03;
```

如果程序未对静态数据成员赋初值，则编译系统自动用 0 为它赋初值。

静态数据成员在对象外单独开辟内存空间，只要在类中定义了静态成员，即使不定义对象，系统也为静态成员分配内存空间，可以被引用。

在程序开始时，系统为静态成员分配内存空间，直到程序结束，该内存空间才释放。静态数据成员的作用域是它的类作用域（如果在一个函数内定义类，它的静态数据成员作用域就是这个函数），在此范围内可以用"类名∷静态成员名"的形式访问静态数据成员。

10.4.2 静态成员函数

C++提供静态成员函数，可用于访问静态数据成员。静态成员函数不属于某个对象而属于类，没有 this 指针。类中的非静态成员函数可以访问类中的所有数据成员；而静态成员函数可以直接访问类的静态成员，不能直接访问非静态成员。

静态成员函数声明只需要在类定义的原型前加上保留字 static，静态函数定义既可以写在类定义中，也可以写在类定义外。在类外定义时，无须加 static。

静态成员函数可以通过类名来调用。格式如下：

类名∷成员函数(实参表)

定义静态成员函数的主要目的是访问静态数据成员，可以在所有对象创建之前对静态数据成员初始化。例如，在例 10-3 中，Account 类静态属性 rate 的初始化可以通过编写静态成员函数来完成，并在所有对象创建之前调用。代码如下：

```
static void setRate(double newRate){rate = newRate;}
```

例10-3的Account类完整定义在头文件Account.h中。代码如下：

```cpp
/* 文件名:Account.h,银行账户的简易定义 */
#ifndef Account_h
#define Account_h
#include <iostream>
using namespace std;
class Account
{
private:
    static int accountNum;              //静态账号,所有对象共享
    int accountNo;
    double balance;
    static double rate;                 //静态利率
public:
    Account(double b)
    {
        ++accountNum;
        accountNo = accountNUm +1;      //每个对象生成时,账号自动增加1
        balance = b;
    }
    ~Account(){}                        //可空
    static void setRate(double newRate)
    {
        rate = newRate;                 //静态改变利率
    }
    void calBalance()
    {
        balance = balance * (1 + rate); //计算存款额
    }
    void dispBalance();                 //显示账户金额
};
int Account::accountNum = 0;            //静态变量初始化
double Account::rate = 0.03;            //静态变量初始化
inline void Account::dispBalance()      //定义类外的内联函数,必须与类定义放在同一文件中
{
    cout << "The account is" << accountNo << endl;
    cout << "The balance is" << balance << endl;
}
#endif                                  //Account_h
```

编写 Account 类的测试代码如下：

```
#include "Account.h"
int main()
{
    Account ac1(1234.56);              //定义第 1 个账户
    ac1.dispBalance();                 //显示账号与金额
    Account ac2(3456.78);              //定义第 2 个账户
    ac2.dispBalance();                 //显示账号与金额
    Account::setRate(0.05);            //利用静态函数改变税率
    ac2.calBalance();                  //计算存款金额和利息
    ac2.dispBalance();                 //显示账号与金额
    return 0;
}
```

【练习】

（1）为例 10-1 的二维空间点类 Point 增加一个静态数据成员 count，用于记录点的个数，并编写静态成员函数，以显示点的个数。

（2）在货运系统中，必须保存每件货物的信息，如货物名称、货物种类、货物质量等。但从全局看，还需要知道货物的总质量。设计一个类，实现上述功能。

10.4.3 静态常量成员

如果需要类的静态成员不允许改变（即需要共享一个常量），则可以将其定义为静态常量成员，方法是使用关键词 static const。例如，希望 Account 类中利率不变，则可定义为静态常量数据成员。定义如下：

```
static const double rate = 0.03;        //静态常量成员
```

静态常量成员必须在定义时初始化，但静态数据成员的初始化是在类外初始化的。二者有所不同。

10.5 类的对象成员——类的组合

如果一个类的某个数据成员是另一个类的对象，则被称为对象成员。通过这种方式，类 A 可以包含类 B 的对象，也可包含类 C 的对象，这称为类的组合。类 A、类 B 和类 C 形成了一种部分与整体的关系。

例如，将要设计的汽车用类来定义，可令其为类 A（即汽车属于 A 类物品）。在设计类 A 的时候，设计师发现汽车需要两种重要的部件：发动机和变速箱。可是，汽车制造商不制造发动机和变速箱。那么，汽车制造商就需要去发动机制造商处买一个发动机，去变速箱制造商处买一个变速箱才能设计出一辆汽车。假设发动机属于 B 类，变速箱属于 C 类,那么定义类 A 需要一个 B 类对象 b,一个 C 类对象 c,b 和 c 称为类 A 的对象成员。

通过定义类的对象成员,新类的创建可以像堆积木一样,用已有类的对象组合而成。例如,例 10-1 创建了 Point 类,表示二维空间的一个点。那么在此基础上,就可以创建二维平面上由多个点组成的图形类。例如,可以创建三角形类 Triangle,其数据成员为三个 Point 类对象。

【例 10-4】在 Point 类的基础上定义三角形类 Triangle,使其能够获取三角形的面积、周长和三条边的长度。

【分析】由数学知识可知,一个三角形由三个顶点、三条边组成。新类 Triangle 的数据成员为三个 Point 类对象 p1、p2、p3。

除了构造函数外,Triangle 类还需要包括三个公有的成员函数,其功能分别是求三角形的面积、周长、以及三条边的长度。我们可以利用这三条边的长度求得三角形的周长,进而根据海伦公式,利用周长求得三角形的面积。

10.5.1 声明类的对象成员

如果要在类 A 中声明 B 类对象为 A 的对象成员,就需要在类 A 定义的预处理部分包含类 B 的头文件。例 10-4 定义 Triangle 类时需要声明三个 Point 类对象,那么预处理部分需要包含 Point 类的头文件,即

```
#include "Point.h"
```

Triangle 类的头文件代码如下:

```
#ifndef Triangle_h
#include <iostream>
#include "Point.h"
using namespace std;
class Triangle
{
private:
    Point p1;                                           //类的对象成员
    Point p2;                                           //类的对象成员
    Point p3;                                           //类的对象成员
public:
    Triangle(Point a,Point b,Point c):p1(a),p2(b),p3(c){}   //无参构造函数
    Triangle(float,float,float,float,float,float);      //有参构造函数
    void triLen(float&,float&,float&);                  //求三角形的三条边的边长
    float circum();                                     //求周长
    float area();                                       //求面积
};
#endif                                                  //Triangle_h
```

上述 Triangle 类的头文件在声明类的对象成员 p1、p2、p3 时,没有对其进行初始化。

其原因是 Point 类包含了无参的构造函数或指定默认值的构造函数，否则，编译器将报错。

在构造函数中，初始化对象成员与初始化普通变量不同。例 10-4 的 Triangle 类对象成员 p1、p2、p3 不能像普通变量那样赋值，必须在构造函数中实现对象初始化。Triangle 类有两个构造函数，一个构造函数采用初始化列表来初始化对象成员：

```
Triangle(Point a,Point b,Point c):p1(a),p2(b),p3(c){}
```

另一个构造函数采用显式调用构造函数来初始化对象成员：

```
//构造函数
Triangle::Triangle(float x1,float y1,float x2,float y2,float x3,float y3)
{
    //显式调用 Point 类构造函数
    p1 = Point(x1,y1);
    p2 = Point(x2,y2);
    p3 = Point(x3,y3);
}
```

10.5.2 在成员函数中使用类的对象成员

通常，类的对象成员被声明为类的私有成员，从而使私有的类对象成员在类外被限制使用，但在类的成员函数中可以自由使用。例 10-4 的成员函数"void triLen(float&,float&,float&)"用于计算三角形的三条边的长度，并且需要将三条边的长度返回。采用参数的引用传递就可以实现上述功能。Point 类的公有成员函数"float distance(Point&) const"可以求得当前 Point 对象与另一个 Point 对象的距离，通过调用此函数，可以求得三角形的三条边的长度。

程序的代码如下：

```
//计算三条边的边长
void Triangle::triLen(float& s1,float& s2,float& s3)
{
    s1 = p1.distance(p2);
    s2 = p2.distance(p3);
    s3 = p3.distance(p1);
}
```

例 10-4 中求周长和求面积的成员函数的程序代码如下：

```
//求周长
float Triangle::circum()
{
    float s1,s2,s3;
    triLen(s1,s2,s3);                        //调用 triLen 求三条边的边长
```

```
        return s1 + s2 + s3;
}
//利用海伦公式求面积
float Triangle::area()
{
        float s1,s2,s3;
        triLen(s1,s2,s3);//调用triLen求三条边的边长
        float s = (s1 + s2 + s3)/2;//求半周长
        return sqrt(s*(s-s1)*(s-s2)*(s-s3));//利用海伦公式求三角形的面积
}
```

10.6 友元

通过类和对象的定义与使用，C++提供了一种数据封装和数据隐藏的机制。类外的函数不能访问该类的私有成员，只有通过该类的公有成员，函数才能访问。这种机制的安全性很高，但有时会降低私有成员的访问效率。C++提供了访问私有成员的一扇"后门"，那就是友元，包括友元函数和友元类。

⚠ **注意**：

为了确保数据的完整性及数据封装与隐藏的原则，建议尽量不使用或少使用友元。

10.6.1 友元函数

友元关系是被授予的而不能索取。如果函数f要成为类A的友元，那么，类A必须显式声明函数f是它的友元，而不是函数f自称为类A的友元。要将函数f声明为类A的友元，需要在类声明中由关键字friend修饰声明，在f的函数体中能够通过类A的对象名访问private和protected成员。例如，在例10-2的BigInt类的定义中，可将两个大整数相加的成员函数改变为友元函数，在类中如下声明：

```
//两个大整数相加,其结果存储到第三个大整数
friend void add(const BigInt&,const BigInt&,BigInt&);
```

友元函数的声明可以放在类的public部分，也可以放在类的private部分。但是，将所有友元的声明放在最前或最后的位置是一种较好的程序设计风格。

友元函数是一个全局函数，它的定义可以写在类定义的外面，像普通的全局函数的定义那样，也可以写在类定义的里面。友元函数add可如下定义：

```
//两个大整数相加,其结果存储到当前对象
void add(const BigInt& a,const BigInt& b,BigInt& c)
{
        int flag = 0;                        //表示进位
```

```
    int i = 0;
    int m = a.length;//大整数 a 的长度
    int n = b.length;//大整数 b 的长度
    int len = m > n ? m:n;//求其长度较大者
    c.data = new int[len + 1];//申请数据空间,最高位可能有进位,所以申请空间为 len + 1
    while(i < m && i < n)//逐位相加,直到一个大整数结束。注意存储进位
    {
        c.data[i] = (a.data[i] + b.data[i] + flag)%10;
        flag = (a.data[i] + b.data[i] + flag)/10;
        i ++;
    }
    for(;i < m;i ++)//如果大整数 a 尚未结束,则剩余位数与进位相加
    {
        c.data[i] = (a.data[i] + flag)%10;
        flag = (a.data[i] + flag)/10;
    }
    for(;i < n;i ++)//如果大整数 b 尚未结束,则剩余位数与进位相加
    {
        c.data[i] = (b.data[i] + flag)%10;
        flag = (b.data[i] + flag)/10;
    }
    c.length = len + flag;                    //a + b 的长度与最后的进位有关
    if(flag)c.data[c.length - 1] = flag;       //如果最后的进位非零,则最高位为进位值
}
```

【练习】

在类 Point3D 中,声明一个友元函数,用于计算三维空间中两点间的距离。

10.6.2 友元类

如果声明类 B 为另一个类 A 的友元,则类 B 的所有成员都能访问类 A 的私有成员。在类 A 的定义中加入下述语句,即可声明。

`friend class B;`

如果只是将类 B 的成员函数 int fun(double) 声明为友元,则可在类 A 的定义中加入下述语句:

`friend int B::fun(double);`

友元关系是单向的,如果声明 B 类是 A 类的友元,则 B 类的成员函数就可以访问 A 类的私有数据和保护数据,但 A 类的成员函数却不能访问 B 类的私有数据和保护数据。

友元不能传递,即使 A 类是 B 类的友元,B 类是 C 类的友元,也不意味着 A 类是 C 类的友元。

10.7 实训与实训指导

实训 1 分数类

假定表示分数的 Fraction 类包含两个成员——numerator 和 denominator（都是 int 类型），分别表示分子和分母。编写相关成员函数，完成下列分数运算：

(1) 将分数化为最简形式。
(2) 将分数 f1 和 f2 相加。
(3) 从分数 f1 中减去 f2。
(4) 将分数 f1 和 f2 相乘。
(5) 将分数 f1 除以分数 f2。

执行（2）~（5）运算后，函数返回的形式必须为最简形式。

1. 实训分析

根据题目要求，类名为 Fraction，数据成员为 numerator 和 denominator。成员函数中除了题目要求的运算外，还需要构造函数与析构函数。题目要求的运算中，"把分数化为最简形式"为最基本运算，可辅助完成其他运算。成员函数如下：

(1) 构造函数 Fraction(int num = 0, int deno = 1): numerator(num), denominator(deno): 分数初始化。

(2) 析构函数 ~Fraction(){}：析构函数可以为空，由系统自动生成。

(3) 成员函数 reduce()：把分数化为最简形式，需要分子和分母除以最大公约数。

(4) 成员函数 add(const Fraction&, const Fraction&)：两个分数相加，然后调用 reduce 函数化简。

(5) 成员函数 sub(const Fraction&, const Fraction&)：两个分数相减，然后调用 reduce 函数化简。

(6) 成员函数 mul(const Fraction&, const Fraction&)：两个分数相乘，然后调用 reduce 函数化简。

(7) 成员函数 div(const Fraction&, const Fraction&)：两个分数相除，然后调用 reduce 函数化简。

Fraction 类的头文件代码如下：

```
#define fration_h
#include <iostream>
using namespace std;
class Fraction
{
private:
```

```cpp
        int numerator;
        int denominator;
public:
        //构造分数,直接化简
        Fraction(int n = 0,int d = 1):numerator(n),denominator(d)
        {
              reduce();
        };
        ~Fraction(){}
        void reduce();                                          //把分数化为最简形式
        void add(const Fraction&,const Fraction&);              //两个分数相加
        void sub(const Fraction&,const Fraction&);              //两个分数相减
        void mul(const Fraction&,const Fraction&);              //两个分数相乘
        void div(const Fraction&,const Fraction&);              //两个分数相除
        void disp()
        {
              cout << numerator <<'/'<< denominator << endl;    //分数输出
        }
};
#endif // fraction_h
```

Fraction 类的实现代码如下：

```cpp
#include "Fraction.h"
//把分数化为最简形式
void Fraction::reduce()
{
     int t = numerator < denominator ? numerator:denominator;
     for(;t >1;t--)
          if(numerator % t ==0 && denominator % t ==0)
          {
                numerator/=t;
                denominator/=t;
                break;
          }
}
//两个分数相加
void Fraction::add(const Fraction& f1,const Fraction& f2)
{
     numerator = f1.numerator * f2.denominator + f2.numerator * f1.numerator;
     denominator = f1.denominator * f2.denominator;
     reduce();
```

```cpp
}
//两个分数相减
void Fraction::sub(const Fraction& f1,const Fraction& f2)
{
    numerator = f1.numerator * f2.denominator - f2.numerator * f1.numerator;
    denominator = f1.denominator * f2.denominator;
    reduce();
}
//两个分数相乘
void Fraction::mul(const Fraction& f1,const Fraction& f2)
{
    numerator = f1.numerator * f2.numerator;
    denominator = f1.denominator * f2.denominator;
    reduce();
}
//两个分数相除
void Fraction::div(const Fraction& f1,const Fraction& f2)
{
    numerator = f1.numerator * f2.denominator;
    denominator = f1.denominator * f2.numerator;
    reduce();
}
```

2. 实训练习

（1）将实训 1 表示分数加、减、乘、除的成员函数改为友元函数，并编写测试代码，测试结果的正确性。

（2）假定 Complex 类包含两个成员：real 和 imag（都是 double 类型）。编写成员函数，完成两个复数的相加与点乘操作，并编写成员函数输出复数的值。

实训 2　时钟类

时钟类 Time 包含三个数据成员：hours、minutes、seconds（都是 int 类型），分别表示小时、分钟、秒。编写成员函数，完成下列功能：

（1）设置时间。

（2）显示当前时间。

（3）计算时间函数，输入午夜开始的秒数，计算对应的小时（0～23）、分钟（0～59）、秒（0～59）。

1. 实训分析

根据题目要求，类名为 Time，数据成员为 int 类型变量 hours、minutes 和 seconds。成员函数如下：

（1）构造函数 Time(int h=0,int m=0,int s=0):hours(h),minutes(m),seconds(s){}：时间初始化。

（2）析构函数 ~Time()：析构函数可以为空，由系统自动生成。

（3）成员函数 void setTime(int,int,int)：设置时间。

（4）成员函数 void splieTime(int total_seconds)：计算时间，total_seconds 为午夜开始的秒数，计算对应的小时（0~23）、分钟（0~59）、秒（0~59）并存入当前对象。

（5）成员函数 void showTime()：显示当前时间。

由于每个成员函数都没有复杂的控制结构，因此都可以编写为内联函数，放入头文件。类 Time 的头文件 Time.h 代码如下：

```cpp
#ifndef time_h
#define time_h
#include <iostream>
using namespace std;
class Time
{
private:
    int hours;
    int minutes;
    int seconds;
public:
    //构造时间
    Time(int h=0,int m=0,int s=0):hours(h),minutes(m),seconds(s){}
    ~Time(){}                              //析构
    //设置时间
    void setTime(int h=0,int m=0,int s=0)
    {
        hours=h;
        minutes=m;
        seconds=s;
    }
    void splitTime(int);                   //分割时间
    //显示时间
    void showTime()
    {
        cout<<hours<<":"<<minutes<<":"<<seconds<<endl;
    }
};
/* total_seconds 为午夜开始的秒数,计算对应的小时(0~23)、分钟(0~59)、秒(0~59),并存入当前对象*/
inline void Time::splitTime(int total_seconds)
{
```

```
        seconds = total_seconds %60;//计算对应的秒(0~59)
        total_seconds/=60;
        minutes = total_seconds %60;//计算对应的分钟(0~59)
        total_seconds/=60;
        hours = total_seconds %24;//计算对应的小时(0~23)
}
#endif //time_h
```

Time 类的测试代码可编写如下：

```
#include "time.h"
int main()
{
    Time t1(13,30,30);
    t1.showTime();
    Time t2;
    t2.splitTime(2*60*60+2*60+45);
    t2.showTime();
    return 0;
}
```

2. 实训练习

定义 Color 类，包含三个数据成员 red、green、blue（都为 int 类型），默认颜色为黑色。成员函数列表：

（1）void make_color(int red,int green,int blue)：指定颜色给当前对象。

（2）int getRed()：返回当前 color 对象的 red 成员的值。

（3）int getGreen()：返回当前 color 对象的 green 成员的值。

（4）int getBlue()：返回当前 color 对象的 blue 成员的值。

（5）bool equal_color(const Color & c)：判断当前对象与 c 的对应成员是否相等。若相等，就返回 true；否则，返回 false。

（6）void brighter()：将当前 color 对象调整到一个更亮的颜色。调整方法：如果当前对象的所有成员都为 0，则将当前 color 对象的三个成员都设置为 3；如果当前对象的三个成员值为 0~3，则将当前 color 对象的三个成员都设置为 3，然后除以 0.7；如果当前对象的三个成员值都大于 3，则将当前 color 对象的三个成员除以 0.7，但如果超过了 255，则将其置为 255。

（7）void darker()：将当前 color 对象调整到一个更暗的颜色。调整方式是将当前对象的所有成员乘以 0.7（结果取整）。

实训 3　随机数类

很多应用都用到了随机数。例如，掷硬币问题可以通过设计一个产生随机数 0 和 1 的函数来模拟；石头、剪子、布游戏问题可以通过设计一个产生随机数为 0~2 整数的函数来模拟游戏结果；等等。

设计并实现一个随机数类，类名为 Random，当需要用到随机数时，可以定义一个随机对象 r。如果要产生一个 a 到 b 之间的随机整数，则可以调用 r.RandomInt(a,b)。如果要产生一个 a 到 b 之间的随机浮点数，则可以调用 r.RandomDouble(a,b)。

1. 实训分析

产生随机数的函数有 rand 函数和 srand 函数，其定义在 C 语言的头文件 stdlib.h 中，而 C++ 语言的库文件 cstlib 兼容了 C 语言的头文件。因此，程序预处理可包含任一文件。

rand 函数的原型：

`int rand(void);`

rand 函数用来产生随机数，返回一个在 0 到 RAND_MAX（32767）之间的随机数（整数）。rand 函数的内部实现是用线性同余法实现的，是伪随机数，由于周期较长，因此在一定范围内可以看成是随机的。线性同余法是指用一个随机种子根据递推公式产生一系列的随机数，具体公式及推导过程可查阅相关资料，在此不再赘述。如果没有设置随机数种子，则在调用 rand 函数时，系统自动设计随机数种子为 1。如果随机种子相同，则每次产生的随机数也会相同，而 srand 函数可设置随机数种子。

srand 函数的原型：

`void srand(usigned int seed);`

srand 函数用于设置 rand 函数产生随机数时的随机数种子。参数 seed 是整数，通常可以利用 time(NULL) 的返回值作为 seed。time(NULL) 返回自纪元 Epoch(1970-01-01 00:00:00 UTC) 起经过的时间，以秒为单位。

由题目可知，定义的随机类名为 Random，用于产生整型和浮点型随机数。Random 类可以不需要数据成员，但是每次定义对象时，随机种子应该不同，否则所有对象会产生相同的随机数。随机种子的设置应该在对象生成时进行，所以在构造函数中设置随机种子即可。此外，还需要编写成员函数 RandomInt(int a,int b) 和 RandomDouble(double a,double b) 分别产生 a 和 b 之间的随机数。

rand 函数产生随机数 x 的区间为 [0,RAND_MAX]，即 [0,32767]，需要转换到 [a,b]。转换公式：

$$x*(b-a+1)/(RAND\_MAX+1)$$

⚠ 注意：

x 为 int 型，b-a+1 为 int 型，RAND_MAX+1 为 int 型，执行运算后，结果仍为整型。如果需要取得 double 型，将其中任一运算对象强制转换为 double 型即可，系统将表达式隐式转换为 double 型。

由于每个成员函数都没有复杂的控制结构，因此可以都编写为内联函数。类 Random 的头文件 Random.h 代码如下：

```
#ifndef Random_h
#include <iostream>
#include <ctime>
```

```
#include<cstdlib>
using namespace std;
class Random
{
public:
    Random()
    {
        srand(time(NULL));    //必须包含<cstdlib>、<ctime>
    }
    //产生low~high之间的随机整数
    int RandomInt(int a,int b)
    {
        int w=b-a+1;
        return a+w*rand()/(RAND_MAX+1);
    }
    //产生low~high之间的随机浮点数
    double RandomDouble(double a,double b)
    {
        double w=b-a+1;
        return a+w*rand()/(RAND_MAX+1);
    }
};
#endif //Random_h
```

2. 实训练习

编写测试代码,产生10个整型随机数,10个浮点型随机数。

实训4 约瑟夫环类

约瑟夫环是一个数学应用问题:已知 n 个人(分别以编号 $1,2,3,\cdots,n$ 表示)围坐在一张圆桌周围。从编号为 k 的人开始报数,数到 m 的那个人出列;他的下一个人又从1开始报数,数到 m 的那个人出列;依此规律重复下去,直到圆桌周围的人全部出列。

定义一个类 Joseph,当需要解决有 n 个人的约瑟夫环问题时,可构建对象 Joseph obj(n),然后调用 obj.simulate 输出删除的过程。

1. 实训分析

首先,应考虑如何表示 n 个人围成一圈。使用单循环链表是一种较好的模拟方式,如图 10-2 所示。

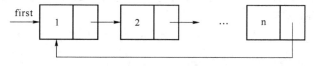

图 10-2 表示约瑟夫环的单循环链表

如第 8 章所述，链表由多个节点组成，每个节点为一小块存储区域，每个节点都记住了后面一个节点的地址。循环链表的最后一个节点记住第 1 个节点的地址。first 为一个指针变量，记录第 1 个节点的地址。在表示约瑟夫环的单循环链表中，每个节点存储了 n 个人的编号。

题目要求定义类 Joseph，其中数据成员包含了图 10-2 所示的表示约瑟夫环的单循环链表，此循环链表需要动态构造，使用指针 first 记住第 1 个节点的地址。这个工作由类构造函数完成。first 为数据成员，其类型为指向节点的指针，但节点的类型需要使用结构体构造。构造结构体 node 将编号和执行下一个节点的指针封装，分别记为节点的数据域与指针域。

```
typedef struct node
{
    int no;                     //数据域,存储编号
    struct node * next;         //指针域
} Node;
```

在题目中，要求从编号为 k 的人开始报数，数到 m 的人出列。由此，可以约定在约瑟夫问题中，k 与 m 的设置不经常变动。因此，将 k 与 m 设为类 Joseph 的静态数据成员，并编写静态成员函数 void setParas 来设置 k 与 m 的值。

最后，编写成员函数 simulate 来模拟删除的过程。从编号 k 的节点开始数，第 m 个节点被删除。如图 10-3 所示，假如第 2 个节点要被删除，则第 1 个节点就不再需要记住节点 2 的地址，改为记住第 3 个节点的地址，第 2 个节点就被释放空间，即被删除。

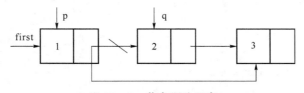

图 10-3 节点删除示意

综上所述，类 Joseph 的数据成员 first 表示单循环链表的第 1 个节点地址，静态数据成员 k、m 分别表示报数的开始编号和报数的最大值。成员函数如下：

(1) 构造函数 Joseph(int n)：构造具有 n 个节点的单循环链表，first 指向第 1 个节点，实现链表首尾相接，并将编号存入其中。

(2) 析构函数 ~Joseph()：如果链表非空，就释放 n 个节点。

(3) 静态成员函数 setParas()：设置 k 与 m 的值。

(4) 成员函数 simulate()：模拟报数与删除的过程。

该过程的伪代码如下：

(1) 查找编号为 k 的节点 p：

    (1.1) p = first；

    (1.2) 执行 k-1 次 p = p -> next；

(2) 执行 n 次删除，直至链表中只剩一个节点：

    (2.1) 从 p 节点执行 m-1 次 p = p -> next，找到第 m 个报数节点的前一个节点；

    (2.2) q = p -> next，输出其编号；

(2.3) p -> next = q -> next; delete q;
(2.4) 从下个节点开始报数,p = p -> next。

类 Joseph 的头文件 Joseph.h 的代码如下:

```cpp
#ifndef Joseph_h
#define Joseph_h
#include <iostream>
using namespace std;
typedef struct node
{
    int data;
    struct node * next;
} Node;
class Joseph
{
private:
    Node * first;
    int num;
    static int k;
    static int m;
public:
    Joseph(int);
    ~Joseph();
    void simulate();
    void disp();
    static setParas(int k1,int m1)
    {
        k = k1;
        m = m1;
    };                          //设置 k 与 m 的值
};
#endif                          //Joseph_h
```

类 Joseph 的实现文件 Joseph.h 的代码如下:

```cpp
#include "Joseph.h"
int Joseph::k =1;
int Joseph::m =3;
/*构造有 n 个节点的单循环链表,first 指向第 1 个节点,每个节点实现首尾相接,并将编号存入其中;*/
Joseph::Joseph(int n)
{
    num = n;                    //存储到当前对象中
    Node * pre, * p;
    first = pre = new Node;     //生成第 1 个节点,first 总是执行第 1 个节点
```

```cpp
        pre->data = 1;                          //设置编号
        for(int i = 2; i <= n; i++)             //生成剩余 n-1 个节点
        {
            p = new Node;                       //生成一个新节点
            p->data = i;                        //设置编号
            pre->next = p;                      //前一个节点的指针域记住新节点的地址
            pre = p;                            //让 pre 指向新节点,为下一个新节点做准备。这很重要
        }
        p->next = first;                        //最后一个节点接着第一个节点的地址,形成循环链表
}
//如果链表非空,就把整个链的表节点释放
Joseph::~Joseph()
{
    if(first == NULL) return;                   //如果链表已经空了,就不用清理空间
    Node *p = first;                            //p 指向要删除的节点
    for(int i = 0; i < num; i++)                //删除次数
    {
        first = first->next;                    //删除 p 后,first->next 成为第 1 个节点
        delete p;                               //先删除 p,注意语句顺序。思考原因
        p = first;                              //下一个节点成为要删除的节点
    }
}
//显示所有节点的编号,不用删除节点
void Joseph::disp()
{
    Node *p = first;                            //first 不能更改,用指针 p 指向第 1 个节点
    for(int i = 0; i < num; i++)                //执行 num 次输出
    {
        cout << p->data << '\t';
        p = p->next;                            //p 指向下一个节点。这很重要
    }
}
//模拟报数与删除的过程
void Joseph::simulate()
{
    int i, j;
    Node *p = first, *q;                        //用指针 p 指向第 1 个节点
    for(i = 1; i < k; i++) p = p->next;         //p 执行编号为 k 的节点
    if(p->data != k) return;
    for(j = 0; j < num; j++)                    //执行 num 次删除
    {
        for(i = 1; i < m-1; i++) p = p->next;   //查找报数 m 的节点的前一个节点
```

```
        q = p -> next;                          // 报数 m 的节点
        cout << endl;
        cout << "the delete is" << q -> data;   // 输出信息
        p -> next = q -> next;                  // 改链
        delete q;                               // 删除节点
        p = p -> next;                          // 从下一个节点继续报数
    }
}
```

2. 实训练习

编写测试代码，测试约瑟夫环模拟效果。例如：n = 10，k = 1，m = 3，…

第 11 章

对象运算
——运算符重载及其实训

就本质而言，用户自定义类型和基本数据类型是相同的，变量和对象也是相同的。但在使用中，有些许是不同的，例如，基本数据类型可以通过运算符操作。C++定义了一组基本数据类型和适用于这些数据类型的运算符，int、float、double 等类型都可以直接进行算术运算、逻辑运算及赋值运算。用户自定义类型——类的对象是不能直接应用运算符操作的，但是 C++为程序员提供了灵活的手段，让程序员可以自己设计相应的运算符（必须在已有的运算符基础上设计），使之应用于自己定义的类。用一个运算符表示不同功能的运算，这就是运算符重载。运算符重载可以实现类的对象直接使用运算符进行运算。重载的运算符也保持其优先级和结合性。

11.1 运算符重载的方法

在 10.7 节创建的 Fraction 类中，通过设计成员函数实现了分数的相加、相减、相乘与相除。如果定义了 Fraction 类对象 f1、f2、f3，则必须引用成员函数来实现分数的相加：

    f3.add(f1,f2);

而不能使用运算符写出赋值表达式：

    f3 = f1 + f2;

也不能使用运算符写出算术表达式：

    f1 + f2 * f3;

如果能够使用运算符直接书写包含类对象的表达式，那么将带来很多方便，还可以利用运算符的优先级和结合性，减轻程序员的工作量。要想实现这些功能，就必须在类定义时，编写函数重新解释这些运算符在类中的含义,这便是运算符重载。运算符重载的方法是定义一个运算符重载函数,在需要时,系统自动调用该函数,完成相应的运算。

运算符重载函数名的格式:

operator 运算符

如果要重载"+"运算符,则重载函数名为 operator +,重载函数的形参个数与"+"的运算对象个数相同,重载函数的返回值为"+"运算结果的类型。运算符重载函数可以定义为友元函数或成员函数。不同的定义形式,将导致运算符重载函数的参数不同。

11.1.1 运算符重载函数作为友元函数

在 10.7 节创建的 Fraction 类定义了友元函数,实现了两个分数的相加运算:

```
Fraction add(const Fraction& f1,const Fraction& f2)
```

本节将此函数更改为运算符重载函数,也将其设计成友元函数。该友元函数的参数个数、参数类型与运算符的运算对象数、运算对象类型完全相同。运算符"+"的运算对象数为两个,那么重载函数的参数为两个,类型都是 Fraction 类型,返回值也是 Fraction 类型。运算符分数加法的重载函数在类中可以被声明为友元函数:

```
friend Fraction operator +(const Fraction&,const Fraction&);    //两个分数相加
```

在类外定义该运算符重载函数:

```
//运算符重载函数,两个分数相加
Fraction operator +(const Fraction& f1,const Fraction& f2)
{
    int nume = f1.numerator * f2.denominator + f2.numerator * f1.numerator;
    int deno = f1.denominator * f2.denominator;
    Fraction f3(nume,deno);
    f3.reduce();
    return f3;
}
```

如果增加分数比较运算(如大于、小于、等于等),那么需要在 Fraction 类中增加比较运算符(>、<、==等)的重载函数。作为友元函数的比较运算符,重载函数的参数也有两个,参数类型为 Fraction,返回类型为 bool 型。以重载比较运算符">"为例,在类中将其声明为友元函数:

```
friend bool operator >(const Fraction&,const Fraction&);
```

在类外定义该运算符重载函数:

```
//">"运算符重载
bool operator >(const Fraction& f1,const Fraction& f2)
{
    return f1.numerator * f2.denominator > f2.numerator * f1.denominator;
}
```

前面的运算符是二元运算符，具有两个运算对象。一元运算符的运算对象为一个，如取负值运算符"-"。因此，在 Fraction 类中，取负值运算符"-"重载函数的参数为一个，类型为 Fraction，返回值类型也为 Fraction。在类中将其声明为友元函数：

```
friend Fraction operator -(const Fraction&);
```

在类外定义该运算符重载函数：

```
//取负值运算符重载
Fraction operator -(const Fraction& f)
{
    return Fraction( -f.numerator,f.denominator);
}
```

在测试代码中，可以测试上述运算符重载函数的有效性。程序的代码如下：

```
Fraction f1(4,8),f2(6,9);
cout <<( f1 > f2) << endl;
Fraction f3;
f3 = f1 + f2;
Fraction f4;
f4 = - f1;
f1.disp();
f2.disp();
f3.disp();
f4.disp();
```

【练习】
将 10.7 节创建的 Fraction 类分数的相加、相减、相乘与相除运算替换为友元运算符重载函数，并编写测试代码。

11.1.2 运算符重载函数作为成员函数

友元是 C++ 提供的一种破坏数据封装和数据隐藏的机制。要想增强数据的安全性和完整性，那么将运算符重载函数定义为类成员函数是一种更好的选择。如果将重载函数设计成类的成员函数，那么形参个数比运算符的运算对象少 1 个。原因是类成员函数有一个隐含的参数 this。C++ 规定隐含参数 this 是运算符的第一个参数。若把一个二元运算符重载为成员函数，则该成员函数的参数只有一个。若把一个一元运算符重载为成员函数，则该成员函数没有参数。

本节以在 Fraction 类重载运算符"*"为例来说明运算符重载函数作为成员函数的方式。运算符"*"为二元运算符，因此，作为类成员函数运算符"*的重载函数的参数只有一个，类型为 Fraction，函数的返回类型为 Fraction。

在类中声明该成员函数：

```
Fraction operator *(const Fraction&);          //重载 *
```

重载运算符"*"的第一个运算对象为隐含参数 this，第二个运算对象为函数参数所指对象。该成员函数的定义如下：

```
//运算符"*"重载
Fraction Fraction::operator*(const Fraction& f1)
{
    Fraction f2;
    f2.numerator = numerator * f1.numerator;
    f2.denominator = denominator * f1.denominator;
    f2.reduce();
    return f2;
}
```

上述函数定义的 numerator、denominator 是隐含对象 this 的数据成员。this 指针可以省略，因此 numerator 就是 this -> numerator，而 denominator 就是 this -> denominator。

运算符"=="也是二元运算符。如果在类中重载"=="运算符，将其设计为类成员函数，那么运算符"=="重载函数的参数是一个，参数类型为 Fraction，返回类型为 bool。在 Fraction 类中将运算符"=="重载函数声明为成员函数：

```
bool operator==(const Fraction&);
```

该成员函数的定义如下：

```
//运算符"=="重载
bool Fraction::operator==(const Fraction& f1)
{
    return numerator * f1.denominator == f1.numerator * denominator;
}
```

一元运算符的运算对象只有一个，如运算符"++"。如果在类中重载一元运算符，并将其设计为类成员函数，那么该成员函数没有参数。

接下来，具体介绍运算符"++"的重载。运算符"--"的重载方法与运算符"++"相同，在此不再赘述。

由 C 语言的知识可知，运算符"++"既可以作为前缀使用，也可以作为后缀使用。例如，i++ 功能是将 i 的值增 1，返回 i 修改之前的值；而 ++i 的功能是将 i 的值增 1，返回 i 的值。在运算符"++"重载时，必须提供两个重载函数，分别实现上述两种功能。但是，两种重载函数的形参个数和返回类型都是相同的，如何把二者区分开呢？

C++规定，后缀运算符重载函数接受一个额外的（即无用的）int 型参数。例如，在 Fraction 类中声明前缀 ++ 和后缀 ++ 运算符重载函数：

```
Fraction operator++(int x);        //重载后缀 ++
Fraction &operator++();            //重载前缀 ++
```

当编译器看到表达式"++i"时，就调用正常重载的函数。当编译器看到表达式"i++"时，则调用有一个额外参数的重载函数。在 Fraction 类中，两个成员函数的定义如下：

```
//后缀++运算符重载
Fraction Fraction∷operator ++(int x)
{
    Fraction t = * this;           //保存this对象
    numerator += denominator;      //this对象增1
    return t;                      //返回暂存对象,因是局部对象,不能引用返回
}
//前缀++运算符重载
Fraction& Fraction∷operator ++()
{
    numerator + = denominator;     //this对象增1
    return * this;                 //返回this对象,离开函数后,this对象仍然存在
}
```

【练习】
将10.7节创建的Fraction类分数的相加、相减、相乘与相除运算替换为作为成员函数的运算符重载函数,并增加比较运算符(>,>=,<,<=,==,!=)重载函数,前缀"--"与后缀"--"重载。

11.1.3 运算符重载的限制

运算符重载受到以下限制:
(1) 只能重载C++语言中已有的运算符,不能臆造新的运算符。
(2) 大部分C++运算符能被重载。赋值运算符"="和"&"不必重载。系统已经为新声明的类提供了默认的赋值运算符。如果默认的赋值运算符不能满足程序要求,也可以自行重载赋值运算符。地址运算符"&"能够取得对象在内存中的起始地址,不必重载。不能重载的运算符有5个,如表11-1所示。

表11-1 不能重载的运算符

成员访问运算符	.	长度运算符	sizeof
成员指针访问符	->	条件运算符	?:
域访问符	∷	预处理符号	#

(3) 运算符重载既不改变操作数个数、也不改变运算符的优先级和结合性。
(4) 经重载的运算符的操作数至少应该有一个是自定义类型,而且不能有默认的参数。

11.2 特殊运算符的重载

大部分C++内置的运算符都可以重定义或重载,表11-2所示为可重载的运算符。

表 11-2 可以重载的运算符

双目算术运算符	+（加），-（减），*（乘），/（除），%（取模）
关系运算符	==（等于），!=（不等于），<（小于），>（大于），<=（小于等于），>=（大于等于）
逻辑运算符	‖（逻辑或），&&（逻辑与），!（逻辑非）
单目运算符	+（正），-（负），*（指针），&（取地址）
自增自减运算符	++（自增），--（自减）
位运算符	|（按位或），&（按位与），~（按位取反），^（按位异或），<<（左移），>>（右移）
赋值运算符	=，+=，-=，*=，/=，%=，&=，|=，^=，<<=，>>=
空间申请与释放	new，delete，new[]，delete[]
其他运算符	()（函数调用），->（成员访问），,（逗号），[]（下标）

其中，二元运算符包括了算术运算符、关系运算符、位运算符等，重载方法见 11.1 节。比较特殊的单目运算符 ++（自增），--（自减）有前缀和后缀之分，将其重载为成员函数是较好的选择，如 11.1 节所述。本节介绍其他几种特殊运算符的重载。

11.2.1 输入/输出运算符重载

C++ 能够使用流提取运算符"`>>`"和流插入运算符"`<<`"来输入和输出内置（标准类型）的数据类型。"`>>`"和"`<<`"也称为输入运算符和输出运算符。重载这两个运算符可以使用户自定义对象的输入与输出更加方便。

1. 输出运算符重载

输出运算符"`<<`"是一个二元运算符。例如，在表达式"`cout << x`"（x 为一个内置变量）中，"`<<`"的运算对象是 cout 和 x。cout 是输出流类 ostream 的对象，"`<<`"的作用是将 x 插入 cout，执行结果是输出 x，运算结果是对象 cout。

"`<<`"的结合方向是从左到右。例如，`cout << x << y` 等价于 `(cout << x) << y`，左边括号的运算结果是 cout，然后执行 `cout << y`。由于输出运算符"`<<`"的第一个运算对象是 ostream 的对象，而不是用户自定义对象，所以输出运算符重载函数需要定义成类的友元函数。

例如，在 Fraction 类中，输出 Fraction 类对象需要调用成员函数：

```
Fraction f1(4,8);
f1.disp();
```

如果希望利用输出运算符"`<<`"实现输出操作：

```
Fraction f1(4,8);
cout << f1 << endl;          //形如 a + b + c
```

那么需要重载运算符"`<<`"。从表达式"`cout << f1`"可以看出，运算符"`<<`"重载函数的第一个参数是 cout，其类型是 ostream&；第二个参数是自定义类对象 f1，其类型为 Fraction；

函数返回类型也为 ostream& 类型。因此，重载运算符"<<"的函数声明如下：

```
friend ostream& operator <<(ostream&,const Fraction&);       //输出运算符重载
```

其函数的定义如下：

```
//运算符"<<"重载
ostream& operator <<(ostream& os,const Fraction&f2)
{
    os << f2.numerator <<'/'<< f2.denominator;
    return os;
}
```

2. 输入运算符重载

与输出运算符重载类似，输入运算符也是一个二元运算符。例如，表达式"cin >> x"的两个运算对象分别是 cin 和 x，cin 是第一个运算对象，是输入流类 istream 的对象，x 是内置变量。">>"的作用是从对象 cin 提取数据存入变量 x，运算结果是左边对象的引用。

">>"的结合方向是从右到左。例如，cin >> x >> y 等价于（cin >> x）>> y，左边括号的运算结果是 cin，然后执行 cin >> y。如果要重载输入运算符">>"，也需要重载成类的友元函数。

在 Fraction 类中，Fraction 类对象的赋值一般通过初始化赋值，或者通过成员函数赋值：

```
Fraction f1(4,8));
```

如果重载了输入运算符">>"，就可以直接通过键盘输入数据，存入对象：

```
Fraction f1;
cin >> f1;
```

重载运算符">>"的函数声明如下：

```
friend istream& operator >>(istream&,Fraction&);       //输入运算符重载
```

其函数的定义如下：

```
//运算符">>"重载
istream& operator >>(istream& is,Fraction& f2)
{
    is >> f2.numerator >> f2.denominator;
    f2.reduce();                                        //化简
    return is;
}
```

【练习】

10.7 节的实训 1 练习实现了复数的相加与点乘运算。编写友元函数重载算术运算符"+"和"*"，并替换原来的成员函数，同时增加输入运算符重载函数与输出运算符重载函数。

11.2.2 赋值运算符重载

大多数情况下，赋值运算符"="不必重载，这是因为编译系统会为每个类生成一个默认的赋值运算符"="重载函数。该重载函数实现了一个类的对象之间直接赋值，如同编译系统自动生成的复制构造函数一样。但是，当类中含有指针类型的数据成员时，自动生成的重载函数在程序运行时会出现内存泄漏等问题。对此，可像例 10-2 的大整数类 BigInt 需要设计复制构造函数一样，重载赋值运算符"="。

在大整数类 BigInt 中，数据成员有：

```
private:
    int * data;           //存放大整数各位数字的数组首地址
    int length;           //大整数长度
```

如果不重载赋值运算符"="，BigInt 类的对象 b1、b2 也可以直接赋值：

```
b1 = b2;
```

本质上，上述赋值语句自动完成两个对象的数据成员之间的赋值：

```
b1.data = b2.data;
b1.length = b2.length;
```

当执行"b1. data = b2. data"时，容易出现内存泄漏。执行该语句后，只是 b2 中数组的首地址赋值给 b1 中数组的首地址，于是，b1 中指针 data 原先记录的存储空间地址丢失了，该指针指向了另一块内存空间地址。同时，b1. data 和 b2. data 指向了同一块存储空间，导致两个对象操作同一块存储空间，相互影响，造成数据混乱。当两个对象析构时，先析构的对象会释放这块存储空间，而后析构的对象则无法释放存储空间了！

综上所述，当类中含有指针类型的数据成员时，就需要重载赋值运算符。

接下来，分析赋值运算 b1 = b2。C++规定赋值运算符"="为二元运算符，b1 为第一个运算对象，b2 为二个运算对象，执行的结果是左边对象的引用。由于第一个运算对象是类对象，因此 C++规定赋值运算符必须重载为类成员函数，参数和返回类型都是自定义类型。

对于任意类 A，赋值运算符重载函数的原型如下：

```
A &operator = (const A & a);
```

大整数类 BigInt 的重载赋值运算符的函数声明如下：

```
BigInt &operator = (const BigInt&);
```

其函数的定义如下：

```
//运算符"="重载
BigInt& BigInt::operator = (const BigInt& b)
{
    if(data == b.data) return * this;      //如果自己赋值自己,则直接返回
    delete [] data;                        //归还原先的存储空间
```

```
        length = b.length;
        data = new int [length]; // 重新申请存储空间
        for(int i = 0;i < length;i ++) // 数据复制
             data[i] = b.data[i];
        return * this; // 返回当前对象
}
```

一般来说，需要自定义复制构造函数的类也需要自定义赋值运算符重载函数，但二者的使用场合不同。复制构造函数用于创建对象，而赋值运算符重载函数用于同类对象的赋值。例如：

```
BigInt b2 = b1;           // 系统自动调用复制构造函数
BigInt b3;
b3 = b2;                  // 系统自动赋值运算符重载函数
```

11.2.3 函数调用运算符重载

C++将函数调用当作一种运算，运算符"()"是一个二元运算符。例如，语句"fun(a+b,c,d)"为调用运算，第1个运算对象为函数名fun，第2个运算对象为参数列表，运算的结果是函数的返回值。

函数调用运算符"()"可以被重载用于类的对象。接下来，举例说明在类中函数调用运算符重载的作用。假如大整数类 BigInt 的对象能够执行这样的运算：

```
BigInt b1("12345678999");
BigInt b2 = b1(6);        // 调用函数将 b1 数据的低6位置0,并四舍五入后存为 b2
BighInt b3 = b1(9);       // 调用函数将 b1 数据的低9位置0,并四舍五入后存为 b3
```

C++将上述语句的函数调用语句"b1(6)"与"b1(9)"看作一种运算，第1个运算对象为 BigInt 对象 b1，第2个运算对象为参数列表（在本例中，参数个数是1），运算的结果是 BigInt 类型。因此，在类中函数调用运算的使用必须重载函数调用运算符，而重载为类的成员函数是一种很好的选择。在本例中，运算符"()"重载函数的第1个参数是隐含的 this 对象，第2个参数类型是参数列表，函数返回类型是 BigInt 类型。

例如，为例10-2大整数类 BigInt 重载赋值运算符"()"，重载函数声明如下：

```
BigInt operator()(int);                    // 重载调用运算符
```

其函数的定义如下：

```
// 重载函数调用运算符,其作用是将 this 对象数据的低 n 位清空,并四舍五入后返回
BigInt BigInt :: operator()(int n)
{
    if(n >= length)
    {
        exit( -1);                         // 调用此函数,必须包含头文件 <cstdlib>
    }
```

```
    BigInt tmp = *this;
    if(tmp.data[n-1]>=5)tmp.data[n]++;
    for(int i=0;i<n;i++)tmp.data[i]=0;
    return tmp;
}
```

由上述代码可以看出，重载赋值运算符"()"不是创造了一种新的调用函数的方式，而是创建一个可以传递任意数目参数的运算符函数。

⚠️ **注意：**

函数调用重载函数的返回类型是由函数的返回类型而定，可以为任何类型。

11.2.4 下标运算符重载

下标运算符"[ ]"通常用于访问数组元素。重载该运算符能够使类对象像普通数组那样通过下标操作存储数据。例如，BigInt 类对象 b1 申请了一块存储空间，其首地址为 data，要操作这块空间中下标为 i 的存储数据，使用方式是 b1.data[i]。如果能够以形式 b1[i] 直接访问大整数 b1 的第 i 位，那么使用对象 b1 中的 data 数据就像直接使用数组那样方便。在 C++中，可以通过重载下标运算符"[ ]"来实现。

C++规定，下标运算符必须重载为成员函数。从 BigInt 类中下标运算符的使用形式 b1[i] 可以看出，"[ ]"是一个二元运算符，第 1 个运算对象是 BigInt 类对象 b1，第二个运算对象是下标值，运算结果是对应的数组元素。因此，下标运算符重载函数原型如下（this 对象是隐含的一个参数）：

数组元素类型 &operator[](int 下标);

在 BigInt 类中重载下标运算符"[ ]"，重载函数声明如下：

```
int& operator[](int);        //重载下标运算符
```

其函数的定义如下：

```
//重载下标运算符,返回第 i 位大整数
int& BigInt::operator[](int i)
{
    if(i>length || i<1)
    {
        cout<<"超界";
        exit(-1);
    }
    return data[i-1];    //返回第 i 位大整数,不是 i 下标处数据元素
}
```

在测试代码中，可以如下测试：

```
BigInt b1("12345678999");    //此时,系统自动调用有参构造函数
cout<<b1[6]<<endl;           //调用下标运算符重载函数,输出第 6 位整数
```

```
b1.print();              //显式调用成员函数
b1[6] = 7;               //调用下标运算符重载函数,改变第 6 位整数的值
b1.print();              //显式调用成员函数
```

> **注意：**
> 重载函数采用了引用返回。在测试代码中，"cout << b1[6]"调用了下标运算符重载函数，实参为对象 b1 和整数位值 6，而引用返回是指重载函数返回了 b1.data[5] 的别名，本质是 b1[6] 直接引用 b1.data[5]，而不是只取了数组元素 b1.data[5] 的值。例如，语句 "b1[6] = 7;" 相当于语句 "b1.data[5] = 7;"。
>
> 如果不采用引用传递，编译系统将报错。也就是说，引用传递使函数调用既可以作为左值又可以作为右值。
>
> 提示：在 C++ 中，可以放在赋值操作符"="左边的是左值，可以放在赋值操作符右边的是右值。
>
> 思考：如果一个类中的数据是二维数组，能否重载含有两个下标的下标运算符？为什么？

11.3 自定义类型与基本类型之间的转换

在 C++ 中，基本类型数据之间的转换与 C 语言基本相同。某些不同类型数据之间可以自动进行所需的类型转换，这种转换称为隐式转换。例如，在表达式 "1 + 'a' * 2.5" 中，字符型数据'a'自动转换为整型，然后转换为 double 型数据与 double 型数据做乘法运算，而整数常量 1 自动转换为 double 型，最后完成加法运算，得到 double 型数据。

C++ 语言兼容了 C 语言的强制类型转换，格式如下：

(类型名)表达式

例如，"(float)1/2"的值为 0.5。

C++ 还提供了形如 "float(1)/2" 的另一种类型转换形式：

类型名(表达式)

如果表达式包含类对象，系统会自动转换吗？

例如，定义 Fraction 类对象 f1(4,8)，那么执行语句 "cout << f1 + 2"，编译系统不会报错，系统会利用构造函数将常量 2 自动转换为 Fraction 类型，然后与 f1 相加。

但是，执行语句 "double x = f1"，编译系统将报错。因为系统不知道如何将 Fraction 类对象转换为 double 基本类型。系统通过定义类型转换函数，可以实现自定义类型向基本类型的转换。如果定义了类型转换函数，系统将自动调用该函数完成转换。

11.3.1 基本类型到自定义类型的转换

基本类型到自定义类型的转换是通过类的构造函数实现的。例如，执行语句 "f2 = 2"，

编译系统隐式地调用了如下构造函数：

```
Fraction(int n = 0,int d = 1):numerator(n),denominator(d)
{
    reduce();
}
```

其中，2作为实参传递给了形参n，最后传递给类成员数据numerator，构造出了numerator = 2和denominator = 1（默认值）的Fraction类对象，并把它赋给f2。

同理，可以执行语句"f3 = f1 + 2"，如果类A中有单个参数的构造函数，C++则执行这种参数类型到A类型对象的隐式转换。但是，要想得到语句"double r = f1 + 2"的执行结果（即不希望将常量2转换成Fraction对象，而是希望将f1对象转换成double类型，最后得到double类型的结果），那么就必须禁止系统将常量2转换为Fraction对象。

C++提供了禁止隐式转换的方法——在这种构造函数前加保留字explicit。例如，可以如下改造Fraction构造函数：

```
explicit Fraction(int n = 0,int d = 1):numerator(n),denominator(d)
{
    reduce();
}
```

在禁止系统的这种隐式转换后，当需要这种转换时，也可以显式转换。例如：

```
f2 = Fraction(2);
```

11.3.2 自定义类型到基本类型的转换

要想得到语句"double r = f1 + 2"的执行结果，那么只禁止基本类型到自定义类型的隐式转换还不够，还需要将f1转换为double类型。如果希望自定义类型对象自动转换为其他类型，则需要定义一个类型转换函数。

C++规定，类型转换函数必须定义为类的成员函数。形式如下：

```
operator 目标类型名()const
{ ...
    return(目标类型的表达式);
}
```

例如，将Fraction类型转换为double类型的类型转换函数如下：

```
operator double()const
{
    return double(numerator)/denominator;
}
```

有了这个类型转换函数，就可以执行如下语句：

```
Fraction f1(4,8)
double r = f1 + 2;        // 自动调用类型转换函数
```

编译系统自动调用类型转换函数，将 f1 转换为 double 类型 0.5，然后与 2 相加，将二者之和 2.5 赋值给 r。

同样，如果不希望编译系统自动转换，可以在类型转换函数前加保留字 explicit。例如，禁止 Fraction 类型自动转换为 double 类型的类型转换函数如下：

```
explicit operator double()const
{
    return double(numerator)/denominator;
}
```

此时，若执行语句"double r = f1 + 2"，编译系统将报错。对此，可以显式转换为其他类型，如"double r = double(f1) + 2"。

【练习】

10.7 节的实训实现了复数类 Complex，该类包含两个成员：real 和 imag，分别表示复数的实部和虚部。在数学上，一个复数可表示为二维平面上的一个点。试在复数类 Complex 中编写一个从 Complex 类型到 Point 类型（其定义详见 10.2 节）的转换函数。

11.4 实训与实训指导

实训 1 二维数组类

设计一个动态的二维 int 型数组 Matrix。可以通过 Matrix table(3,8) 定义一个 3 行 8 列的二维数组，通过 table(i,j) 访问 table 的第 i 行第 j 列的元素，行号和列号从 0 开始。例如，table(i,j) = 5 或 table(i,j) = table(i,j+1) + 3。

1. 实训分析

题目要求设计一个二维数组类型，类名为 Matrix，类中的一个成员数据是动态申请的二维 int 型数组。由题目给出的对象定义方式可知，类中还包括了两个数据成员，表示数组的行数和列数，分别命名为 rows、cols。

因此，需要编写构造函数来实现由二维数组的行数和列数申请数组空间，同时编写析构函数来实现释放空间等清理工作。此外，还需要编写一个函数来实现访问数组元素的功能，此函数的名称为类对象名，参数为行号和列号。由 11.3 节可知，重载下标运算符不能实现此功能（虽然下标运算符的函数名为类对象名，但重载下标运算符不能使用两个参数）。重载函数调用运算符可以实现此功能，函数名为类对象名，参数可以取两个，返回值可以设置为 int 类型。

类的头文件 Matrix.h 的代码如下：

```
#ifndef Matrix_h
#define Matrix_h
```

```cpp
#include <iostream>
#include <cstdlib>
using namespace std;
class Matrix
{
private:
    int * mat;
    int rows;
    int cols;
public:
    //构造函数
    Matrix(int r=0,int c=0):rows(r),cols(c)
    {
        mat = new int[rows * cols];
    }
    ~Matrix()
    {
        if(mat)delete [] mat;    //析构函数
    }
    //重载函数调用运算符
    int& operator()(int i,int j)
    {
        if(mat||i<rows||j<cols)exit(-1);
        return mat[i * cols +j];
    }
};
#endif //Matrix_h
```

2. 实训练习

编写 Matrix 类的测试代码，并尝试重载运算符 " + " " - " " * " "/"。其中，矩阵的乘、除运算可以使用矩阵的点乘、点除运算来代替，即将两个矩阵对应位置的元素相乘、相除。

实训 2 布尔类

设计一个更加人性化的布尔类型，使它除了支持赋值、比较和逻辑运算外，还可以直接输入输出。要使某个布尔变量的值为"true"（真），则可以直接输入字符串"true"；要使某个布尔变量的值为"false"（假），则可以直接输入字符串"false"。如果某个布尔类型的变量 flag 的值为"false"（假），则直接执行"cout << flag"将会输出"false"。同时，它还支持布尔类型到整型的转换，能将 true 转换成 1，将 false 转换成 0。

1. 实训分析

题目要求设计一个布尔类，类名命为 iBool，首先应考虑设计哪种类型的数据成员。要想能直接输入"true"(真)和"false"(假),那么将类中的成员数据设计成 string 类型是比较好的选择。如果将类中的成员数据设计为数组,那么字符串的操作就需要调用库函数,而 string 类型的使用和内置类型使用相差无几,使用较为方便。布尔类只需一个数据成员即可,命名为 value。

那么,需要设计的成员函数有哪些?设计的顺序怎样?对此,设计原则是代码重用。首先,编写构造函数、赋值析构函数、析构函数,同时重载赋值运算符,编译检测语法的正确性;其次,编写输入输出运算符重载函数,并编写测试代码,以测试已编写函数的正确性;再次,编写类型转换函数,将布尔类型转换为整型(比较运算符重载函数可以调用该运算);最后,编写比较运算符和逻辑运算符重载函数。

类中成员函数原型如下:

(1) 构造函数 iBool(string v = "false"):value(v):将初始值设为"false",还需要控制初始化字符串不能输入除"true"和"false"之外的值。

(2) 赋值构造函数 iBool(const iBool& ib){value = ib.value;}:使 iBool 对象能够被同类对象赋值初始化。

(3) 赋值运算符重载函数 iBool& operator = (const iBool&)。

(4) 析构函数 ~iBool(){}:空函数无须释放空间。

(5) 输出运算符重载函数 friend ostream& operator << (ostream& os, const iBool&):友元函数,完成直接输出。

(6) 输入运算符重载函数 friend istream& operator >> (istream& is, iBool&):友元函数,完成直接输入。注意参数,特别是输入会改变输入对象的值,不能为常引用。

(7) 类型转换函数 operator int() const:将布尔类型转换为整型,true 转换为 1,false 转换为 0。

(8) 比较运算符重载函数:

```
iBool operator > (const iBool&)
iBool operator >= (const iBool&)
iBool operator < (const iBool&)
iBool operator <= (const iBool&)
iBool operator == (const iBool&)
iBool operator != (const iBool&)
```

(9) 逻辑运算符重载函数:

```
iBool operator&&(const iBool&);
iBool operator||(const iBool&);
iBool operator!();
```

iBool 类的头文件 iBool.h 代码如下:

```
#ifndef iBool_h
#define iBool_h
#include <iostream>
#include <cstdlib>
```

```cpp
using namespace std;
class iBool
{
private:
    string value;
public:
    //构造函数
    iBool(string v = "false"):value(v)
    {
        if(value! = "true" && value ! = "false")
        {
            cout << "非法值";
            exit( -1);
        }
    };
    iBool(const iBool& ib)
    {
        value = ib.value;                    //复制构造函数
    }
    ~iBool(){}
    iBool& operator =(const iBool&);         //重载赋值运算符
    //类型转换
    operator int()const
    {
        if(value == "true")return 1;
        else return 0;
    }
    //重载比较运算符
    iBool operator >(const iBool&);
    iBool operator >=(const iBool&);
    iBool operator <(const iBool&);
    iBool operator <=(const iBool&);
    iBool operator ==(const iBool&);
    iBool operator!=(const iBool&);
    //重载逻辑运算符
    iBool operator&&(const iBool&);
    iBool operator||(const iBool&);
    iBool operator!();
    //重载输入输出
    friend ostream& operator <<(ostream& os,const iBool&);
    friend istream& operator >>(istream& is,iBool&);
};
#endif //iBool_h
```

iBool 类的实现文件 iBool.cpp 代码如下：

```cpp
#include "iBool.h"
//重载赋值运算符
iBool& iBool::operator = (const iBool& ib)
{
    value = ib.value;
    return *this;
}
//重载比较运算符
iBool iBool::operator < (const iBool& ib2)
{
    iBool ib3;
    if(int(*this) < int(ib2))ib3.value = "true";
    else ib3.value = "false";
    return ib3;
}
//重载比较运算符
iBool iBool::operator <= (const iBool& ib2)
{
    iBool ib3;
    if(int(*this) <= int(ib2))ib3.value = "true";
    else ib3.value = "false";
    return ib3;
}
//重载比较运算符
iBool iBool::operator > (const iBool& ib2)
{
    iBool ib3;
    if(int(*this) > int(ib2))ib3.value = "true";
    else ib3.value = "false";
    return ib3;
}
//重载比较运算符
iBool iBool::operator >= (const iBool& ib2)
{
    iBool ib3;
    if(int(*this) >= int(ib2))ib3.value = "true";
    else ib3.value = "false";
    return ib3;
}
//重载比较运算符
iBool iBool::operator == (const iBool& ib2)
```

```cpp
{
    iBool ib3;
    if(int(*this)==int(ib2))ib3.value="true";
    else ib3.value="false";
    return ib3;
}
//重载比较运算符
iBool iBool::operator!=(const iBool& ib2)
{
    iBool ib3;
    if(int(*this)!=int(ib2))ib3.value="true";
    else ib3.value="false";
    return ib3;
}
//重载逻辑运算符
iBool iBool::operator!()
{
    iBool ib2;
    if(value=="true")ib2.value="false";
    if(value=="false")ib2.value="true";
    return ib2;
}
//重载逻辑运算符
iBool iBool::operator&&(const iBool& ib2)
{
    iBool ib3;
    if(value=="true" && ib2.value=="true")ib3.value="true";
    else ib3.value="false";
    return ib3;
}
//重载逻辑运算符
iBool iBool::operator||(const iBool& ib2)
{
    iBool ib3;
    if(value=="false" && ib2.value=="false")ib3.value="false";
    else ib3.value="true";
    return ib3;
}
//重载输入输出
ostream& operator<<(ostream& os,const iBool& ib)
{
    os<<ib.value;
    return os;
```

```
}
//重载输入输出
istream& operator >>(istream& is,iBool& ib)
{
    is >> ib.value;
    if(ib.value! = "true" && ib.value! = "false")
    {
        cout << "非法值";
        exit(-1);
    }
    return is;
}
```

2. 实训练习

编写 iBool 类的测试代码，并思考上述代码能否实现下列运算，为什么？

```
iBool ib1;
ib1 = "true";
```

实训 3　随机类运算符重载

将第 10 章随机类的 RandomInt 和 RandomDouble 函数使用运算符重载函数改写。对于对象 Random r，r(a,b) 将调用运算符重载函数获取 a、b 之间的随机数 x。若 a、b 为 int 型，则 x 为 int 型；若 a、b 为 double 型，则 x 为 double 型。

1. 实训分析

由题目的调用方式 r(a,b) 可知，可使用的运算符为函数调用运算符"( )"，第 1 个运算对象是对象名 r，第 2 个运算对象是参数列 a、b，运算结果由参数类型决定。重载函数调用运算符可以实现题目要求。因参数的数据不同，可以两次重载函数调用运算符。

改写后的类 Random 头文件 Random.h 的代码如下：

```
#ifndef Random_h
#include <iostream>
#include <ctime>
#include <cstdlib>
using namespace std;
class Random
{
public:
    Random()
    {
        srand(time(NULL));      //必须包含<cstdlib>、<ctime>
```

```
        }
        //产生 a~b 的整型随机数
        int operator()(int a,int b)
        {
            int w = b - a + 1;
            return a + w * rand()/(RAND_MAX +1);
        }
        //产生 a~b 的浮点型随机数
        double operator()(double a,double b)
        {
            double w = b - a + 1;
            return a + w * rand()/(RAND_MAX +1);
        }
};
#endif               //Random_h
```

2. 实训练习

编写测试代码，产生 10 个整型随机数，10 个浮点型随机数。

实训 4 一元多项式类

定义一个类 Poly，使用链表存储一元多项式，并重载加法运算符实现两个多项式的相加。

1. 实训分析

如 7.2 节实训所示，多项式 $1.2 + 2.5x + 3.2x^2 - 2.5x^5$ 的链表示意如图 11-1 所示。为了操作方便，链表的第 1 个节点不存储任何数据，称为头节点。多项式数据的存储从链表的第 2 个节点开始。

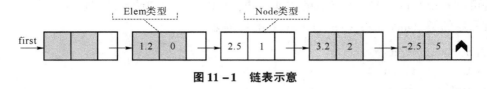

图 11-1 链表示意

本次实训采用结构体的嵌套结构定义节点，将节点中的前两项看作一个整体，定义一个结构体类型 Elem，然后将其与指针合并成一个整体，定义一个结构体类型 Node。两个结构体的定义如下：

```
typedef struct                    //数据类型
{
    float coef;                   //系数
    int exp;                      //指数
```

```
}Elem;
struct Node
{
    Elem data;                  //数据部分,类型为 Elem
    struct Node * next;         //指针
};
```

题目要求编写使用链表存储一元多项式的类 Poly,那么应考虑设计哪种类型的数据成员。由多项式的链表示意可知,只需记住指向第 1 个节点的指针 first,即可存取整个链表。因此,类 Poly 的数据成员为 first。需要实现的成员函数如下:

(1) Poly( ):无参构造函数,构造一个节点,first 指向该节点。

(2) Poly(Elem[ ],int):有参构造函数,由多项式数据建立链表。

(3) ~Poly( ):回收所有节点空间。

(4) void print( ):简单输出多项式数据。

(5) friend Poly operator + (const Poly&,const Poly&):使用类的友元函数实现两个多项式的相加。

本题的重点是实现两个多项式的相加。如果使用运算符重载函数实现多项式的相加,那么加法的两个链表不能改变,因此需要生成第 3 个链表,以存储加法的结果。重载函数 Poly operator + (const Poly& p1,const Poly& p2)的形参类型与返回类型都为 Poly 类型,其目的是实现两个多项式的直接相加:

p3 = p1 + p2;

多项式加法运算重载函数的伪代码如下:

(1)初始化

(1.1) p = p1.first -> next,指向第 1 个链表的第 2 个节点;

(1.2)工作指针 q = p2.first -> next,指向第 2 个链表的第 2 个节点;

(1.3)定义存放结果的链表 Poly p3,尾指针 rear = p3.first,指向最后一个节点;

(2) while(p 存在且 q 存在)执行下列三种情形之一:

(2.1)如果 p -> exp 小于 q -> exp,则

(2.1.1)生成新节点 s,s -> data = p -> data;

(2.1.2)将 s 插入 rear 后,rear -> next = s;

(2.1.3)尾指针 rear 后移,rear = s,指针 p 后移,p = p -> next;

(2.2)如果 p -> exp 大于 q -> exp,则

(2.2.1)生成新节点 s,s -> data = q -> data;

(2.2.2)将 s 插入 rear 后,rear -> next = s;

(2.2.3)尾指针 rear 后移,rear = s,指针 q 后移,q = q -> next;

(2.3)如果 p -> exp 等于 q -> exp,则

(2.3.1) sum = p -> coef + q -> conf;

(2.3.2)如果 p -> coef! =0,则执行下列操作:

(2.3.2.1)生成新节点 s,s -> data.coef = sum;s -> data.coef = p -> data.exp

(2.3.2.2)将 s 插入 rear 后,rear -> next = s;尾指针 rear 后移;

(2.3.3)指针 p 后移,p = p -> next;指针 q 后移,q = q -> next;

(3)while(p 存在)

(3.1)生成新节点 s,s -> data = p -> data;

(3.2)将 s 插入 rear 后,rear -> next = s;

(3.3)尾指针 rear 后移,rear = s,指针 p 后移,p = p -> next;

(4)while(q 存在),将节点 q 连接到第一个单链表的后面;

(4.1)生成新节点 s,s -> data = q -> data;

(4.2)将 s 插入 rear 后,rear -> next = s;

(4.3)尾指针 rear 后移,rear = s,指针 q 后移,q = q -> next;

(5)尾指针的 next 域置空,rear -> next = NULL.

类 Poly 的头文件 Poly.h 的代码如下:

```
#ifndef poly_h
#define poly_h
#include <iostream>
#include <stdio.h>
using namespace std;
typedef struct
{
    float coef;            //系数
    int exp;               //指数
} Elem;
struct Node
{
    Elem data;             //数据部分,类型为 Elem
    struct Node * next;    //指针
};
class Poly
{
private:
    Node * first;          //头指针
public:
    Poly()
    {
        first = new Node;
        first -> next = NULL;
    };                     //无参构造函数
    Poly(Elem[],int);      //有参构造函数
    ~Poly();               //析构函数
    void print();          //输出函数
```

```
        friend Poly operator +(const Poly&,const Poly&);//友元函数
};
#endif //poly_h
```

类 Poly 的实现文件 Poly.cpp 的代码如下：

```
#include "Poly.h"
//有参构造函数
Poly::Poly(Elem e[],int n)
{
    first = new Node;
    first->next = NULL;        //第1个节点不存放数据
    Node * rear = first;       //指向最后一个节点
    for(int i = 0;i < n;i ++)  //生成n个节点,存入数据,并将节点连接
    {
        Node * s = new Node;
        s->data = e[i];
        s->next = NULL;
        rear->next = s;
        rear = s;
    }
}
//回收所有节点空间
Poly::~Poly()
{
    while(first! = NULL)
    {
        Node * q = first;
        first = first->next;
        delete q;
    }
}
//简单输出多项式数据
void Poly::print()
{
    Node * p = first->next;
    while(p! = NULL)
    {
        cout << p->data.coef << " " << p->data.exp << " ";
        p = p->next;
    }
    cout << endl;
}
//使用类的友元函数实现两个多项式的相加
```

```cpp
Poly operator +(const Poly& p1,const Poly& p2)
{
    Node *p,*q;
    Poly p3;
    Node *rear=p3.first;
    p=p1.first->next;
    q=p2.first->next;
    while(p!=NULL && q!=NULL)
    {
        if(p->data.exp<q->data.exp)
        {
            Node *s=new Node;
            s->data=p->data;
            rear->next=s;
            rear=s;
            p=p->next;
        }
        else if(p->data.exp>q->data.exp)
        {
            Node *s=new Node;
            s->data=q->data;
            rear->next=s;
            rear=s;
            q=q->next;
        }
        else
        {
            double sum=p->data.coef+q->data.coef;
            if(sum!=0)
            {
                Node *s=new Node;
                s->data.coef=sum;
                s->data.exp=p->data.exp;
                rear->next=s;
                rear=s;
            }
            p=p->next;
            q=q->next;
        }
    }
    while(p!=NULL)
    {
        Node *s=new Node;
        s->data=p->data;
```

```
            rear -> next = s;
            rear = s;
            p = p -> next;
    }
    while( q! = NULL ){
            Node * s = new Node;
            s -> data = q -> data;
            rear -> next = s;
            rear = s;
            q = q -> next;
    }
    rear -> next = NULL;
    return p3;
}
```

2. 实训练习

将加法的友元重载函数改为类的成员重载函数，并编写 Poly 类的测试代码。

第 12 章

代码重用
——类的继承、多态与模板

现代程序设计的一个重要方法是代码重用，利用自己或别人已经写好的代码来提高程序的生产效率。面向对象程序设计的一个重要特征就是代码重用。类的创建将数据抽象并封装为一种新的数据类型。将创建好的类加入类库以供程序员随时调用，增强代码的重用性，提高程序开发效率。面向对象程序的代码重用不仅仅指复制已经写好的代码到自己的程序中，还指利用已经创建好的类构建出功能更强大的类。这便是类的继承和派生。

继承（inheritance）就是在一个已存在的类 A 的基础上建立一个新类 B。类 A 称为基类（base class）或父类（father class），类 B 称为派生类（derived class）或子类（son class）。一个类也可以派生多个类，当然，一个类也可以派生自多个类。

多态（polymorphism）是面向对象编程领域的核心概念。在 C++ 中，多态性分为两种：一种称为编译时多态，另一种为运行时多态。编译时多态，也就是函数重载，在编译时系统就能确定调用不同函数的多态性。如果在编译时不能确定调用的是哪个函数，而是在程序运行过程中才能确定操作哪个对象，才能确定调用哪个函数，则将这种多态称为运行时多态。

模板是泛型编程（generic programming）的基础。泛型具有在多种数据类型上皆可操作的含义。模板把一个原本特定于某个类型的算法或类当中的类型信息抽出作为模板参数。函数模板可以用来批量生成功能和参数几乎相同的函数，而类模板用来批量生成功能和形式都几乎相同的类。

12.1 类的继承与派生

一个新类 B 从已有的类 A 中获取特征，这种现象称为类的继承。通过继承，派生类 B 可以获取基类 A 的特性。反过来说，从基类 A 产生子类 B 的现象称为类的派生。派生类可以派生自多个基类，这种现象称为多继承或多重继承（multiple inheritance）；否则，称为单继承（single inheritance）。

类的继承机制除了实现代码重用外，还可以对事物分类，并以层次结构表示，使对象之间的关系更加清晰。例如，交通工具类是基类，交通工具类派生汽车类、飞机类、轮船类等，汽车类派生轿车类、越野车类、房车类等，飞机类派生民航飞机类、军用飞机类等，如图 12-1 所示。

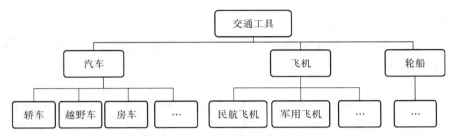

图 12-1　交通工具类的继承关系

在软件开发过程中，可能需要建立多个类，因此必须分析各个类对象之间的关系，然后按照层次关系创建类，逐步完成软件的开发。例如，在一种应用中需要创建各种二维形状，如矩形、方形、圆、椭圆等。那么这些二维形状有一些共同特征，我们将其提取出来，构造一个基类，命名为 Shape（形状）类，然后在此基础上派生 Rectangle（矩形）类、Eclipse（椭圆）类。因为正方形是特殊的矩形，圆是特殊的椭圆，所以 Square（方形）类可由 Rectangle 类派生，Circle（圆）类可由 Eclipse 类派生。各类对象之间的层次结构如图 12-2 所示。

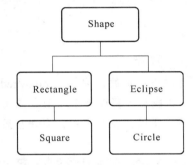

图 12-2　【例 12-1】类的继承关系

【例 12-1】定义一个基类 Shape，在此基础上派生出 Rectangle 类和 Circle 类，进而派生 Square 类和 Circle 类，各类之间的继承关系如图 12-2 所示。类 Rectangle，Circle、Square、Circle 需要实现计算面积的功能。

【分析】首先，创建基类 Shape；然后，创建派生类 Rectangle 和 Circle；最后，创建派生类 Square 和 Circle。

12.1.1　基类的定义

从形式来说，任何类都可以是基类。但实际上，基类具有所有派生类的共有特征。例 12-1 中的 Shape 类具有其派生类的特征，如矩形 Rectangle 有长和宽两个特征，而椭圆 Eclipse 有长轴和短轴两个特征。因此，在 Shape 类中需要定义两个量，用于表示派生类的共同特征，那么派生类 Rectangle 和 Eclipse 就不需要再次定义共同特征部分。

Shape 类的代码如下：

```
#include <iostream>
#define PI 3.1415926
using namespace std;
```

```
class Shape
{
protected:
    /*对于不同的形状,x和y表示不同的含义。对于矩形,x和y表示矩形的长和宽;对于椭圆,x和y表示椭圆的长轴和短轴*/
    double x,y;
public:
    Shape(double _x=0.0,double _y=0.0):x(_x),y(_y){}        //构造函数
    ~Shape()                                                 //析构函数
    {
        cout<<"Shape("<<this->x<<','<<this->y<<')'<<"is cleaning"<<endl;
    }
    void display()
    {
        cout<<'('<<x<<','<<y<<')'<<endl;                     //输出
    }
};
```

> **注意:**
> 基类中成员的访问属性 protected。protected 访问特性介于 public 访问和 private 访问之间。protected 成员不可以被全局函数或其他类的成员函数访问,但能被派生类的成员函数和友元函数访问。所以,在基类中,允许在派生类访问的成员需要将其访问特性设置为 protected。

12.1.2 派生类的定义与继承方式

定义派生类时,需要指出它从哪个基类派生,在基类的基础上增加了什么内容。

派生类定义格式:

```
class 派生类名:继承方式 基类1,继承方式 基类2,…,继承方式 基类n
{新增的成员声明}
```

继承方式规定了如何访问从基类继承的成员,可以是 public、private 和 protected。继承方式可以省略,默认为 private。

派生类以 public 方式继承基类时,基类的 public 成员会成为派生类的 public 成员,基类的 protected 成员会成为派生类的 protected 成员,而基类的 private 成员是不能继承的。

派生类以 protected 方式继承基类时,基类的 public 成员和 protected 成员会成为派生类的 protected 成员,而基类的 private 成员是不能继承的。

派生类以 private 方式继承基类时,基类的 public 成员和 protected 成员会成为派生类的 private 成员,而基类的 private 成员是不能继承的。

通常,继承采用的方式是 public,使基类的成员在派生类中保持原有的访问特性。例如,例 10-2 中的 Rectangle 类以 public 方式继承 Shape 类时,定义如下:

```
class Rectangle:public Shape
```

基类 Shape 类的 private 数据成员 x、y 成为 Rectangle 类的 private 数据成员 x、y，Shape 类的 public 成员（构造函数与成员函数）成为 Rectangle 类的 public 成员。

12.1.3 派生类的构造函数和析构函数

派生类必须由自己的构造函数来完成初始化。C++规定，派生类对象的初始化由基类和派生类共同完成。派生类的构造函数体只负责初始化新增加的数据成员，而在初始化列表中调用基类的构造函数初始化基类的数据成员。

派生类构造函数的一般形式如下：

派生类构造函数名(参数表):基类构造函数名(参数表)
{…}

例 12-1 的 Rectangle 类的构造函数如下：

```
Rectangle(double l = 0, double w = 0):Shape(l,w)
{
    area = x * y;
}
```

派生类对象的析构同样如此。派生类的析构函数体只负责新增成员的析构，基类部分由基类的析构函数析构。

12.1.4 重定义基类的成员函数

派生类是基类的扩展，可以是数据内容的扩展（如增加数据成员），也可以是功能的扩展（如增加成员函数或改变基类的成员函数）。派生类对基类的某个功能进行扩展时，它定义的成员函数名可能与基类的成员函数名重复，如果只是函数名相同而原型不同，则系统认为派生类有两个重载函数；如果原型相同，则认为派生类有两个原型一模一样的函数。

例如，Shape 类中有成员函数 display，定义如下：

```
void display()
{
    cout <<'('<< x <<','<< y <<')'<< endl;
}
```

如果派生类 Rectangle 也需要定义一个输出函数 display，定义如下：

```
void display()
{
    cout <<'('<< x <<','<< y <<')'<< endl;
    cout << "Area:" << area << endl;
}
```

上述原型相同的成员函数，称为重定义基类的成员函数。在这种情况下，派生类对象调用的是派生类重新定义的成员函数。例如，定义 Rectangle 的对象 r，那么 r.display() 执行的是 Rectangle 类的 display 函数。可以看出，在派生类 display 函数的输出内容中，有一部分与基类 display 输出函数内容相同。因此，可以调用基类的 display 函数来完成这部分功能。使用方法是在函数名前加基类名称的限定。代码如下：

```
void display()
{
    Shape::display();
    cout << "Area:" << area << endl;
}
```

12.1.5 派生类的定义

例 12-1 派生类 Rectangle 的定义代码如下：

```
class Rectangle:public Shape
{
protected:
    double area;                    //增加数据成员
public:
    Rectangle(double l=0,double w=0):Shape(l,w)
    {
        area = x*y;
    }
    ~Rectangle()
    {
        cout << "Rect(" << this->x << ',' << this->y << ')' << "iscleaning" << endl;
    }
    double getArea()
    {
        return area;                //返回面积值
    }
    void display()
    {
        Shape::display();
        cout << "Area:" << area << endl;
    }
};
```

在定义派生类对象时，编译系统先执行基类 Shape 的构造函数，然后执行派生类的构造函数。例如，定义如下 Rectangle 类对象：

```
Rectangle r1,r2(3,4);
r1.display();
r2.display();
```

对象 r2(3,4) 先执行 Shape(3,4)，然后执行自己的函数体。上述代码执行了 Rectangle 类的成员函数 display。

运行结果：

```
(0,0)
Area:0
(3,4)
Area:12
```

派生类对象销毁时，编译器自动调用派生类 Rectangle 的析构函数，然后调用基类 Shape 函数的析构函数。例如，对象 r1、r2 销毁时，运行结果如下：

```
Area:12
Rectangle(3,4)is cleaning
Shape(3,4)is cleaning
Rectangle(0,0)is cleaning
Shape(0,0)is cleaning
```

一个基类可以派生多个派生类。因此，基类 Shape 还可以派生多个二维图形类，如表示椭圆的 Eclipse 类。在派生类 Eclipse 中，基类成员 x 和 y 表示椭圆的长轴和短轴。成员函数 getArea 利用长轴和短轴求得椭圆的面积。

创建派生类 Eclipse 类的代码如下：

```cpp
class Eclipse:public Shape
{
protected:
    double area;
public:
    Eclipse(double a = 0,double b = 0):Shape(a,b)
    {
        area = PI * x * y;
    }
    ~Eclipse()
    {
        cout << "Eclipse(" << this->x <<',' << this->y <<')' << "is cleaning" << endl;
    }
    double getArea()
    {
        return area;
    }
    void display()
    {
        cout <<'(' << x <<',' << y <<')' << endl;
        cout << "Area:" << area << endl;
    }
};
```

综上所述，例 12-1 的派生类 Rectangle 和 Eclipse 都继承了基类 Shape 的成员，并增加了数据成员 area，重新定义了成员函数 display，其 UML（Unified Modeling Language，统一建模语言）类图如图 12-3 所示。

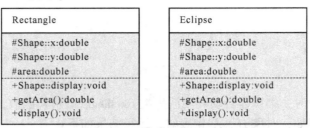

图 12-3　派生类 Rectangle 和 Eclipse 的继承成员

（+表示 public，-表示 private，#表示 protected）

12.1.6　类的多层派生

一个类不仅可以派生多个类，而且派生类也可以作为基类，继续派生新类，形成派生的层次结构。图 12-4 所示的 UML 类图展示了例 12-1 的多级派生结构。可以看出，下层派生类可以通过继承关系引用基类中可以继承的成员。

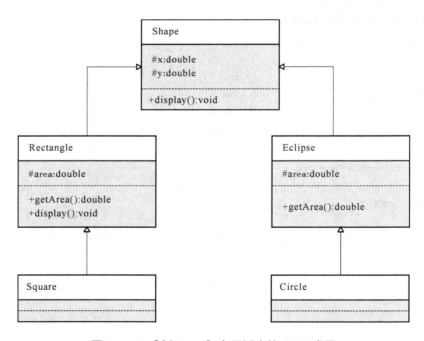

图 12-4　【例 12-1】多层派生的 UML 类图

在例 12-1 中，Square 类由 Retangle 类派生，Cricle 类由 Eclipse 类派生。对于方形类 Square，x 和 y 均表示为方形的边长并且 x 与 y 的值相等，方形面积的计算直接调用基类 Retangle 成员函数 getArea 即可；对于圆形类 Cricle，x 和 y 均表示为圆的半径且 x 与 y 的值相等，圆形面积的计算直接调用基类 Eclipse 的成员函数 getArea 即可。

创建方形类 Square 和圆形类 Cricle 的代码如下：

```
class Square:public Rectangle
{
public:
    Square(double l=0):Rectangle(l,l){}
    ~Square()
    {
        cout<<"Square("<<this->x<<','<<this->y<<')'<<"is cleaning"<<endl;
    }
};

class Circle:public Eclipse
{
public:
    Circle(double r=0):Eclipse(r,r){}
    ~Circle()
    {
        cout<<"Circle("<<this->x<<','<<this->y<<')'<<"is cleaning"<<endl;
    }
};
```

当构造派生类对象时，不需要知道基类的对象是如何构造的，只需要调用基类的构造函数即可。例如，Square 类的构造函数只需要调用基类 Rectangle 的构造函数，不需要知道 Rectangle 的构造函数由 Shape 类的构造函数构造的。语句如下：

```
Square(double l=0):Rectangle(l,l){}
```

该代码体现了方形为边长相同的矩形的概念。

Square 类和 Cricle 类对象可以直接使用基类 Rectangle 与 Eclipse 成员函数来计算面积：

```
Circle c1(1);
Square s1(1);
c1.display();
s1.display();
```

对象 c1 生成时，首先执行 Eclipse 类的构造函数，然后执行 Circle 类的构造函数体。在执行 Eclipse 类的构造函数时，首先执行 Shape 类的构造函数，然后执行 Eclipse 类的构造函数。上述代码执行了 Circle 类与 Square 类的成员函数 display。运行结果：

```
(1,1)
Area:3.14159
(1,1)
Area:1
```

对象的析构过程也是如此。例如，对象 s1 析构时，首先执行 Square 类的析构函数，然后执行 Rectangle 类的析构函数，最后执行 Shape 类的析构函数。上述代码的析构显示结果如下：

```
Square(1,1)is cleaning
Rectangle(1,1)is cleaning
Shape(1,1)is cleaning
Circle(1,1)is cleaning
Eclipse(1,1)is cleaning
Shape(1,1)is cleaning
```

【练习】

在例 12-1 的 Rectangle 类、Eclipse 类中增加计算周长的功能，实现 Rectangle 类、Eclipse 类、Square 类、Circle 类都能计算周长和面积，并编写代码测试其功能。

12.2 多重继承

12.1 节介绍了单继承，即新类是从一个基类派生而来的。然而，在实际应用中，存在多重继承的情况。例如，班长既是学生，又是学生会成员，由两个类别派生而来；学校中有学生和教师两个群体，但有些教师同时在攻读硕士研究生或博士研究生，其身份既是教师，又是学生。本节以具体示例来说明多重继承的构造。

【例 12-2】定义大学中的部分群体——教师（Teacher）类和学生（Student）类，同时构造在职研究生（JGraduate）类。在定义类对象时，给出初始化数据，然后输出这些信息。

【分析】为了说明方便，在此采用较少属性来表示上述群体特征。教师类的属性包括：教师编号（tNo）、身份证号码（ID）、姓名（name）、性别（sex）、年龄（age）、职称（title）。学生类的属性包括：学号（sNo）、身份证号码（ID）、姓名（name）、性别（sex）、年龄（age）、攻读学位（degree）。在职研究生同时具有学生和教师两个类别的属性。每个类的构造函数实现数据的初始化，成员函数 display 实现数据的输出。

由三个类的属性可以看出，学生属性和教师属性有大部分信息是重复的。面向对象思维的一个重要思想是代码重用，所以提取二者的共同属性来构造一个基类，将与之不同的属性放入派生类中，在派生类对象的使用中实现代码重用。在本例中，学生类和教师类的共同属性有身份证号码（ID）、姓名（name）、性别（sex）、年龄（age）等。在此，将共同属性提取作为基类 Citizen 的数据成员，体现学生和教师都是公民的概念。然后，将教师编号（tNo）、职称（Title）作为教师的特有属性，而将学号（sNo）、攻读学位（degree）作为学生的特有属性。上述多个类的 UML 继承关系如图 12-5 所示。

基类 Citizen 类的代码如下：

```
#include <iostream>
#include <string.h>
using namespace std;
class Citizen
{
protected:
```

```cpp
        char ID[18];              //身份证号,共18位
        string name;              //姓名,不确定位数
        string sex;               //性别,共两个值"male","female"
        unsigned age;             //无符号整数
    public:
        Citizen(char _id[],string _name,string _sex,unsigned _age)
        {
            strcpy(ID,_id);
            name = _name;
            sex = _sex;
            age = _age;
        }
        ~Citizen()                //析构函数
        {
            cout << "Citizen destructor!" << endl;
        }
        void display()            //输出
        {
            cout << "ID:" << ID << endl;
            cout << "name:" << name << endl;
            cout << "sex:" << sex << endl;
            cout << "age:" << age << endl;
        }
};
```

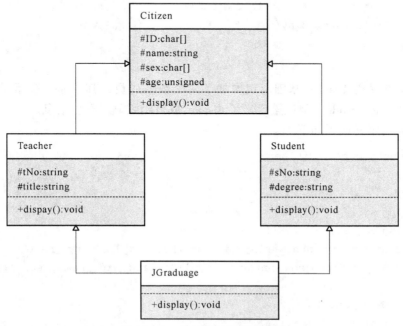

图 12-5 多重继承的继承关系

Citizen 类派生了 Teacher 类和 Student 类，此为单继承，但 Teacher 类和 Student 类作为基类共同派生了 JGraduate 类，此为多继承。

Teacher 类在基类 Teacher 的基础上增加了两个数据成员，其中 tNo 表示教师编号，title 表示职称。Teacher 类重定义了 display 成员函数显示教师信息。

Teahcer 类的定义代码如下：

```cpp
class Teacher:public Citizen
{
protected:
    string tNO;                    //教师编号
    string title;                  //职称
public:
    Teacher(string _tno,string _title,char _id[],string _name,
            string _sex,unsigned _age):Citizen(_id,_name,_sex,_age)
    {
        tNO =_tno;
        title =_title;
    }
    ~Teacher()
    {
        cout << "Teacher destructor!" << endl;
    }
    void display()
    {
        cout << "tNo:" << tNO << endl;
        cout << "title:" << Title << endl;
        Citizen::display();
    }
};
```

Student 类在基类 Teacher 基础上也增加了两个数据成员，其中 sNo 表示学生学号，degree 表示攻读学位。Student 类也重定义了 display 成员函数显示学生信息。

Student 类的定义代码如下：

```cpp
class Student:public Citizen
{
protected:
    string sNo;                    //学号
    string degree;                 //攻读学位
    Student(string _sno,string _degree,char _id[],string _name,
            string _sex,unsigned _age):Citizen(_id,_name,_sex,_age)
    {
        sNo =_sno;
        degree =_degree;
```

```
    Citizen(_id,_name,_sex,_age)
    {
        sNo =_sno;
        degree =_degree;
        ~Student()
    {
        cout << "Student destructor!" << endl;
    }
    void display()
    {
        cout << "SNo:" << sNo << endl;
        cout << "Degree:" << degree << endl;
        Citizen::display();
    }
};
```

12.2.1 多重继承的声明

如果已声明了类 A、类 B 和类 C，则可声明多重继承的派生类 D。例 12-2 的 JGraduate 类由 Teacher 类和 Student 类共用派生，其声明方式及代码如下：

```
class JGradute:public Teacher,public Student
{
public:
    JGradute(string _tno,string _title,string _sno,string _degree,
            char _id[],string _name,string _sex,unsigned _age):
        Teacher(_tno,_title,_id,_name,_sex,_age),
        Student(_sno,_degree,_id,_name,_sex,_age){}
    ~JGradute()
    {
        cout << "JGradute destructor!" << endl;
    }
    void display()
    {
        Teacher::display();
        Student::display();
    }
};
```

多重继承派生类的构造函数形式与单继承时的构造形式基本相同，只是在初始化表中包含了多个基类构造函数。例如，JGraduate 类的初始化表中既包含了 Teacher 的初始化，也包含了 Student 的初始化（注意此时参数的设置）。执行顺序：首先，执行 Teacher 的构造函数；然后，执行 Student 的构造函数；最后，执行自己的构造函数。

由 JGraduate 类的定义代码可知，JGraduate 类重新定义了成员函数 display，并且调用了两个基类的同名成员函数 display。调用方式：

基类名∷成员函数名

代码 Teacher∷display() 或 Student∷display() 执行了基类的成员函数。

综上所述，在例 12-2 中，通过继承三个继承类的类成员如图 12-6 所示。从中可以看出，多重继承类的成员含有双份的姓名（name）、性别（sex）、年龄（age）信息。

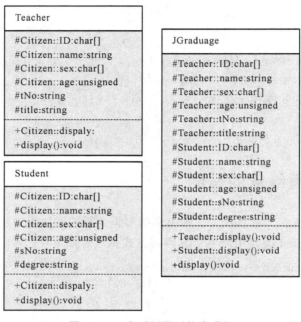

图 12-6　多重继承后的类成员

12.2.2　多重继承派生类对象的定义

多重继承派生类对象的定义方式与单继承的方式相同。下面的代码定义了 JGraduate 类对象并调用了 display 函数：

```
JGradute jg("20001234","Lecturer","2002123345",
            "Doctor","370823197801234567","Tom","male",24);
jg.display();
```

在上面代码中，JGraduated 类对象 jg 调用 JGraduated 类的 display 函数，而不是基类 Teacher 或 Student 的 display 函数。如果对象 jg 调用 Teacher 类或 Student 类的 display 函数（可查看 12-5 所示的继承关系），可以采用如下方式：

```
jg.Teacher∷display();
jg.Student∷display();
```

但是，对象 jg 调用 Citizen 类的 display 容易产生二义性。观察图 12-5 所示的继承关系，编译系统此时不能分清是从左边的继承关系取得 Citizen 类的 display，还是从右边的继承关系取得 Citizen 类的 display。因此，这种调用产生了二义性，编译系统报错，如下列代码所示：

```
jg.Citizen::display();      //出错,系统提示出现歧义
```

JGraduated 类多重继承了 Teacher 类和 Student 类，以及 JGraduated 类对象 jg 的析构顺序：
（1）执行 JGraduated 类的析构函数。
（2）执行 Student 类的析构函数，而 Student 类继承了 Citizen 类，因此还需要执行 Citizen 类的析构函数。
（3）执行 Teacher 类的析构函数，而 Teacher 类继承了 Citizen 类，因此还需要执行 Citizen 类的析构函数。

在例 12-3 中，jg 对象销毁时的运行结果如下：

```
JGradute destructor!
Student destructor!
Citizen destructor!
Teacher destructor!
Citizen destructor!
Citizen destructor!
```

12.2.3 虚基类

由图 12-6 可知，多重继承发生时，可能将上层基类的成员继承多份，如 JGraduate 类就继承了双份的姓名（name）、性别（sex）、年龄（age）信息，继承了双份的 display 函数。C++ 提供了虚基类（virtual base class）的声明方法，使继承间接共同基类时，只保留一份成员。

虚基类的声明是指在声明派生类的继承方式时声明。
声明虚基类的一般形式：

```
class 派生类名:virtual 继承方式 基类名
```

虚基类声明了一种继承方式。为了保证基类在派生类只被继承一份，应该在该基类的所有直接派生类中声明为虚基类。在例 12-2 中，为了保证将基类 Citizen 的成员只继承一份，就需要在类 Teacher 和类 Student 派生时都指定 Citizen 为虚基类。声明方式更改如下：

```
class Teacher:virtual public Citizen
class Student:virtual public Citizen
```

改变了声明方式后，例 12-2 的 JGraduate 类成员如图 12-7 所示，name、sex、age 信息继承于 Citizen 类，并且只保留一份，display 函数也继承于 Citizen 类，并且只保留一份。

如果在虚基类中定义了带参数的构造函数，而且没有定

JGraduage
#Citizen::ID:char[]
#Citizen::name:string
#Citizen::sex:char[]
#Citizen::age:unsigned
#Teacher::tNo:string
#Teacher::title:string
#Student::sNo:string
#Student::degree:string
+Citizen::display:
+Teacher::display():void
+Student::dispaly():void
+displa():void

图 12-7 采用虚基类的类成员

义默认构造函数,则其所有派生类(包括直接派生或间接派生的派生类)需要通过构造函数的初始化表对虚基类进行初始化。例如,在【例 12-2】中,直接派生类 Teacher 和类 Student 都需要使用初始化表进行初始化,间接派生类 JGraduate 也需要使用初始化表进行初始化。C++规定,在最后的派生类中不仅要负责对其直接基类进行初始化,还要负责对虚基类初始化。因此,派生类 JGraduate 不仅需要对类 Teacher 和类 Student 初始化,还需要对虚基类 Citizen 初始化。因此,将 JGraduate 类的构造函数更改如下:

```
JGradute(string _tno,string _title,string _sno,string _degree,
        char _id[],string _name,string _sex,unsigned _age):
    Teacher(_tno,_title,_id,_name,_sex,_age),
    Student(_sno,_degree,_id,_name,_sex,_age),
    Citizen(_id,_name,_sex,_age){}
```

JGraduate 类的成员函数也可以引用虚基类 Citizen 的成员。成员函数 display 可更改如下:

```
void display()
{
    cout << "TNo:" << tNO << endl;
    cout << "Title:" << title << endl;
    cout << "SNo:" << sNo << endl;
    cout << "Degree:" << degree << endl;
    Citizen::display();
}
```

使用了虚基类后,JGraduate 类对象可以引用虚基类 Citizen 的公有成员。例如:

```
JGradute jg("20001234","Lecturer","2002123345",
            "Doctor","370823197801234567","Tom","male",24);
jg.Citizen::display();
```

12.3 多态性与虚函数

多态性(polymorphism)是面向对象程序设计的一个重要特征。多态性有两种实现方式:编译时的多态性(静态多态性、静态绑定)和运行时的多态性(动态多态性、动态绑定)。

前面章节介绍的函数重载和运算符重载都是静态绑定。例如,表达式中加法运算在不同的代码中调用的函数是不同的,这种多态性在编译时就能确定。例如,对于 int 型变量 i1、i2 执行表达式"i1+i2"的加法运算,编译系统会调用 int 型的 operate+函数(系统定义)。但是,对于第 11 章的 Fraction 类对象执行的加法运算,编译系统会调用 Fraction 类重载的 operate+函数(用户自定义)。例如,下面的代码 Fraction 类对象 f1 和 f2 执行表达式"f1+f2",编译系统会调用 Fraction 类的运算符重载函数。

```
Fraction f1(3,6),f2(4,8),f3;
f3 = f1 + f2;
```

这种在编译时系统就能确定调用不同函数的多态性,称为编译时的多态性,或称为静态多态性,也称为静态绑定。

如果在编译时不能确定调用的是哪个函数,而是在程序运行过程中才能确定操作哪个对象,才能确定调用哪个函数,则这种多态性称为运行时的多态性,或称为动态多态性,也称为动态绑定。

运行时的多态性通过虚函数和基类指针指向不同的派生类对象来实现。

12.3.1 派生类对象向基类对象的转换

如果采用 public 的继承方式,那么派生类可以完整地继承基类的功能。例如,例 12 - 1 的 Rectangle 类能够完整继承 Shape 类的功能。定义一个 Rectangle 类对象 r(3,4),那么,对象 r 的示意如图 12 - 8 所示,对象 r 中包含了一个基类 Shape 对象。

由前面章节内容可知,要将 B 类对象自动转换成 A 类对象,则需要在 B 类中定义一个向 A 类转换的类型转换函数。如果 B 类是 A 类的派生类,B 对象中包含了一个基类 A 的对象,则不必定义类型转换函数。C++规定,派生类对象可以自动转换成基类对象。例如,一个 Rectangle 对象 r 能够自动转换成一个 Shape 类对象。那么在什么情况下,系统会执行自动执行这种转换呢?

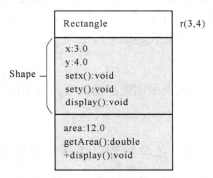

图 12 - 8 派生类对象示意图

1. 将派生类对象赋值给一个基类的对象

由于派生类中包含了一个基类对象,当将一个派生类对象赋给一个基类对象时,或者一个基类对象使用一个派生类对象赋值时,就是将派生类中的基类部分赋给此基类对象。例如:

```
Rectangle r(3,4);
Shape s = r;
```

上述代码中的赋值操作舍弃了派生类对象 r 中自己的成员,将 r 中的基类部分赋给了 s,如图 12 - 9 所示。

2. 基类指针指向派生类对象

让一个基类指针指向派生类对象,如:

```
Rectangle r(3,4);
Shape *sp = &r;
sp -> display();            //引用的是 Shape 类的成员函数
```

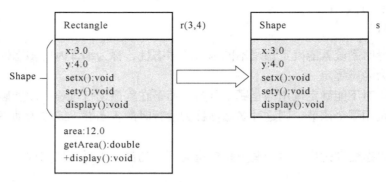

图 12-9 派生类对象赋值给基类对象

尽管该指针 sp 指向的对象是一个派生类对象 r，但由于本身是一个基类 Shape 指针，因此只能解释基类的成员而不能解释派生类新增的部分。sp 只引用对象 r 的 Shape 部分，sp->display 也只执行了 Shape 类的 display 函数。

上述代码的运行结果：

(3,4)

如果试图通过基类指针引用派生类的新增成员时，则编译系统报错：

cout << sp -> area;   //报错

3. 基类对象引用派生类对象

引用，实质上是一种隐式的指针。当用一个基类对象引用派生类对象时，相当于给派生类中的基类部分取了一个名字，基类对象只看到了派生类中的基类部分。例如：

```
Rectangle r(3,4);
Shape& r1 = r;              //基类对象引用派生类对象
r1.display();               //引用的是 Shape 类的成员函数
```

r1 是 r 的一个别名，但它的类型是 Shape 类型，所以 r1 只能引用 r 中的基类部分。r1.display() 引用的是 Shape 类的成员函数。如果试图通过基类指针引用派生类的新增成员时，则编译系统报错：

cout << r1.area;   //报错

12.3.2 虚函数

由 12.3.1 节可知，基类的指针或引用可以指向派生类的对象，但只能访问派生类对象中的基类部分，不能访问派生类的新增成员。C++ 提供了虚函数来解决这个问题。虚函数的作用是允许在派生类中重新定义与基类同名的函数，并且可以通过基类指针或引用来访问基类和派生类中的同名函数。例 12-1 的基类 Shape、派生类 Rectangle、派生类 Eclipse 的成员函数都可以定义为虚函数，通过基类指针或引用来访问基类虚函数，可以达到访问派生类虚函数的目的。

定义虚函数时,只需在类的成员函数前加一个关键字 virtual。在派生类中重新定义时,它的函数原型必须与基类中的虚函数完全相同,否则编译系统会认为派生类有两个重载函数。

例如,将例 12-1 中 Shape 类的析构函数和 display 函数定义为虚函数,增加成员函数 getArea 作为虚函数。代码如下:

```cpp
#include <iostream>
#define PI 3.1415926
using namespace std;
class Shape
{
protected:
    /*对于不同的形状,x 和 y 表示不同的含义,如对于矩形,x 和 y 表示矩形的长和宽,对于椭圆,x
    和 y 表示椭圆的长轴和短轴。*/
    double x,y;
public:
    Shape(double _x = 0.0,double _y = 0.0):x(_x),y(_y){}
    //析构函数也可以声明为虚函数
    virtual ~Shape()
    {
        cout << "Shape(" << this ->x <<',' << this ->y <<')' << "is cleaning" << endl;
    }
    virtual double getArea()const
    {
        return 0.0;                                    //虚函数
    }
    virtual void display()const
    {
        cout <<'(' << x <<',' << y <<')' << endl;      //虚函数
    }
};
```

派生类虚函数定义时,函数原型前面的关键字 virtual 可以写,也可以省略。无论函数原型前面有没有关键字 virtual,重写的派生类函数都将自动成为虚函数。例如,display 函数和 getArea 函数在基类是虚函数,那么在派生类中也是虚函数。在派生类 Rectangle 中重写的 getArea 函数和 display 函数的代码如下:

```cpp
class Rectangle:public Shape
{
protected:
    double area;
public:
    Rectangle(double l = 0,double w = 0):Shape(l,w)
    {
        area = x * y;
```

```
    }
    ~Rectangle()                        //派生类的析构函数自动成为虚函数
    {
        cout << "Rectangle(" << this->x <<','<< this->y <<')'
             << "is cleaning" << endl;
    }
    double getArea()const               //派生类虚函数定义时,virtual 可省略
    {
        return area;
    }
    virtual void display()const         //派生类虚函数定义时,virtual 可写
    {
        Shape::display();
        cout << "Area:" << area << endl;
    }
};
```

如下定义基类和派生类的对象（或指针），并执行相关代码：

```
Shape s(1,2);
Rectangle r(3,4);
Shape * sp1,s1,&sp2 = r;        //基类引用 sp2 为派生类对象 r 的别名
sp1 = &r;                        //基类指针 sp1 指向派生类的对象 r
s1 = r;                          //将派生类对象 r 赋值给基类对象 s1
s.display();                     //基类对象 s 调用基类自己的 display 函数
s1.display();                    //重新赋值后的基类对象 s1 调用基类的 display 函数
sp1->display();                  //指向派生类对象的基类指针调用派生类的 display 函数
sp2.display();                   //派生类对象的别名调用了派生类的 display 函数
```

在上面代码中，基类对象 s1 被派生类对象 r 赋值后，将 r 中的基类部分赋给了 s1。那么，s1 的数据成员值变成了 3、4。s1.display() 调用的是基类的成员函数。虚函数对赋值对象的成员函数调用不起作用。

基类指针 sp1 指向的是派生类对象 r。由于在基类中 display 是虚函数，因此当通过基类指针找到基类中的这个函数时，它也会到派生类中去检测是否被重新定义。如果在 Rectangle 中重新定义了这个函数，则执行的是派生类中的 display 函数。

基类引用 sp2 是派生类对象 r 的别名，但其引用类型为基类类型。在系统执行 sp2.display() 时，也会先在基类中查找 display() 函数。若发现此函数为虚函数，系统则会在派生类中检测该函数是否被重新定义。若该函数被重新定义，则执行派生类的 display 函数。

在类的多重继承与多层派生中，如果派生类的对象是通过基类的指针操作的，则基类和派生类的析构函数最好是虚函数。如果将基类的析构函数声明为虚函数，那么派生类中的析构函数自动成为虚函数。如果将析构函数定义为虚函数，那么当基类指针销毁时，基类和派生类的析构函数都被执行，这样就能把派生类对象完全析构，而不是只析构派生类中的基类

部分。换言之，定义为虚函数的析构函数能够使对象析构得更加彻底。

例如，执行代码：

```
Shape * sp = new Rectangle(5,6);
sp -> display();
delete sp;
```

执行结果如下：

```
(5,6)
Area:30
Rectangle(5,6)is cleaning
Shape(5,6)is cleaning
```

可以看出，执行语句"delete sp"时，编译系统调用了基类 Shape 的析构函数和派生类 Rectangle 的析构函数，从而使语句 new Rectangle(5,6)"申请的派生类对象被彻底析构。

12.3.3　纯虚函数

在面向对象程序设计中，我们将分析实际问题中有多少对象，需要定义多少类，并提取所有类的共同信息，构造一个基类，将与之不同的信息放入派生类中。例如，在例 12 – 1 中，将二维图形椭圆和矩形的共同特征提取出来，将其定义为 Shape 类，但 Shape 类对象不是二维图形，不具备面积、周长等特征。然而，利用 Shape 类，可以实现代码重用，实现多态性等特性。在 C++ 中，可以在这种基类中声明一种纯虚函数，即不需要在基类中定义，而在派生类中定义的一种虚函数。

纯虚函数的声明形式：

```
virtual 返回类型 函数名(参数表) = 0;
```

例如，将例 12 – 1 中 Shape 类的成员函数 getArea 声明为纯虚函数：

```
virtual double getArea()const = 0;
```

> ⚠️ **注意**：
> 纯虚函数是未定义完全的函数。

12.3.4　抽象类

如果一个类含有纯虚函数，则被称为抽象类。例如，在例 12 – 1 的 Shape 类中定义多个纯虚函数，使其成为一个抽象类。代码如下：

```
class Shape
{
protected:
    /* 对于不同的形状,x 和 y 表示不同的含义 */
    double x,y;
public:
```

```
    Shape(double _x = 0.0,double _y = 0.0):x(_x),y(_y){}    //构造函数
    virtual ~Shape()                                         //析构函数
    {
        cout << "Shape(" << this ->x <<',' << this ->y <<')'<< "is cleaning" << endl;
    }
    virtual double getArea()const = 0;
    virtual void display()const
    {
        cout <<'(' << x <<',' << y <<')'<< endl;             //输出
    }
};
```

因为抽象类中有未定义完全的函数,所以无法定义抽象类的对象。如果试图定义抽象类对象,则编译系统报错。例如:

```
Shape s(1,2);    //出错
```

但可以定义指向抽象类的指针,其作用是指向派生类对象,实现运行时的多态性。例如:

```
Shape * sp = new Rectangle(5,6);
cout << sp -> getArea() << endl;
```

如果一个抽象类的派生类重新定义了抽象类中的所有纯虚函数,那么这些函数就不再是纯虚函数,这个派生类也不再是抽象类,而是一个可以定义对象的具体类。例如,如果Rectangle类重新定义了基类Shape的所有纯虚函数,那么Rectangle就不再是一个抽象类;反之,该类仍是一个抽象类。

抽象类往往用来表征对问题领域进行分析、设计得出的抽象概念,是对一系列看上去不同,但是本质上相同的具体概念的抽象。抽象类的作用是保证派生类都具有抽象类的纯虚函数所要求的行为,避免继承类的定义漏掉某种功能的实现。

12.4 类模板和泛型编程

与函数模板的作用类似,类模板用来批量生成功能和形式都几乎相同的类。在面向对象程序设计中,允许将类中成员的类型设为可变的参数,使多个类变成一个类,这样定义的类称为类模板。模板是泛型编程(Generic Programming)的基础。泛型具有在多种数据类型上皆可操作的含义,泛型编程用于编写完全一般化并可重复使用的算法,适用于数据结构与算法设计。

【例12-3】定义一个泛型的动态数组类,该数组能够存取各种类型的数据。

【分析】所谓动态,就是定义数组的规模可以是变量或者某个表达式的执行结果。如果不使用类模板,那么存储int型的动态数组就需要定义一个int型动态数组类,存储double型的动态数组就需要定义一个double型的动态数组类……定义一个类模板就可以解决这个问题。将数组元素的类型设定为一个可变的参数,称为模板形式参数,简称模板形参。当需

要 int 型的动态数组时，就设置模板形参为 int 型；当需要 double 型的动态数组时，就设置模板形参为 double 型。

12.4.1 类模板的定义

对于功能相同而数据类型不同的类，不必定义所有类，只要定义一个可对任何类进行操作的类模板即可。类模板是一种参数化类型，绝大多数模板的形式参数是表示类型的类型参数。将类中不确定的类型设计成一个模板参数，用模板参数代替类中的某些成员的类型，这样的类模板的定义格式如下：

```
template <类型形参表>
class 类模板名
{ … };
```

类模板的定义以关键字 template 开头，后接模板的类型形参表。如果有多个形参，则在两个参数之间用逗号分隔，每个类型的形参用关键字 class 或 typename 开头，后接形参名。

例 12-3 中的类模板可定义为如下形式：

```
template <class T>
class iList
{ … }
```

其中，类模板名为 iList，该类模板有一个模板参数 T，表示数组元素的类型。

同类的定义相似，类模板中包含了数据成员和成员函数。我们将例 12-3 的类模板的数据成员设为两个：一个是指针变量 data，表示表中存放数据的内存首地址，数据类型为 T*；另一个是 int 型变量 length，表示数组中存储数据的个数。

类模板中的成员函数既可以定义在类内，也可以定义在类外。例如，为例 12-3 定义下列的成员函数：

（1） iList()：无参构造函数。
（2） iList(T[ ],int)：有参构造函数，建立一个长度为 n 的表，并用一个数组初始化数据。
（3） iList(const iList &)：复制构造函数，使用另一个动态数组初始化。
（4） iList <T> &operator = (const iList <T> &)：重载赋值运算符。
（5） ~iList()：析构函数。
（6） int Length()：求数组长度。
（7） T& operator[ ](int)：重载下标运算符。

类模板的大部分成员函数都是类模板参数的函数模板。例 12-3 的成员函数需要用到数组元素类型时，都需要使用模板参数 T 代替。对于代码较少的成员函数，可以将其定义在类内。例如，将例 12-3 的类模板定义在头文件 iList.h 中。代码如下：

```
#include <iostream>
using namespace std;
template <class T>
class iList
```

```cpp
{
private:
    T *data;                              //数据指针
    int length;                           //表长
public:
    iList()
    {
        length = 0;                       //无参构造函数,建立一个空表
    }
    iList(T[],int);                       //有参构造函数
    iList(const iList &);                 //复制构造函数
    int Length()
    {
        return length;                    //求表长
    }
    iList &operator = (const iList &);    //重载赋值运算符
    ~iList()
    {
        if(data)delete [] data;           //析构函数,回收数组空间
    }
    T& operator[](int);                   //重载下标运算符
};
```

在类模板外定义的成员函数具有如下形式：

template < 模板形参表 >
返回类型 类模板名 < 模板形参表 > :: 函数名(形参表)
{ …… }

例如,将例12-3类模板的实现部分存入文件iList.cpp。代码如下：

```cpp
#include "iList.h"
//类模板 iList 的成员函数实现
//有参构造函数,建立一个长度为 n 的表
//使用数组 a 初始化
template < class T >
iList < T > :: iList(T a[],int n)
{
    if(n <= 0)throw "参数非法";
    data = new T[n];
    for(int i = 0;i < n;i ++)
        data[i] = a[i];
    length = n;
}
//复制构造函数;使用另一个同类对象初始化
```

```cpp
template <class T>
iList <T> :: iList(const iList <T> &other)
{
    length = other.length;
    data = new T[length];
    for(int i = 0;i < length;i ++)data[i] = other.data[i];
}
//重载赋值运算符
template <class T>
iList <T> &iList <T> :: operator =(const iList <T> &other)
{
    if(this == &other)return *this;
    delete [] data;
    length = other.length;
    data = new T[length];
    for(int i = 0;i < length;i ++)data[i] = other.data[i];
    return *this;
}
//重载下标运算符
template <class T>
T& iList <T> :: operator[](int index)
{
    if(index >= length || index < 0)throw "下标超界";
    return data[index];
}
```

12.4.2 类模板的实例化

模板只是一个蓝图,无法在计算机上直接运行。要运行类模板,必须指定模板形参的值,使模板成为一个真正可以运行的程序。从模板生成一个特定的类或函数的过程称为模板的实例化。

函数模板的实例化是由编译器自动完成的。编译器在编译到调用函数模板的语句时,会根据实参的类型来判断该如何替换模板中的类型参数。例如,9.2.7 节的函数调用语句 swap(2,3) 在执行时,编译器会自动判断参数为 int 型,将函数模板的形参替换为 int 型,自动生成 void Swap(int &,int &) 函数。

类模板的实例化不能由编译器自动完成。如果定义了例 12 – 3 中类模板 iList 的对象 list, 编译器不能确定类模板 iList 的模板参数 T 是什么类型。类模板对象定义时,需要用户明确指出模板形参的值。格式如下:

类模板名 <模板的实际参数表> 对象名表

编译系统执行类模板对象定义语句时,将模板的实际参数表替换模板定义的模板形参表,生成真正可以运行的类。下面的代码定义了例 12 – 3 的 iList 类模板对象:

```
int a[6] = {1,2,3,4,5,6};
iList < int > list1(a,6),list2;
iList < double > list3;
```

上面代码的语句"iList < int > list1(a,6)"定义了一个类模板对象,模板的实际参数是int。编译该语句时,编译系统会将模板 iList 定义中所有的模板形参 T 替换为 int,生成一个数组元素类型为 int 的类。同样,编译语句"iList < double > list3"时,编译系统会将模板 iList 定义中的所有模板形参 T 替换为 double,生成一个数组元素类型为 double 的类。

类模板对象的使用与普通的对象完全相同。例如,定义了对象 list1 和 list2 后,可以使用下列代码将 list2 对象使用 list1 赋值,并输出下标 3 处的元素值。

```
list2 = list1;
cout << list1[3];
```

⚠ **注意**:

有些编译器要求在测试文件中必须包含类模板的实现文件。例如:

```
#include "iList.cpp"
```

12.4.3 类模板的友元

类模板可以声明友元类或友元函数。类模板可以声明以下两种友元:
(1) 普通友元:声明普通的类(或全局函数)为所定义的类模板的友元。
(2) 模板实例的友元:声明某个类模板(或函数模板)的实例为所定义的类模板的友元。

如果将一个普通类(或全局函数)声明为所定义类的友元,那么其格式与定义类的友元相同。一般形式如下:

```
template <模板形参表>
classA{
    friend class B;
    friend void f();
        ⋮
};
```

在上述代码中,类模板 A 中声明了类 B 和全局函数 f 为类 A 的友元,类 B 和全局函数 f 可以访问类模板 A 的所有实例的成员。

如果将一个类模板 B 或函数模板 f 的实例声明为类模板 A 的友元,那么需要设置类模板 B 或函数模板 f 的模板参数。类模板 B 或函数模板 f 的模板参数与类模板 A 的模板参数既可以相同,也可以不同。

【例 12 - 4】为例 12 - 3 中的类模板 iList 增加输出运算符重载函数,可以直接输出所有数据。

【分析】按题目要求,如果已用下列代码定义了 iList 类的实例(或对象):

```
int a[6]={1,2,3,4,5,6};
iList<int>list1(a,6);
```

要想可以执行"cout << list1",那么需要为 iList 类模板增加一个友元函数——输出运算符重载函数。

可以看出,在上面代码中,运算 cout << list1 的第 1 个运算对象是 cout,类型为 ostream &;第 2 个运算对象是 list1,类型为 iList < int >。iList < int > 为类模板 iList 的具体实例。那么,定义运算符重载函数时,不能直接使用 iList < int >,可以使用模板参数表示。形式如下:

```
ostream &operator <<(ostream &,const iList<T>&);
```

上述运算符重载函数是函数模板,包含了模板参数。值得注意的是,函数模板的参数与类模板参数相同。当声明该函数为友元函数时,必须先声明该函数模板及类模板的存在。例如,例 12-4 声明友元函数的类模板首先需要声明类模板与函数模板的存在,然后定义类模板并在类模板中声明友元函数。代码如下:

```
#include<iostream>
using namespace std;
template<class T>class iList;                                    //类模板声明
template<class T>
ostream &operator <<(ostream &,const iList<T>&);                 //函数模板声明
template<class T>
class iList
{
    friend ostream &operator <<<T>(ostream &,const iList<T>&);  //友元声明
    ...                                                          //同例 12-3
};
```

在上述代码中,函数模板参数与类模板的参数相同。也就是说,函数模板只能访问与其相同模板参数的类模板特定实例。

⚠️ **注意**:

需要前置声明类模板和函数模板;友元函数的函数名后面需要添加 < >。

如果希望函数模板能访问 iList 类的所有实例的成员,那么不需要前置声明类模板和函数模板,直接在类 iList 中声明为友元函数即可。代码如下:

```
template<class U>
friend ostream &operator <<(ostream &,const iList<U>&);
```

函数模板参数与类模板的模板参数不同。iList 类模板中的模板参数是 T,友元函数模板的参数为 U,二者不同。

类模板的友元函数定义与类模板的成员函数定义基本相同,不同之处在于,友元函数不需要加类限定符。

```
template<class U>
ostream &operator <<(ostream &os,const iList<U>&list)
{
    for(int i=0;i<list.length;i++)
```

```
        os << list.data[i] << endl;
    return os;
}
```

声明某个类模板实例的友元与声明某个函数模板实例的友元类似，在此不再赘述。

12.5　实训与实训指导

实训1　泛化的链表类

设计一个泛化的链表类，能够存取各种类型的数据。每个节点包含两个域：data 和 next。data 域存储各种类型的数据，next 域为指向节点的指针。

1. 实训分析

题目要求设计一个泛化的链表类，类名为 LinkList。在 11.4 节的实训 4 介绍过，链表的第一个节点不存储任何数据。只需记住指向第一个节点的指针 first，即可存取整个链表。类 Poly 的数据成员为 first，需要实现的成员函数如下：

（1）LinkList()：无参构造函数，建立只有头节点的空链表。
（2）LinkList(DataType a[],int n)：有参构造函数，建立有 n 个元素的单链表。
（3）~LinkList()：析构函数。
（4）ostream& operator <<（ostream&, const LinkList < U > &）：重载输出运算符，输出元素。

LinkList 类的头文件 LinkList.h 的代码如下：

```
#ifndef LinkList_h
#define LinkList_h
#include <iostream>                    //引用输入/输出流库函数的头文件
using namespace std;
template <class DataType>
struct Node                            //节点的结构体也需要模板参数
{
    DataType data;
    Node <DataType> * next;
};
template <class DataType>
class LinkList
{
    template <class U>
    friend ostream& operator <<(ostream&,const LinkList <U> &);  //输出各元素
```

```cpp
public:
    LinkList();//无参构造函数,建立只有头节点的空链表
    LinkList(DataType a[],int n);//有参构造函数,建立有n个元素的单链表
    ~LinkList();//析构函数
private:
    Node < DataType > * first;//单链表的头指针
};
#endif
```

LinkList 类的实现文件 LinkList.cpp 的代码如下：

```cpp
#include "LinkList.h"

template < class DataType >
LinkList < DataType > :: LinkList()
{
    first = new Node < DataType > ;          //生成头节点
    first -> next = NULL;                    //头节点的指针域置空
}

template < class DataType >
LinkList < DataType > :: LinkList(DataType a[],int n)
{
    Node < DataType > * r, * s;
    first = new Node < DataType > ;          //生成头节点
    r = first;                               //尾指针初始化
    for(int i = 0;i < n;i ++)
    {
        s = new Node < DataType > ;
        s -> data = a[i];                    //为每个数组元素建立一个节点
        r -> next = s;
        r = s;                               //将节点s插入终端节点之后
    }
    r -> next = NULL;                        //单链表建立完毕,将终端节点的指针域置空
}
template < class DataType >
LinkList < DataType > :: ~LinkList()
{
    Node < DataType > * q;
    while(first! = NULL)                     //释放单链表的每一个节点的存储空间
    {
        q = first;                           //暂存被释放节点
        first = first -> next;               //first 指向被释放节点的下一个节点
```

```
            delete q;
        }
    }
template < class U >
ostream& operator << (ostream& os,const LinkList < U >& l)
{
    Node < U > * p = l.first ->next;//工作指针p初始化
    while(p! = NULL)
    {
        os << p ->data << "  ";
        p = p ->next;//工作指针p后移。注意:不能写为p ++
    }
    os << endl;
    return os;
}
```

2. 实训练习

编写类 LinkList 的测试代码。

实训 2　图书馆系统中的读者类

一个学校的图书馆系统有两类读者：学生读者和教师读者。每位读者的信息包括卡号、姓名、单位、已借阅数量、已借阅记录。学生允许借阅的数量为 10，教师允许借阅的数量为 20。设计图书馆系统的读者类。

1. 实训分析

根据题意，图书馆系统的读者类包含学生读者和教师读者，因此需要设计这两个读者类：ReaderTeacher 和 ReaderStudent。这两个类中，有些信息是共有的，因此将设计一个基类 Reader 来表示共有信息。

Reader 类的数据成员有 reader_no（卡号）、reader_name（姓名）、reader_unit（单位）。其中，卡号是自动生成的，第 1 位读者的卡号为 1，第 2 位读者的卡号为 2，依次类推。因此将设置一个静态变量读者数目来记录所有读者的人数：

static int reader_num;

成员函数包括：

（1） Reader(string name,string unit)：有参构造函数，初始化读者信息。

（2） virtual void display()：虚函数，用于显示读者的信息。

ReaderTeacher 类表示教师读者，设置常整数 MAX_BORROW 表示教师类的最大借书数目。数据成员包括：borrowed（已借阅数量）、record（已借阅记录）。在本例中，已借阅记录采用简单的动态整型数组来表示读者借阅的书号信息。成员函数包括：

（1） ReaderStudent(string name,string unit)：有参构造函数，初始化教师读者信息。

(2) ~ReaderStudent(): 析构函数,回收空间。
(3) void bookBorrow(int): 借书过程。
(4) void bookReturn(int): 还书过程。
(5) void display(): 显示读者信息

ReaderStudent 类表示学生读者,其设置与教师读者类相同,在此不再赘述。
头文件 Reader.h 包含了三个类的定义清单:

```cpp
#ifndef Reader_h
#define Reader_h
#include <iostream>
using namespace std;
class Reader
{
protected:
    static int reader_num;              //静态变量,记录读者人数
    int reader_no;                      //每位读者的编号
    string reader_name;                 //读者姓名
    string reader_unit;                 //读者单位
public:
    //读者初始化,读者人数增1,当前读者编号为读者人数
    Reader(string name,string unit):reader_name(name),reader_unit(unit)
    {
        ++reader_num;
        reader_no = reader_num;
    }
    //显示读者信息
    virtual void display()
    {
        cout << reader_no << '\t' << reader_name << '\t' << reader_unit << '\t';
    }
};
class ReaderStudent:public Reader
{
private:
    const int MAX_BORROW;               //常变量,在构造函数初始化列表中初始化
    int borrowed;                       //已借阅数目
    int * record;                       //已借阅记录,在构造函数中申请存储空间
public:
    //初始化学生读者信息
    ReaderStudent(string name,string unit):
        Reader(name,unit),MAX_BORROW(10)
    {
        borrowed = 0;
```

```cpp
            record = new int [MAX_BORROW];
        }//申请记录空间
        ~ReaderStudent()
        {
            if(record)delete [] record;//回收空间
        }
        void bookBorrow(int);//借书
        void bookReturn(int);//还书
        void display();//显示
};
class ReaderTeacher:public Reader
{
private:
        const int MAX_BORROW;          //常变量,在构造函数初始化列表中初始化
        int borrowed;                   //已借阅数目
        int * record;                   //已借阅记录,在构造函数申请存储空间
public:
        //初始化学生读者信息
        ReaderTeacher(string name,string unit):
            Reader(name,unit),MAX_BORROW(20)
        {
            borrowed = 0;
            record = new int[MAX_BORROW];
        }                               //申请记录空间
        void bookBorrow(int);           //借书
        void bookReturn(int);           //还书
        void display();                 //显示
};
#endif                                  //Reader_h
```

实现文件 Reader.cpp 包含了三个类的实现代码:

```cpp
#include "Reader.h"
int Reader::reader_num = 0;
void ReaderStudent::bookBorrow(int bookNo)
{
    if(borrowed >= MAX_BORROW)throw "超过借阅数目";
    record[borrowed ++] = bookNo;//新借阅的书存入数组最后
}
void ReaderStudent::bookReturn(int bookNo)
{
    int i;
    //查找定位 bookNo 的存储位置
    for(i = 0;i < borrowed;i ++)if(record[i] == bookNo)break;
```

```cpp
    if(i >= borrowed)throw "未找到相关书目";
    //将下标i后的记录前移
    while(i < borrowed - 1)
    {
        record[i] = record[i + 1];
        i ++;
    }
    borrowed --;
}
void ReaderStudent::display()
{
    cout << endl;
    Reader::display();
    cout << borrowed << endl;
    for(int i = 0;i < borrowed;i ++)
        cout << record[i] << '\t';
}
void ReaderTeacher::bookBorrow(int bookNo)
{
    if(borrowed > = MAX_BORROW)throw "超过借阅数目";
    record[borrowed ++] = bookNo;          //新借阅的书存入数组最后
}
void ReaderTeacher::bookReturn(int bookNo)
{
    int i;
    //查找定位bookNo的存储位置
    for(i = 0;i < borrowed;i ++)if(record[i] == bookNo)break;
    if(i > = borrowed)throw "未找到相关书目";
    //将下标i后的记录前移
    while(i < borrowed - 1)
    {
        record[i] = record[i + 1];
        i ++;
    }
    borrowed --;
}
void ReaderTeacher::display()
{
    cout << endl;
    Reader::display();
    cout << borrowed << endl;
    for(int i = 0;i < borrowed;i ++)
        cout << record[i] << '\t';
}
```

2. 实训练习

将教师读者类和学生读者类中的借书信息用一个单链表来表示，并编写测试代码。

实训 3 读者库

利用实训 2 完成的读者类、学生读者类和教师读者类，完成读者库的编写。该读者库最多有 1000 位读者。读者信息用一个指向读者类的指针数组来保存。实现的功能有：添加一个读者（可以是教师读者，也可以是学生读者）；输出所有读者信息。

1. 实训分析

根据题意，将类命名为 ReaderLib。设计两个成员变量：一个是读者信息 readersInfo[ ]，其类型为 Reader *，数组中的每个元素均为指针，既可以指向 ReaderTeacher 对象，也可以指向 ReaderStudent 对象；另一个是读者数目 readerNum，表示当前读者库中有多少读者。成员函数有：

（1）ReaderLib( )：无参构造函数，初始化 readerNum 为 0。
（2）void addReader(Reader&)：增加读者。
（3）void display( )：显示读者信息。

Reader 类的定义清单：

```
class ReaderLib
{
private:
    enum {Max_readers = 100};
    int readerNum;                              //读者库中读者数目
    Reader * readersInfo[Max_readers];          //读者信息
public:
    ReaderLib()
    {
        readerNum = 0;                          //构造函数
    }
    void addReader(Reader&);                    //增加读者
    void display();                             //显示读者信息
};
void ReaderLib::addReader(Reader& r)
{
    readersInfo[readerNum ++] = &r;             //将新增读者入库
}
void ReaderLib::display()
{
    for(int i = 0;i < readerNum;i ++)           //显示所有读者信息
```

```
        {
            readersInfo[i]->display();
        }
}
```

2. 实训练习

编写测试代码。思考:如果输出所有读者的借书信息,应该如何修改每个类的定义和实现?

附录

附录1　标准整数类型的存储大小和值范围

类型	存储大小	值范围
char	1 字节	−128 ~ 127 或 0 ~ 255
unsigned char	1 字节	0 ~ 255
signed char	1 字节	−128 ~ 127
int	2 或 4 字节	−32 768 ~ 32 767 或 −2 147 483 648 ~ 2 147 483 647
unsigned int	2 或 4 字节	0 ~ 65 535 或 0 ~ 4 294 967 295
short	2 字节	−32 768 ~ 32 767
unsigned short	2 字节	0 ~ 65 535
long	4 字节	−2 147 483 648 ~ 2 147 483 647
unsigned long	4 字节	0 ~ 4 294 967 295

附录2　标准浮点类型的存储大小、值范围和精度

类型	存储大小	值范围	精度
float	4 字节	1.2E−38 ~ 3.4E+38	6 位小数
double	8 字节	2.3E−308 ~ 1.7E+308	15 位小数
long double	16 字节	3.4E−4932 ~ 1.1E+4932	19 位小数

附录3　常用的转义字符

转义序列	含义	转义序列	含义
\\	\ 字符	\n	换行符
\'	'字符	\r	回车
\"	" 字符	\t	水平制表符
\?	? 字符	\v	垂直制表符
\a	警报铃声	\ooo	1~3 位的八进制数
\b	退格键	\xhh…	一个或多个数字的十六进制数
\f	换页符		

附录4 运算符优先级和结合性一览表

优先级	运算符	名称或含义	使用形式	结合方向	说明
1	[]	数组下标	数组名[常量表达式]	从左到右	—
	()	圆括号	（表达式） 函数名（形参表）		—
	.	成员选择（对象）	对象.成员名		—
	->	成员选择（指针）	对象指针->成员名		—
2	-	负号运算符	-表达式	从右到左	单目运算符
	(类型)	强制类型转换	（数据类型）表达式		
	++	自增运算符	++变量名 变量名++		单目运算符
	--	自减运算符	--变量名 变量名--		单目运算符
	*	取值运算符	*指针变量		单目运算符
	&	取地址运算符	&变量名		单目运算符
	!	逻辑非运算符	!表达式		单目运算符
	~	按位取反运算符	~表达式		单目运算符
	sizeof	长度运算符	sizeof（表达式）		—
3	/	除	表达式/表达式	从左到右	双目运算符
	*	乘	表达式*表达式		双目运算符
	%	余数（取模）	整型表达式%整型表达式		双目运算符
4	+	加	表达式+表达式	从左到右	双目运算符
	-	减	表达式-表达式		双目运算符
5	<<	左移	变量<<表达式	从左到右	双目运算符
	>>	右移	变量>>表达式		双目运算符
6	>	大于	表达式>表达式	从左到右	双目运算符
	>=	大于等于	表达式>=表达式		双目运算符
	<	小于	表达式<表达式		双目运算符
	<=	小于等于	表达式<=表达式		双目运算符
7	==	等于	表达式==表达式	从左到右	双目运算符
	!=	不等于	表达式!=表达式		双目运算符
8	&	按位与	表达式&表达式	从左到右	双目运算符
9	^	按位异或	表达式^表达式	从左到右	双目运算符
10	|	按位或	表达式|表达式	从左到右	双目运算符
11	&&	逻辑与	表达式&&表达式	从左到右	双目运算符
12	||	逻辑或	表达式||表达式	从左到右	双目运算符

续表

优先级	运算符	名称或含义	使用形式	结合方向	说明
13	?:	条件运算符	表达式1? 表达式2：表达式3	从右到左	三目运算符
14	=	赋值运算符	变量 = 表达式	从右到左	—
	/=	除后赋值	变量/= 表达式		—
	*=	乘后赋值	变量*= 表达式		—
	%=	取模后赋值	变量%= 表达式		—
	+=	加后赋值	变量 += 表达式		—
	-=	减后赋值	变量 -= 表达式		—
	<<=	左移后赋值	变量 <<= 表达式		—
	>>=	右移后赋值	变量 >>= 表达式		—
	&=	按位与后赋值	变量 &= 表达式		—
	^=	按位异或后赋值	变量 ^= 表达式		—
	|=	按位或后赋值	变量 |= 表达式		—
15	,	逗号运算符	表达式，表达式，…	从左到右	—

参 考 文 献

[1] K N King. C语言程序设计现代方法 [M]. 2版. 吕秀锉，黄倩，译. 北京：人民邮电出版社，2010.

[2] Brian W Kernighan，Dennis M Ritchie. C程序设计语言 [M]. 2版. 徐宝文，李志，杨涛，译. 北京：机械工业出版社，2019.

[3] Bjarne Stroustrup. C++程序设计语言 [M]. 4版. 王刚，译. 北京：机械工业出版社，2016.

[4] 郑莉. C++语言程序设计（在线教学版）[M]. 4版. 北京：清华大学出版社，2010.

[5] 战德臣. 大学计算机——理解和运用计算思维 [M]. 北京：高等教育出版社，2018.

[6] 谭浩强. C程序设计 [M]. 5版. 北京：清华大学出版社，2017.

[7] 谭浩强. C++程序设计 [M]. 3版. 北京：清华大学出版社，2015.

[8] 翁惠玉. C++程序设计思想与方法 [M]. 3版. 北京：人民邮电出版社，2016.